计算机网络技术专业职业教育新课改教程
职业院校计算机技能大赛推荐教材
1+X职业技能等级证书（综合布线系统安装与维护）书证融通系列教材

综合布线系统技能实训教程

第2版

主　编　王公儒
副主编　杨剑涛　冯义平　于　琴
参　编　田红玉　王　涛　王　锦

机械工业出版社

本书依据GB 50311《综合布线系统工程设计规范》和GB/T 50312《综合布线系统工程验收规范》等现行国家标准，围绕关键技术技能教学实训需求编写，首先介绍了常用器材和工具、电缆配线端接技术、光纤熔接技术等基本技能，然后重点介绍了综合布线工程各个子系统的设计方法和安装施工关键技术技能，在每章都给出了大量的工程设计案例、实训项目、竞赛样题和工程经验等。全书围绕工程项目关键技能和流程，以及编者多年从事大型工程项目的实际经验精心安排，列举了大量的工程实例和典型工作任务，提供了大量的设计图和工程经验，层次清晰，图文并茂，操作实用性强。

本书是全国综合布线技能实践师资培训班和网络布线技能大赛培训班指定教材，可作为中等职业学校计算机网络技术、网络安防系统安装与维护等专业的教材，也可作为综合布线行业、智能建筑、智能家居行业、安全技术防范行业工程设计、安装施工和运维管理等工程技术人员的工具书。

本书配有微课视频，读者可扫描书中二维码进行观看。本书还配有电子课件等资源，选用本书作为授课教材的教师可登录机械工业出版社教育服务网（www.cmpedu.com）注册后免费下载，或联系编辑（010-88379194）咨询。

图书在版编目（CIP）数据

综合布线系统技能实训教程 / 王公儒主编. -- 2版. 北京 : 机械工业出版社, 2025. 1. -- (计算机网络技术专业职业教育新课改教程)(职业院校计算机技能大赛推荐教材)(1+X职业技能等级证书(综合布线系统安装与维护)书证融通系列教材). -- ISBN 978-7-111-77465-5

Ⅰ. TP393.03

中国国家版本馆CIP数据核字第2025MF3573号

机械工业出版社（北京市百万庄大街22号　邮政编码100037）
策划编辑：李绍坤　　　　　责任编辑：李绍坤　张星瑶
责任校对：王　延　李小宝　封面设计：马若濛
责任印制：张　博
北京雁林吉兆印刷有限公司印刷
2025年3月第2版第1次印刷
184mm×260mm・14.25印张・2插页・335千字
标准书号：ISBN 978-7-111-77465-5
定价：47.00元

电话服务　　　　　　　　网络服务
客服电话：010-88361066　机　工　官　网：www.cmpbook.com
　　　　　010-88379833　机　工　官　博：weibo.com/cmp1952
　　　　　010-68326294　金　　书　　网：www.golden-book.com
封底无防伪标均为盗版　机工教育服务网：www.cmpedu.com

前言 Preface

随着信息技术的快速发展以及在智慧城市、智能建筑行业的广泛应用，综合布线系统已经成为数字城市和新基建的重要基础设施，也成为信息技术类专业的重要专业课程。本书以综合布线系统工程的关键技术技能和工程经验为目标，依据GB 50311《综合布线系统工程设计规范》和GB/T 50312《综合布线系统工程验收规范》等现行国家标准编写，以看得见、摸得着的实物展示柜，介绍常用器材和工具，以图文并茂和配套视频讲解电缆配线端接技术和光纤熔接技术等基本技能，按照项目流程重点介绍了各个子系统的设计方法和安装施工与运维管理关键专业技术技能，在每章都给出了大量的工程设计案例、实训项目、竞赛样题和工程经验等。

全书共12章，第1章介绍了综合布线系统的构成和各个子系统，第2章介绍了常用器材和工具，第3章介绍了电缆配线端接技术，第4章介绍了光纤熔接技术，第5～10章分别介绍了工作区子系统、水平子系统、管理间子系统、垂直子系统、设备间子系统、进线间和建筑群子系统，第11章介绍了工程测试，第12章介绍了工程管理。每章首先介绍基本概念，然后重点安排了设计方法和安装施工关键技能，最后安排了大量实训操作项目和竞赛样题，并给出了详细实训目的、实训要求、实训课时、实训步骤、实训报告、相关知识等内容，同时也给出了大量工程实际经验。

本书也是《网络综合布线系统工程技术实训教程》分拆版，专门为中等职业学校、技工学校编写，具有关键技能与工程实践相结合、实训与考核相结合、教学与竞赛相结合的特点，围绕专业教学实训产品安排了丰富的技能训练项目，这些产品遍布全国3000多所院校，市场占有率超过90%，连续多年成为全国职业院校技能大赛指定的竞赛产品，也是中等职业学校专业建设必备的实训室产品。

本书采取校企合作方式编写，由西安开元电子实业有限公司与多所院校教学一线专业课教师合作编写。由王公儒任主编，杨剑涛、冯义平、于琴任副主编，参与编写的还有田红玉、王涛和王锦。刘美琪参与了部分图片绘制和校对工作。

本书配套电子课件、微课视频等课程资源，更多视频和资料请访问西安开元电子实业有限公司官网（http://www.s369.com/jxzy）下载，网站首页教学资源栏目有技术规范、PPT课件（课堂练习）、视频资源、教学挂图、竞赛样题等。

由于综合布线技术是一门快速发展的交叉学科，编者力求科学和突出关键岗位技能，欢迎读者共同探讨与持续完善，编者邮箱为s136@s369.com。

编　者

二维码索引

1. 微课视频

视频名称	二维码	页码	视频名称	二维码	页码
《百炼成“刚”》——劳模纪刚的先进事迹		8	电缆跳线制作		38、45
综合布线电缆展示柜		9	语音模块端接方法		40
大对数电缆和语音配线架的端接方法		14、28、33	6类屏蔽配线架和卡装式免打模块端接方法		41、51、127
综合布线光缆展示柜		14	电缆跳线制作与模块端接		47
电缆速度竞赛		19	屏蔽跳线制作		51
综合布线配件展示柜		22	测试链路的搭建与端接技术		53、56
综合布线工具展示柜		26	复杂链路的搭建与端接技术		56
综合布线工具箱		26	光纤熔接技术		60、62
110型通信跳线架端接方法		27、30、31、134	综合布线系统设计		74
网络模块端接方法		27、39	综合布线工程技术实训教学片		88、113、115

（续）

视频名称	二维码	页码	视频名称	二维码	页码
光纤端接测试实训装置		129	综合布线工程教学模型		144
光纤连接器和光纤跳线的认识与安装测试方法		132	网络工程防雷展示与实训装置简介		168
光纤测试链路的搭建		132	综合布线工程技术工程管理		202
光纤复杂链路的搭建		132	工程蓝图的折叠方法		203

2. 习题

章	二维码	页码	章	二维码	页码
第1章		8	第7章		142
第2章		34	第8章		157
第3章		56	第9章		172
第4章		68	第10章		185
第5章		91	第11章		201
第6章		120	第12章		217

目　录 Contents

前言

二维码索引

第1章　综合布线系统介绍 1

1.1　综合布线系统的基本概念 1

1.2　综合布线系统工程的各个子系统 1

1.2.1　工作区子系统 2

1.2.2　水平子系统 3

1.2.3　垂直子系统 3

1.2.4　管理间子系统 4

1.2.5　设备间子系统 4

1.2.6　进线间子系统 4

1.2.7　建筑群子系统 5

1.3　综合布线系统工程各个子系统的实际应用 5

1.4　网络设备安装技术实训 6

实训项目　标准U机架式设备安装实训 6

1.5　工程经验 8

习题 8

第2章　综合布线系统常用器材和工具 9

2.1　网络传输介质和连接器材 9

2.1.1　双绞线电缆 9

2.1.2　大对数电缆 13

2.1.3　光缆的品种与性能 14

2.1.4　水晶头 18

2.1.5　网络模块 18

2.1.6　面板、底盒 19

2.1.7　配线架 20

2.1.8　直通式配线架 20

2.1.9　机柜 21

2.2　管槽及配件 22

2.2.1　线槽 22

2.2.2　线管 23

2.2.3　桥架 24

2.2.4　缆线的槽、管铺设方法 25

2.3　布线工具 26

2.4　配线端接技能实训 28

2.4.1　实训项目1　110型通信跳线架端接技能实训 28

2.4.2　实训项目2　大对数电缆永久链路端接技能实训 30

2.4.3　实训项目3　25口RJ-45语音配线架端接技能实训 31

2.5　工程经验 34

习题 34

第3章　综合布线配线端接工程技术 35

3.1　网络配线端接的意义和重要性 35

3.2　配线端接技术原理 36

3.3　网络双绞线剥线基本方法 36

3.4　RJ-45水晶头端接原理和方法 37

3.5　网络模块端接原理和方法 38

3.6　语音模块端接原理和方法 39

3.7　屏蔽模块端接原理和方法 40

3.8　5对卡接模块端接原理和方法 42

3.9　网络机柜内部配线端接 42

3.10　电缆配线端接工程技术实训 44

3.10.1　实训项目1　跳线端接技能实训 44

3.10.2　实训项目2　网络永久链路端接技能实训 45

3.10.3　实训项目3　屏蔽永久链路端接技能实训 47

3.10.4　实训项目4　复杂网络永久链路端接技能实训 51

3.11　工程经验 53

3.12　全国职业院校技能大赛中职组“网络综合布线技术”竞赛分析 54

习题......56
第4章　光纤熔接工程技术......57
4.1　光纤概述......57
4.1.1　光纤......57
4.1.2　光纤与光缆的区别......57
4.2　光纤的传输特点......57
4.3　光纤的传输原理和工作过程......58
4.3.1　光纤传输原理......58
4.3.2　光纤传输过程......59
4.4　光纤熔接工程技术......59
4.4.1　光纤熔接技术原理......59
4.4.2　光纤熔接的过程和步骤......60
4.4.3　光缆接续质量检查......62
4.4.4　影响光纤熔接损耗的主要因素......63
4.4.5　降低光纤熔接损耗的措施......63
4.4.6　光纤接续点损耗的测量......64
4.5　盘纤......65
4.5.1　盘纤规则......65
4.5.2　盘纤的方法......65
4.6　光纤熔接工程技术实训项目......66
实训项目　光纤熔接......66
4.7　工程经验......67
4.8　全国职业院校技能大赛中职组“网络综合布线技术”竞赛分析......68
习题......68
第5章　工作区子系统工程技术......69
5.1　工作区子系统的基本概念......69
5.1.1　什么是工作区子系统......69
5.1.2　工作区的划分原则......69
5.1.3　工作区适配器的选用原则......70
5.1.4　工作区设计要点......70
5.1.5　信息插座连接技术要求......70
5.2　工作区子系统的设计原则......71
5.2.1　设计步骤......71
5.2.2　需求分析......71
5.2.3　技术交流......71
5.2.4　阅读建筑物图纸和工作区编号......71
5.2.5　初步设计......72
5.2.6　概算......74
5.2.7　方案确认......74
5.2.8　正式设计......75
5.3　工作区子系统的设计实例......76
5.3.1　设计实例1　独立单人办公室信息点设计......76
5.3.2　设计实例2　多人办公室信息点设计......77
5.3.3　设计实例3　集中办公区信息点设计......78
5.3.4　设计实例4　会议室信息点设计......78
5.3.5　设计实例5　学生宿舍信息点设计......79
5.3.6　设计实例6　超市信息点设计......80
5.4　工作区子系统的工程技术......81
5.4.1　标准要求......81
5.4.2　信息点安装位置......81
5.4.3　底盒安装......81
5.4.4　模块安装......83
5.4.5　面板安装......84
5.5　工作区子系统的工程技术实训项目......85
5.5.1　实训项目1　工作区点数统计表制作实训......85
5.5.2　实训项目2　网络插座的安装实训......85
5.6　工程经验......88
5.7　全国职业院校技能大赛中职组“网络综合布线技术”竞赛分析......89
习题......91
第6章　水平子系统工程技术......92
6.1　水平子系统的基本结构......92
6.1.1　水平子系统的布线基本要求......92
6.1.2　水平子系统设计应考虑的几个问题......92
6.2　水平子系统的设计原则......93
6.2.1　设计步骤......93
6.2.2　需求分析......93
6.2.3　技术交流......93
6.2.4　阅读建筑物图纸......93
6.2.5　规划和设计......94
6.2.6　制作设计图......102
6.2.7　材料概算和统计表制作......102
6.3　水平子系统的设计实例......102

6.3.1 设计实例1　墙面暗埋穿线管施工图 102
6.3.2 设计实例2　墙面明装线槽施工图 103
6.3.3 设计实例3　地面线槽敷设施工图 103
6.3.4 设计实例4　吊顶上架空线槽布线施工图 104
6.3.5 设计实例5　楼道桥架布线示意图 104
6.4 水平子系统的工程技术 105
6.4.1 水平子系统的标准要求 105
6.4.2 水平子系统的布线距离的计算 105
6.4.3 水平子系统的布线弯曲半径 105
6.4.4 水平子系统暗埋缆线的安装和施工 106
6.4.5 水平子系统明装线槽布线的施工 107
6.4.6 水平子系统桥架布线施工 108
6.4.7 布线拉力 109
6.4.8 施工安全 109
6.5 水平子系统的工程技术实训项目 110
6.5.1 实训项目1　PVC穿线管的布线工程技术实训 110
6.5.2 实训项目2　PVC线槽的布线工程技术实训 113
6.5.3 实训项目3　桥架安装和布线工程技术实训 115
6.6 工程经验 116
6.7 全国职业院校技能大赛中职组“网络综合布线技术”竞赛分析 117
6.8 全国中等职业教育组信息化实训教学竞赛项目简介 119
习题 120
第7章　管理间子系统工程技术 121
7.1 管理间子系统的基本概念 121
7.1.1 什么是管理间子系统 121
7.1.2 管理间子系统的划分原则 122
7.2 管理间子系统的设计原则 122
7.2.1 设计步骤 122
7.2.2 需求分析 122
7.2.3 技术交流 122
7.2.4 阅读建筑物图纸和管理间编号 123
7.2.5 设计原则 123
7.2.6 管理间子系统连接器件 124
7.3 管理间子系统的设计实例 132
7.3.1 设计实例1　建筑物竖井内安装方式 132
7.3.2 设计实例2　建筑物楼道明装方式 133
7.3.3 设计实例3　住宅楼改造增加综合布线系统 133
7.4 管理间子系统的工程技术 133
7.4.1 机柜安装要求 133
7.4.2 电源安装要求 134
7.4.3 通信跳线架的安装 134
7.4.4 网络配线架的安装 134
7.4.5 交换机安装 135
7.4.6 理线环的安装 135
7.4.7 编号和标记 135
7.5 管理间子系统的工程技术实训项目 136
7.5.1 实训项目1　壁挂式机柜的安装 136
7.5.2 实训项目2　电缆配线设备的安装 138
7.6 工程经验 139
7.7 全国职业院校技能大赛中职组“网络综合布线技术”竞赛分析 140
习题 142
第8章　垂直子系统工程技术 143
8.1 垂直子系统的基本概念 143
8.2 垂直子系统的设计原则 144
8.2.1 设计步骤 144
8.2.2 需求分析 144
8.2.3 技术交流 144
8.2.4 阅读建筑物图纸 144
8.2.5 规划和设计 145
8.3 垂直子系统的设计实例 147
8.3.1 设计实例1　垂直子系统竖井位置 147
8.3.2 设计实例2　布线系统示意图 148
8.4 垂直子系统的工程技术 149
8.4.1 标准要求 149
8.4.2 垂直子系统布线缆线选择 149
8.4.3 垂直子系统布线通道的选择 149

8.4.4 垂直子系统缆线容量的计算 150
8.4.5 垂直子系统缆线的绑扎 150
8.4.6 垂直子系统缆线敷设方式 151
8.5 垂直子系统的工程技术实训项目 151
8.5.1 实训项目1 PVC线槽/穿线管布线实训 151
8.5.2 实训项目2 钢缆扎线实训 153
8.6 工程经验 156
8.7 全国职业院校技能大赛中职组“网络综合布线技术”竞赛分析 156
习题 157
第9章 设备间子系统工程技术 158
9.1 设备间子系统的基本概念 158
9.2 设备间子系统的设计原则 159
9.2.1 设计步骤 159
9.2.2 需求分析 159
9.2.3 技术交流 159
9.2.4 阅读建筑物图纸 159
9.2.5 设计原则 159
9.2.6 设备间内的缆线敷设 164
9.3 设备间子系统的设计实例 165
9.3.1 设计实例1 设备间布局设计图 165
9.3.2 设计实例2 设备间预埋管路图 166
9.4 设备间子系统的工程技术 167
9.4.1 设备间子系统的标准要求 167
9.4.2 设备间机柜的安装要求 167
9.4.3 配电要求 167
9.4.4 设备间安装防雷器 167
9.4.5 设备间防静电措施 169
9.5 设备间子系统的工程技术实训项目 169
9.5.1 实训项目1 立式机柜的安装 169
9.5.2 实训项目2 计算机防雷系统电气一、二、三级防雷实训 171
9.6 工程经验 172
习题 172
第10章 进线间和建筑群子系统工程技术 173
10.1 进线间子系统的设计原则 173
10.2 建筑群子系统的设计原则 174
10.2.1 设计步骤 174
10.2.2 需求分析 175
10.2.3 技术交流 175
10.2.4 阅读建筑物图纸 175
10.2.5 建筑群子系统的规划和设计 175
10.3 建筑群子系统的设计实例 176
10.3.1 设计实例1 室外管道的铺设 176
10.3.2 设计实例2 室外架空图 177
10.4 建筑群子系统的工程技术 178
10.4.1 建筑群子系统缆线布放的标准要求 178
10.4.2 建筑群子系统的布线距离的计算 178
10.4.3 建筑群子系统的缆线布线方法 178
10.5 进线间和建筑群子系统的工程技术实训项目 181
10.5.1 实训项目1 进线间子系统入口管道铺设实训 181
10.5.2 实训项目2 建筑群子系统光缆铺设实训 182
10.6 工程经验 183
10.7 全国职业院校技能大赛中职组“网络综合布线技术”竞赛分析 184
习题 185
第11章 综合布线系统工程测试 186
11.1 测试系统指标 186
11.2 网络双绞线电缆电阻的计算和质量判断 188
11.3 永久链路测试 189
11.4 信道测试 192
11.5 综合布线系统工程的测试 193
11.6 链路故障诊断与分析实训 194
11.6.1 实训项目1 光缆链路故障诊断与分析 194
11.6.2 实训项目2 电缆链路故障诊断与分析 196
11.7 工程经验 197
11.8 全国职业院校技能大赛中职组“网络综合布线技术”竞赛分析 199
习题 201

第12章　综合布线系统工程管理 202
12.1　现场管理制度与要求 202
12.2　技术管理 203
12.3　施工现场人员管理 204
12.4　材料管理 204
12.5　安全管理 205
12.5.1　安全控制措施 205
12.5.2　安全管理原则 207
12.6　质量控制管理 208
12.7　成本控制管理 208
12.7.1　成本控制管理内容 208
12.7.2　工程的成本控制基本原则 209
12.8　施工进度控制 209
12.9　工程各类报表作用和报表要求 210
12.10　编写管理制度实训 214
12.10.1　实训项目1　编写项目安全管理制度 214
12.10.2　实训项目2　编写项目质量管理办法 214
12.11　工程经验 215
12.12　全国职业院校技能大赛中职组“网络综合布线技术”竞赛分析 215
习题 217
参考文献 218

第1章

综合布线系统介绍

综合布线是一项综合性较强的工程技术，它涉及许多理论和技术技能问题，是一个多学科交叉的新领域，也是计算机技术、通信技术、控制技术与智能建筑技术紧密结合的产物。现在无论是政府机关还是企事业单位，都离不开现代化的办公及信息传输系统，而这些系统是由网络综合布线系统来支持的。

知识目标：掌握综合布线系统的基本概念，掌握综合布线各子系统的定义和基本构成。

技能目标：通过实训项目，认识综合布线系统常用器材和设备，掌握网络机柜和配线设备的安装方法和技巧。

素养目标：通过扫码观看视频“《百炼成‘刚’》——劳模纪刚的先进事迹”，培养“细微中显卓越，执着中见匠心”的职业习惯和工匠精神。

1.1 综合布线系统的基本概念

综合布线是20世纪90年代初传入我国的，随着我国大力加强基础设施建设，市场需求在不断扩大，庞大的市场需求促进了该产业的快速发展。特别是2007年4月6日颁布，2016年修订的GB 50311—2016《综合布线系统工程设计规范》和GB/T 50312—2016《综合布线系统工程验收规范》，对综合布线系统工程的设计、施工、验收、管理等提出了具体要求和规定，促进了综合布线系统的应用和发展。

综合布线系统是指用通信电缆、光缆、各种软电缆及有关连接硬件构成的通用布线系统，它能支持语音、数据、影像和其他信息技术的标准应用系统。

综合布线系统是建筑物或建筑群内的传输网络系统，它能使语音和数据通信设备、交换设备和其他信息管理系统彼此连接，包括建筑物到外部网络的连接点与工作区的语音或数据终端之间的所有电缆及相关联的布线部件。

综合布线是集成网络系统的基础，它能够满足数据、语音及图像等的传输要求，是计算机网络和通信系统的支撑环境。同时，作为开放系统，综合布线也为其他系统的接入提供了有力的保障。

在智能建筑与智慧社区的工程设计中，一般将综合布线系统分为基本型、增强型和综合型3种常用形式。它们都能支持语音/数据等系统，能随着工程的需要转向更高功能的布线系统，主要区别在于支持语音和数据服务所采用的方式，以及在移动和重新布局时实施线路管理的灵活性。

1.2 综合布线系统工程的各个子系统

GB 50311《综合布线系统工程设计规范》规定，在综合布线系统工程设计中，宜按照下列7个部分进行：工作区子系统、配线子系统、干线子系统、建筑群子系统、设备间子系统、进线间子系统和管理间子系统。

根据近年来我国综合布线工程应用实际，此标准中新增了进线间的规定，能够满足不同运营商接入的需要，同时针对日常应用和管理需要，特别提出了综合布线系统工程的管理问题。

为了教学和实训需要，本书将综合布线系统按照以下7个子系统介绍：工作区子系统、水平子系统（对应配线子系统）、垂直子系统（对应干线子系统）、管理间子系统、设备间子系统、进线间子系统和建筑群子系统。图1-1为综合布线系统工程各个子系统示意图。

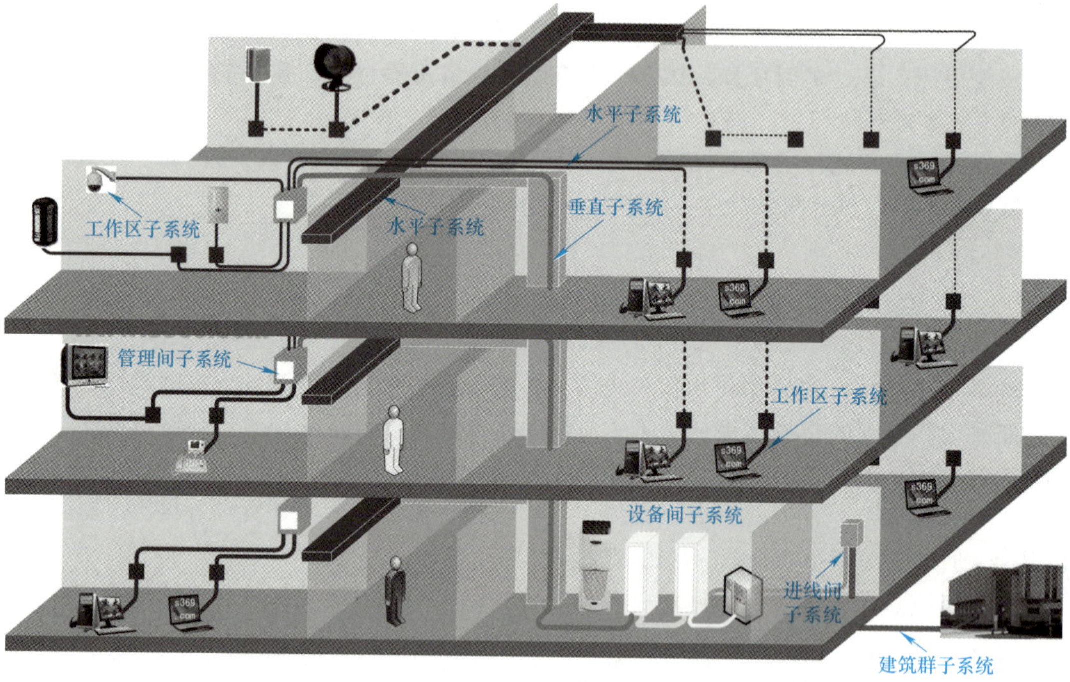

图1-1 综合布线系统工程各个子系统示意图（见彩图）

1.2.1 工作区子系统

工作区子系统又称为服务区子系统，它是由跳线与信息插座所连接的设备组成。其中信息插座包括墙面型、地面型和桌面型等，常用的终端设备包括计算机、电话机、传真机、报警探头、摄像机、监视器、各种传感器件和音响设备等。

在工作区子系统的设计方面，必须注意以下几点：

1）从RJ-45信息插座到计算机等终端设备间的连线宜用双绞线，且长度不要超过5m。

2）RJ-45信息插座宜首先考虑安装在墙壁上或不易被触碰到的地方。

3）RJ-45信息插座与电源插座等应尽量保持20cm以上的距离。

4）对于墙面型信息插座和电源插座，其底边距离地面一般应为30cm。

1.2.2 水平子系统

水平子系统在GB 50311国家标准中属于配线子系统的一部分，也被称为水平干线子系统。配线子系统应由工作区信息插座模块、模块到楼层管理间的连接缆线、配线架和跳线等组成。水平子系统实现工作区信息插座和管理间子系统的连接，包括工作区与楼层管理间之间的所有电缆。一般采用星形结构，它与垂直子系统的区别是水平子系统总是在一个楼层上，仅与信息插座和楼层管理间子系统连接。

在综合布线系统中，水平子系统通常由4对UTP（非屏蔽双绞线）组成，能支持大多数现代化通信设备，如果有磁场干扰或需要信息保密，以及在高带宽应用时，宜采用屏蔽电缆或光缆。

在水平子系统的设计中，综合布线的设计必须具有全面介质设施方面的知识，能够向用户提供完善而经济的设计方案。水平子系统的设计要点如下：

1）确定布线方法和缆线的走向。

2）双绞线的长度一般不超过90m。

3）尽量避免水平线路长距离与供电线路平行走线，应保持一定的距离（非屏蔽缆线一般为30cm，屏蔽缆线一般为7cm）。

4）缆线必须走线槽或在天花板吊顶内布线，尽量不走地面线槽。

5）如果在特定环境中布线，则要对传输介质进行保护，使用线槽或金属管道等。

6）确定与服务器接线间距离最近的I/O位置。

7）确定与服务器接线间距离最远的I/O位置。

1.2.3 垂直子系统

垂直子系统在GB 50311国家标准中称为干线子系统，提供建筑物的干线电缆，负责连接管理间子系统到设备间子系统。它实现了主配线架与中间配线架、计算机、PBX、控制中心与各管理子系统间的连接。该子系统由所有的布线电缆组成，或由光缆以及相关支撑硬件组合而成。干线传输电缆的设计必须既满足当前的需要，又适合今后的发展，具有高性能和高可靠性，支持高速数据传输。

在确定垂直子系统所需要的电缆总对数之前，必须确定电缆中语音和数据信号的共享原则。

垂直子系统布线走向应选择干线缆线最短、最安全和最经济的路由。垂直子系统在系统设计施工时，就预留了一定数量的缆线做冗余信道，这一点对于综合布线系统的可扩展性和可靠性来说是十分重要的。垂直子系统的设计要点如下：

1）垂直子系统一般选用光缆，以提高传输速率。

2）垂直子系统应为星形拓扑结构。

3）垂直子系统干线光缆的拐弯处不要用直角拐弯，而应该有相当的弧度，以避免光缆受损；干线电缆和光缆布线的交接不应该超过两次；从楼层配线架到建筑群配线架之间只应有一个配线架。

4）线路不允许有转接点。

5）为了防止语音传输对数据传输的干扰，语音主电缆和数据主电缆应分开。

6）要防止垂直主干线电缆遭到破坏，确定每层楼的干线要求和防雷电设施。

7）满足整幢大楼的干线要求和防雷击设施。

1.2.4 管理间子系统

管理间子系统也称为电信间或者配线间，一般设置在每个楼层的中间位置。管理间主要安装楼层配线设备，是专门安装楼层机柜、配线架、交换机的楼层管理间。管理间子系统也是连接垂直子系统和水平子系统的设备。当楼层信息点很多时，可以设置多个管理间。

管理间子系统的布线设计要点如下：

1）配线架的配线对数由所管理的信息点数决定。

2）进出线路以及跳线应采用色标或者标签等进行明确标识。

3）配线架一般由光纤配线架（盒）和电缆配线架组成。

4）供电、接地、通风良好、机械承重合适，保持合理的温度、湿度和照度。

5）有交换机、路由器的地方需要配有专用的稳压电源。

6）采取防尘、防静电、防火和防雷击等措施。

1.2.5 设备间子系统

设备间在实际应用中一般称为网络中心或者机房，是在每栋建筑物适当地点进行网络管理和信息交换的场地。通常由电缆、连接器和相关支撑硬件组成，通过缆线把各种公用系统设备连接起来。其主要设备有计算机网络设备、服务器、防火墙、路由器、程控交换机、楼宇自控设备主机等，它们可以放在一起，也可以分别放置。

设备间子系统在设计方面应注意的要点如下：

1）设备间的位置和大小应根据建筑物的结构、布线规模和管理方式及应用系统设备的数量综合考虑。

2）设备间要有足够的空间。

3）设备间要有良好的工作环境：温度应保持在0～27℃，相对湿度应保持在60%～80%，亮度适宜。

4）设备间内所有进出线装置或设备应采用色表或色标区分各种用途。

5）设备间具有防静电、防尘、防火和防雷击措施。

1.2.6 进线间子系统

进线间是建筑物外部通信和信息管线的入口部位，并可作为入口设施和建筑群配线设备的安装场地。GB 50311中要求在建筑物前期系统设计中要有进线间。进线间一般通过地埋管线进入建筑物内部，宜在土建阶段实施。

电信业务经营者在进线间设置安装的入口配线设备应与BD或CD之间敷设相应的连接电缆、光缆，实现路由互通。缆线类型与容量应与配线设备一致。

在进线间缆线入口处的管孔数量应满足建筑物之间、外部接入业务及多家电信业务经营者缆线接入的需求，并应留有2～4孔的余量。

1.2.7 建筑群子系统

建筑群子系统主要实现建筑物与建筑物之间的通信连接，一般采用光缆并配置相应设备，它支持楼宇之间通信所需的硬件，包括缆线、端接设备和电气保护装置。

中华人民共和国住房和城乡建设部公告第1292号明确规定，GB 50311《综合布线系统工程设计规范》国家标准第8.0.10条为强制性条文，必须严格执行。第8.0.10条具体内容为“当电缆从建筑物外面进入建筑物时，应选用适配的信号线路浪涌保护器。”配置浪涌保护器的主要目的是防止雷电通过室外线路进入建筑物内部设备间，击穿或者损坏网络系统设备。

在建筑群子系统的室外缆线敷设方式中，一般有管道、直埋、架空和隧道4种情况。具体情况应根据现场的环境来决定。建筑群子系统缆线敷设方式比较见表1-1。

表1-1 建筑群子系统缆线敷设方式比较

方式	优点	缺点
管道	提供比较好的保护；敷设容易，扩充、更换方便；美观	初期投资高
直埋	有一定保护；初期投资低；美观	扩充、更换不方便
架空	成本低、施工快	安全可靠性低；不美观；除非有安装条件和路径，一般不采用
隧道	保持建筑物的外貌，如有隧道，则成本最低且安全	热量或泄漏的热气会损坏电缆

1.3 综合布线系统工程各个子系统的实际应用

在实际的综合布线系统工程应用中，各个子系统有时会叠加在一起。例如，位于大楼一层的管理间常常合并到大楼一层的网络设备间中，进线间子系统也经常设置在大楼一层的网络设备间中。

水平子系统不一定全部水平布线，实际上水平子系统指从信息点到楼层管理间机柜之间的路由和布线系统，如图1-2所示。按照GB 50311中的系统设计规定，也允许个别管理间FD配线架直接到CD配线架，而不经过BD配线架，如图1-3所示，这样能够节约工程造价。这就要求设计人员必须熟悉综合布线工程各个子系统，灵活应用，在设计中降低工程造价。

图1-2 综合布线系统工程实际应用展示

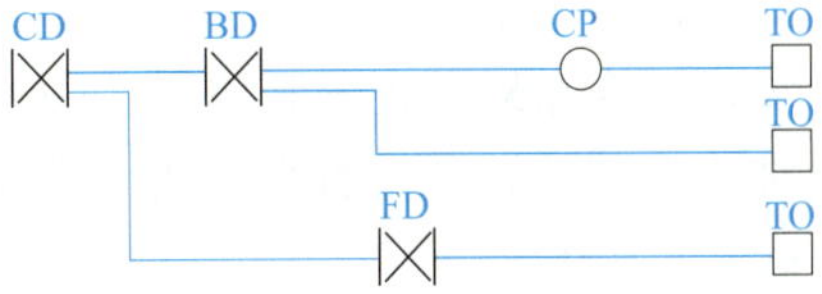

图1-3 综合布线子系统构成图

1.4 网络设备安装技术实训

实训项目 标准U机架式设备安装实训

【典型工作任务】

在综合布线系统工程施工中需要安装配线设备，首先要学会如何安装19英寸㊀标准U机架式设备，包括19英寸开放式机架、跳线架、配线架等配线设备。

【岗位技能要求】

1）掌握标准19英寸开放式机架和配线设备的安装。
2）认识网络综合布线系统工程常用器材和设备。
3）掌握网络综合布线系统工程常用工具和操作技巧。

【实训任务】

1）设计标准U网络机架设备安装施工图。
2）完成开放式标准网络机架的安装。
3）完成1台19英寸5U㊁综合布线测试装置安装。
4）完成1台19英寸5U综合布线端接训练装置安装。
5）完成1个19英寸1U 24口网络配线架安装。
6）完成1个19英寸1U 6类屏蔽网络配线架的安装。
7）完成1个19英寸1U语音配线架的安装。
8）完成1个19英寸1U 110型通信跳线架安装。
9）完成1个19英寸1U电源分配单元的安装。
10）完成1个19英寸1U直通式网络配线架的安装。
11）完成3个19英寸1U收纳式理线架的安装。
12）完成3个19英寸1U直通式理线架的安装。
13）完成1个19英寸U型扎线杆和1个U型扎线杆的安装。
14）完成1个19英寸1U毛刷式理线架的安装。
15）完成1个19英寸1U鱼骨理线槽的安装。
16）完成1个19英寸绑线条的安装。
17）完成1个19英寸1U理线盲板的安装。
18）完成配套缆线、跳线的安装与理线管理和标识，并进行测试。

【评判标准】

1）要求网络机架安装牢固。
2）要求综合布线设备安装位置正确，预留空间合适并且测试合格。
3）要求安装的设备左右整齐和平直并且理线规范，标识标志齐全。

㊀ 1英寸（in）≈25.4mm，后同。
㊁ 1U≈44.45mm，后同。

【实训器材和工具】

标准U机架式设备安装实训器材和工具见表1-2。

表1-2　标准U机架式设备安装实训器材和工具

序号	实训器材	数量	序号	实训器材	数量
1	开放式标准U机架	1套	16	绑线条+固线器	1套
2	二维码标牌	4个	17	U型扎线杆	1个
3	手机支架	2个	18	L型扎线杆	1个
4	综合布线测试装置	1个	19	网络配线架端接工装	1个
5	综合布线端接训练装置	1个	20	配线子系统	8套
6	超五类非屏蔽网络配线架	1个	21	理线盲板	1个
7	六类直通式配线架	1个	22	机架电气接地和接地线	1套
8	六类屏蔽配线架	1个	23	电源分配单元（PDU）	1个
9	语音配线架	1个	24	折叠操作台	2个
10	110型通信跳线架	1个	25	超五类非屏蔽跳线，1.5m/根	24根
11	零件工具盒	1个	26	六类非屏蔽跳线，2m/根	24根
12	收纳式理线架	3个	27	六类屏蔽跳线3m/根	24根
13	直通式理线架	3个	28	25对大对数电缆	2根
14	毛刷理线架	1个	29	超五类非屏蔽跳线，1.5m/根	12根
15	鱼骨理线槽	1个	30	配套RJ-45、RJ-11和鸭嘴等测试跳线	4根

【实训步骤】

1）设计机架施工安装图。参考图1-4所示数实融合综合布线实训装置的结构，用CAD或Visio软件设计机架设备安装位置图。

2）准备器材和工具。把设备开箱，按照装箱单检查数量和规格。

3）安装机架。按照开放式机架的安装图把底座、立柱、顶帽、电源分配单元等进行装配，保证立柱安装垂直、牢固。

4）安装设备。按照设计图安装全部设备，保证每台设备位置正确，左右整齐和平直。

5）检查和通电。设备安装完毕后，按照施工图仔细检查，确认全部符合施工图后接通电源进行测试。

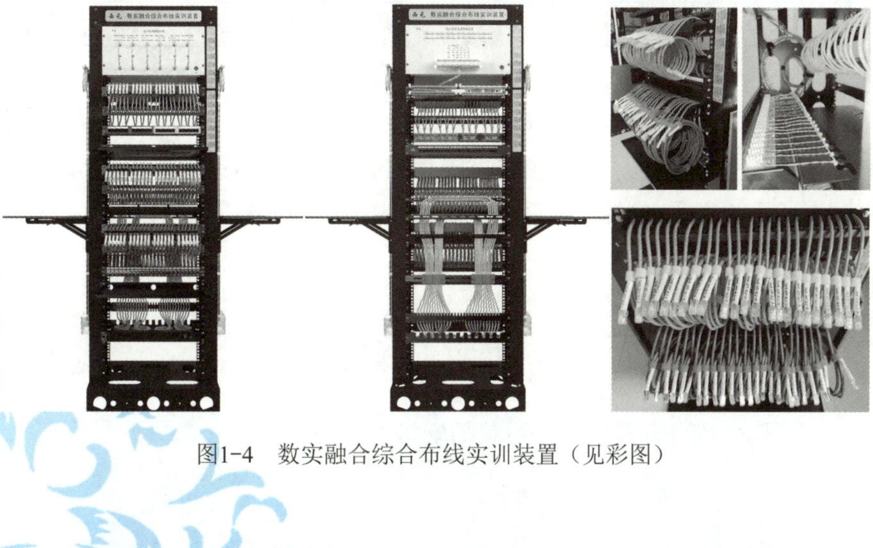

图1-4　数实融合综合布线实训装置（见彩图）

【实训报告】

1）完成网络机架设备的安装施工图设计。

2）总结综合布线设备的安装流程和要点，记录测试过程和结果。

3）写出标准U机架和1U设备的规格和安装孔尺寸。

1.5 工程经验

设备的散热

交换机、服务器等设备安装空间的周围不要太拥挤，以利于散热。

《百炼成“刚”》——劳模纪刚的先进事迹

细微中显卓越，执着中见匠心

2020年荣获“西安市劳动模范”称号的纪刚技师用18年的时间书写了匠心与执着。

2004年，中专毕业的纪刚被西安开元电子实业有限公司录取，从学徒工做起的他开始不断地学习和钻研，不懂就问，反复练习，业余时间就去图书馆、书店“充电”，反复琢磨消化师傅教授的知识，每天坚持写工作日志，记录并核算自己在工作当中的不足……18年的时间，纪刚从一名学徒成长为国家专利发明人，拥有国家发明专利4项、实用新型专利12项，精通16种光纤测试技术、200多种光纤故障设置和排查技术。先后被授予“雁塔区优秀共产党员”“雁塔区优秀宣讲员”“雁塔工匠”“雁塔区劳动模范”等荣誉称号。

技能改变了命运，也把不可能变成了可能。他说：“我只是一个普通的技术工人，能在自己的岗位上做好一颗螺丝钉，心里很踏实。”

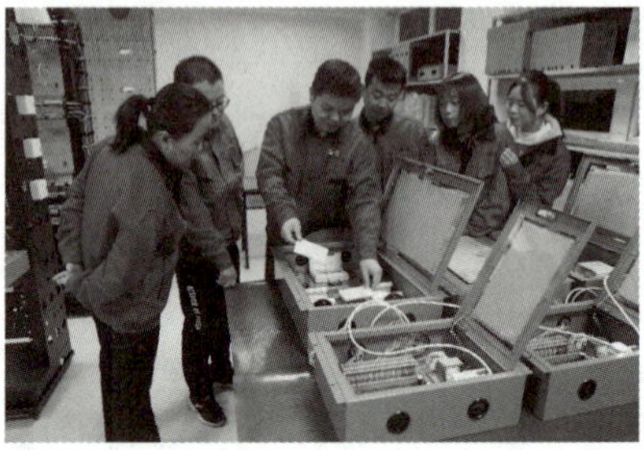

由中共西安市雁塔区委和西安市雁塔区人民政府出品，“以细微中显卓越，执着中见匠心”为主题的《百炼成“刚”》微视频，介绍了西安市劳动模范纪刚技师的先进事迹。该视频在全国总工会与中央网信办联合主办的2020年“网聚职工正能量 争做中国好网民”主题活动中，获得优秀作品奖。可扫描二维码进行观看。

扫码看视频

习　题

请扫描二维码下载第1章习题，按照教师安排按时完成。

习题

第2章

综合布线系统常用器材和工具

在综合布线系统工程施工中，会大量使用各种网络传输介质、综合布线器件和专业工具等。本章将详细介绍综合布线系统工程中常用的器材和工具。

知识目标：熟悉网络传输介质和连接器件、穿线管槽及配件、专业工具等技术参数。

技能目标：通过实训项目，掌握大对数电缆的线序与剥线方法，掌握大对数链路的搭建与测试方法。

素养目标：通过学习和实践操作等，体验“工具就是生产力”“熟能生巧”的工匠精神内涵，弘扬“技能改变命运”理念，培养技能型、创新型专业人才。

2.1 网络传输介质和连接器材

网络通信分为有线通信和无线通信两种。有线通信是利用电缆、光缆或电话线来充当传输介质的；无线通信是利用卫星、微波、红外线来充当传输介质的。目前，在通信线路上使用的传输介质有双绞线电缆、大对数电缆、光缆等。

2.1.1 双绞线电缆

这里以综合布线器材展示柜中的电缆展示柜为例详细介绍双绞线电缆的相关知识，如图2-1所示。扫描二维码可观看《综合布线电缆展示柜》视频。

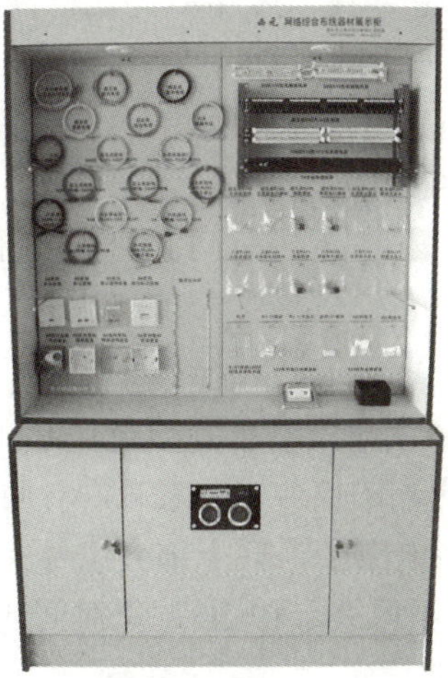

扫码看视频

图2-1　综合布线电缆展示柜（见彩图）

双绞线（Twisted Pair，TP）是综合布线工程中最常用的一种传输介质。双绞线由两根具有绝缘保护层的铜导线组成。把两根具有绝缘保护层的铜导线按一定节距互相绞在一起，可降低信号干扰的程度，每一根导线在传输中辐射出来的电波会被另一根线上发出的电波抵消。

目前，双绞线可分为UTP（非屏蔽双绞线）和STP（屏蔽双绞线），屏蔽双绞线的外层由铝箔或铜网包裹着，它的价格相对要高一些。

综合布线中使用的双绞线的种类如图2-2所示。

计算机网络工程使用4对非屏蔽双绞线导线，其物理结构如图2-3所示。

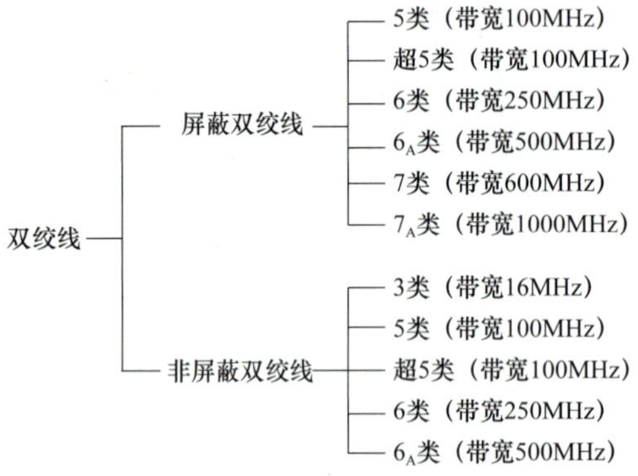

图2-2　综合布线中使用的双绞线种类

图2-3　双绞线物理结构

1. 非屏蔽双绞线电缆的优点

1）无屏蔽外套，直径小，节省所占用的空间。

2）质量小、易弯曲、易安装。

3）能将串扰减至最小或消除。

4）具有阻燃性。

5）具有独立性和灵活性，适用于结构化综合布线。

2. 双绞线的参数

对于双绞线，用户所关心的是衰减、近端串扰、特性阻抗、分布电容、直流环路电阻等。为了便于理解，首先解释以下几个名词。

1）衰减：衰减（Attenuation）是沿链路的信号损失度量。衰减随频率而变化，所以应测量在应用范围内的全部频率上的衰减。

2）近端串扰：近端串扰（Near End Cross-Talk，NEXT）损耗是测量一条UTP链路中从一对线到另一对线的信号耦合。

串扰分近端串扰和远端串扰（Far End Cross-Talk，FEXT）。近端串扰并不表示在近端点所产生的串扰值，它只是表示在近端点所测量到的串扰值。这个量值会随电缆长度的不同而变，电缆越长量值越小。同时发送端的信号也会衰减，对其他线对的串扰也相对变小。

3）直流环路电阻：直流环路电阻会消耗一部分信号并转变成热量，它是指一对导线电阻的和，ISO/IEC 11801标准规定不得大于19.2Ω，每对间的差异不能太大（小于0.1Ω），否则表示接触不良，必须检查连接点。

4）特性阻抗：与直流环路电阻不同，特性阻抗包括电阻及频率自1～100MHz的电感抗及电容抗，它与一对电线之间的距离及绝缘的电气性能有关。各种电缆有不同的特性阻抗，对双绞线电缆而言，有100Ω、120Ω及150Ω 3种。

5）衰减串扰比（ACR）：在某些频率范围，串扰与衰减量的比例关系是反映电缆性能的另一个重要参数。ACR有时也以信噪比（SNR）表示，它由最差的衰减量与NEXT量值的差值计算。较大的ACR值表示对抗干扰的能力更强，系统要求至少大于10dB。

6）电缆特性：通信信道的品质是由它的电缆特性——信噪比（SNR）来描述的。SNR是在考虑到干扰信号的情况下，对数据信号强度的一个度量。如果SNR过低，将导致数据信号在被接收时，接收器不能分辨数据信号和噪声信号，最终引起数据错误。因此，为了把数据错误限制在一定范围内，必须定义一个最小的可接收的SNR。

3. 双绞线的绞距

在双绞线电缆内，不同线对具有不同的绞距长度。一般地，4对双绞线绞距周期在38.1mm长度内，按逆时针方向扭绞，一对线对的扭绞长度在12.7mm以内。

4. 网络双绞线的制造流程

目前，网络综合布线系统工程大量使用超5类和6类非屏蔽双绞线。这里以超5类非屏蔽双绞线为例，介绍双绞线的制造流程。

一般制造流程为：铜棒拉丝→单芯覆盖绝缘层→两芯绞绕→4对绞绕→覆盖绝缘层→印刷标记→成卷。

首先将铜棒拉制成直径为0.50～0.55mm的铜导线，其次在铜导线外均匀覆盖塑料绝缘层，然后将两根导线按照一定的节距绞绕在一起，再将4对已经绞绕好的单绞线按照一定的节距进行第二次绞绕，最后在经过两次绞绕的4对双绞线外覆盖保护绝缘外套，如图2-4所示。

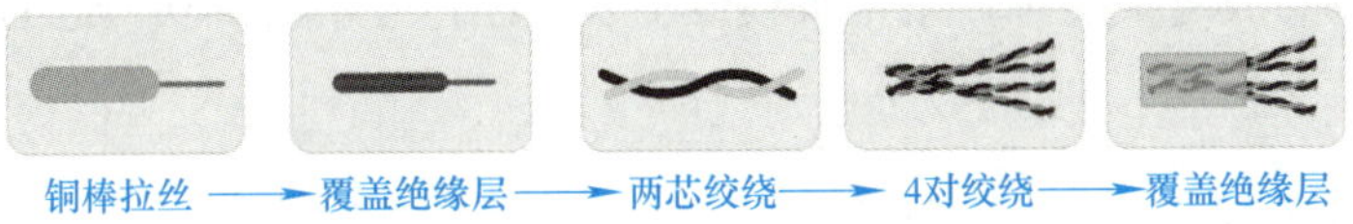

图2-4　非屏蔽双绞线制造流程

工厂专业化大规模生产超5类电缆时的工艺流程分为：绝缘、绞对、成缆、护套4项。

各个制造流程的技术要求如下。

（1）绝缘

绝缘检测项目、指标和测试方法见表2-1。

表2-1　绝缘检测项目、指标和测试方法

序号	检测项目	指标	测试方法
1	导体直径/mm	0.511	激光测径仪
2	绝缘外径/mm	0.92	激光测径仪
3	绝缘最大偏心/mm	≤0.020	激光测径仪
4	导体及绝缘的伸长率/（%）	20～25	伸长试验仪
5	同轴电容/（pF/m）	228	电容测试仪
6	火花击穿数/个	≤2（DC 3500V）	火花记录器
7	颜色	孟塞尔色标	比色

在该阶段需要注意导体直径、绝缘外径、绝缘的最大偏心、导体及绝缘的伸长率、绝

缘单线的同轴电容、火花击穿数、绝缘单线的颜色、单线装盘时的排线等各项指标，检验后符合要求的才能进入下一个工序，确保下一个工序能正常生产。

（2）绞对

电缆制造过程中，将绝缘线芯绞合成线组，线对绞对的节距及大小的配合情况直接影响电缆的串扰指标。可利用线组的绞合节距的相互配合来减少组间的直接系统性耦合，以达到减少串扰的目的。

绞对时应注意收、放线张力的控制。避免张力过大导致放线不均匀、拉伤线对，而对线对的电气性能产生影响，同时也应避免张力过小导致放线线盘过于松动产生缠绕、打结的现象。

绞对检测项目、指标和测试方法见表2-2。

表2-2　绞对检测项目、指标和测试方法

序号	检测项目	指标	测试方法
1	节距	白蓝10mm；白橙15.6mm；白绿12.5mm；白棕18mm	直尺测量
2	绞向	Z向（右向）	目测
3	绞对线单根导线直流电阻	≤93Ω	电阻表
4	绞对前后电阻不平衡	≤2%	（大电阻值−小电阻值）/（大电阻值+小电阻值）×100%
5	耐高压	DC 3s，2000V	高压发生器

（3）成缆

4对数据电缆的成缆很简单，采用束绞或S-Z绞的工艺方式，以一定的成缆节距减少线对间的串扰等。

（4）护套

护套工序在生产中类似绝缘工序，该工序把缆芯统一包一层保护外套，并在护套上喷印产品信息。护套可分为阻燃、非阻燃，也可分为室内、室外等。

护套检测项目、指标和测试方法见表2-3。

表2-3　护套检测项目、指标和测试方法

序号	检测项目	指标	测试方法
1	外观检测	光滑、圆整、无孔洞、无杂质	目测
2	最小护套厚度/mm	标称：0.6	游标卡尺
3	偏心/mm	≤0.20（在电缆同一截面上测量）	游标卡尺
4	电缆外径/mm	标称：5.4	纸带法
5	记米长度误差	≤0.5%	卷尺

在生产制造过程中，影响网络双绞线传输速率和距离的主要因素有：

1）铜棒材料质量。

2）铜棒拉丝制成线芯的直径、均匀度、同心度。

3）线芯覆盖绝缘层的厚度和均匀度、同心度。

4）两芯绞绕的节距和松紧度。

5）4对绞绕的节距和松紧度。

6）生产过程中的张紧拉力。

7）生产过程中的卷轴曲率半径。

在工程施工过程中，影响网络双绞线传输速率和距离的主要因素有：

1）双绞线配线端接工程技术。

2）布线拉力。

3）布线曲率半径。

4）布线绑扎技术。

5）电磁干扰。

6）工作温度。

2.1.2 大对数电缆

1. 大对数电缆的组成

大对数电缆是由25对具有绝缘保护层的铜导线组成的。它有3类25对大对数电缆、5类25对大对数电缆等，为用户提供更多的可用线对，并用于实现高速数据通信，传输速度为100bit/s。

导线色谱由白、红、黑、黄、紫和蓝、橙、绿、棕、灰编码组成，见表2-4。

表2-4 导线色谱排列

主色	白	红	黑	黄	紫
副色	蓝	橙	绿	棕	灰

5种主色和5种副色组成25种色谱，其色谱如下：

白蓝，白橙，白绿，白棕，白灰。

红蓝，红橙，红绿，红棕，红灰。

黑蓝，黑橙，黑绿，黑棕，黑灰。

黄蓝，黄橙，黄绿，黄棕，黄灰。

紫蓝，紫橙，紫绿，紫棕，紫灰。

50对电缆由2个25对组成，100对电缆由4个25对组成，以此类推。每组25对再用副色标识，例如，蓝、橙、绿、棕、灰。

2. 大对数电缆品种

大对数电缆分为屏蔽大对数电缆和非屏蔽大对数电缆，如图2-5所示。

a） b）

图2-5 大对数电缆

a）屏蔽大对数电缆 b）非屏蔽大对数电缆

扫描二维码观看《大对数电缆和语音配线架的端接方法》，建议观看3遍以上。

扫码看视频

2.1.3 光缆的品种与性能

这里以综合布线器材展示柜中的光缆展示柜为例详细介绍光缆的相关知识，如图2-6所示。扫描二维码观看《综合布线光缆展示柜》视频，重点学习光缆展示柜内容。

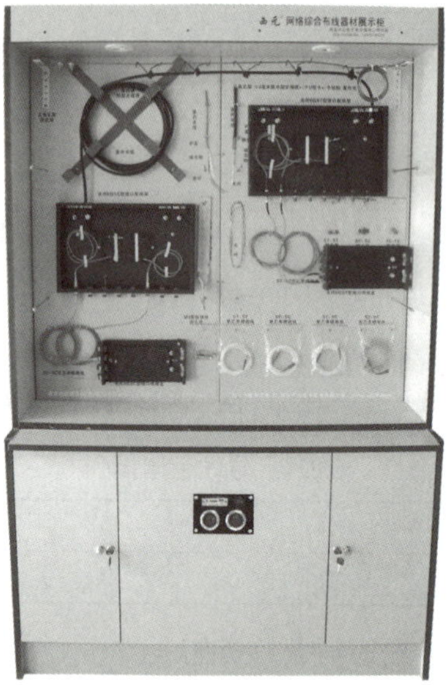

图2-6 综合布线光缆展示柜（见彩图）

扫码看视频

1. 光缆

光导纤维是一种传输光束的细而柔韧的石英介质，简称光纤。光导纤维表面由涂层和多层保护材料组成，简称为光缆，如图2-7所示。

光纤通常是由石英玻璃制成的横截面积很小的双层同心圆柱体，也称为纤芯。它质地脆、易断裂，由于这一缺点，需要外加一个保护层。光缆结构如图2-8所示。

图2-7 光缆

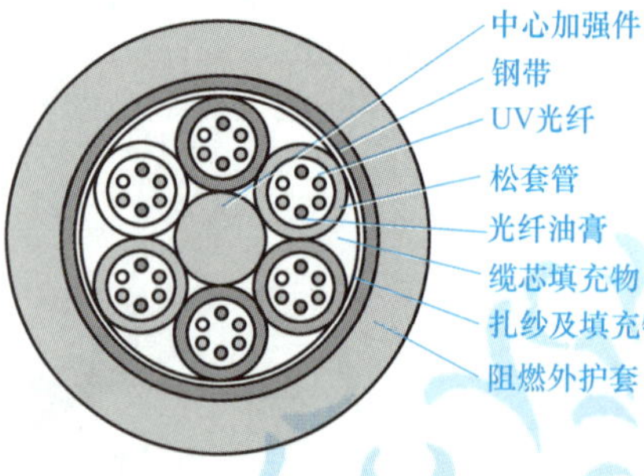

图2-8 光缆结构

光缆是数据传输中最有效的一种传输介质，它有以下几个优点：

1）较宽的频带。

2）电磁绝缘性能好。光纤光缆中传输的是光束，而光束是不受外界电磁干扰影响的，而且本身也不向外辐射信号，因此它适用于长距离的信息传输以及要求高度安全的场合。

3）衰减较小。

4）中继器的间隔距离较大，因此整个通道中继器的数目可以减少，这样可降低成本。而同轴电缆和双绞线在长距离使用中就需要接中继器。

2. 光纤的种类

光纤主要有两大类，即单模光纤和多模光纤。

（1）单模光纤

单模光纤的纤芯直径很小，在给定的工作波长上只能以单一模式传输，传输频带宽，传输容量大。光信号可以沿着光纤的轴向传播，因此光信号的损耗很小，离散也很小，传播的距离较远。单模光纤在导入波长上分为1310nm和1550nm两种。

（2）多模光纤

多模光纤是在给定的工作波长上，能以多个模式同时传输的光纤。多模光纤的纤芯直径一般为50～200μm，而包层直径的变化范围为125～230μm，计算机网络用纤芯直径为62.5μm，包层为125μm，也就是通常所说的62.5μm。与单模光纤相比，多模光纤的传输性能要差。多模光纤在导入波长上分为850nm和1300nm两种。

（3）纤芯分类

1）按照纤芯直径可划分为以下几种：

① 50μm/125μm缓变型多模光纤。

② 62.5μm/125μm缓变增强型多模光纤。

③ 10μm/125μm缓变型单模光纤。

2）按照纤芯的折射率分布可分为以下几种：

① 阶跃型光纤（Step Index Fiber，SIF）。

② 梯度型光纤（Griended Index Fiber，GIF）。

③ 环形光纤（Ring Fiber）。

④ W型光纤。

3. 光纤通信系统简述

（1）光纤通信系统

光纤通信系统是以光波为载体、光导纤维为传输介质的通信方式，起主导作用的是光源、光纤、光发送机和光接收机。

1）光源：光源是光波产生的根源。

2）光纤：光纤是传输光波的介质。

3）光发送机：光发送机负责产生光束，将电信号转变成光信号，再把光信号导入光纤。

4）光接收机：光接收机负责接收从光纤上传输过来的光信号，并将它转变成电信号，经解码后再做相应处理。

（2）光纤通信系统的主要优点

1）传输频带宽、通信容量大，短距离传输时达几千兆的传输速率。

2）线路损耗低、传输距离远。

3）抗干扰能力强，应用范围广。

4）线径细、质量小。

5）抗化学腐蚀能力强。

6）光纤制造资源丰富。

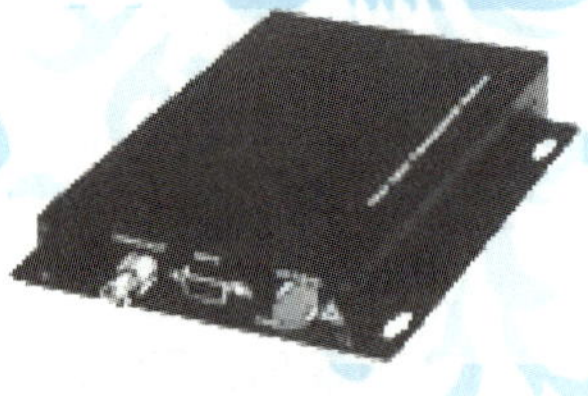

图2-9　光端机

（3）光端机

光端机是光通信的一个主要设备，其外观如图2-9所示。主要分两大类：模拟信号光端机和数字信号光端机。

模拟信号光端机主要分为调频式光端机和调幅式光端机。光端机一般按方向分为发射机（T）、接收机（R）、收发机（X）。作为模拟信号的FM光端机，市场上主要有以下几种类型。

1）单模光端机/多模光端机。

光端机根据系统的传输模式可分为单模光端机和多模光端机。一般来说，单模光端机光信号传输可达几十千米的距离，有些型号可无中继地传输100km。而多模光端机光信号传输一般为2～5km。

2）数据/视频/音频光端机。

光端机根据传输信号又可分为数据光端机、视频光端机、音频光端机、视频/数据光端机、视频/音频光端机、视频/数据/音频光端机以及多路复用光端机，并且可作为10～100Mbit/s以太网（IP）数据传输设备。

3）独立式/插卡式/标准式光端机。

① 独立式光端机可独立使用，但需要外接电源，主要应用于系统远程设备比较分散的场合。

② 插卡式光端机中的模块可插入机箱中工作，插卡式机箱为19英寸机架，具有18个插槽。插卡式光端机主要应用在系统的控制中心，便于系统安装和维护。

③ 标准式光端机可独立使用，标准19英寸1U机箱，可安装在系统远程设备及控制中心19英寸机柜中。

在网络工程中，一般用62.5μm/125μm规格的多模光纤，有时用50μm/125μm规格的多模光纤。户外布线大于2km时可选用单模光纤。

4. 光缆的种类和机械性能

（1）单芯互连光缆

主要应用范围包括：跳线、设备内部连接、通信柜配线面板、墙面信息插座出口到工作终端的连接。

它的主要性能及优点如下：

1）高性能的单模和多模光纤符合所有的工业标准。

2）900μm紧密缓冲“外衣”易于连接与剥除。

3）抗拉线增强组织提高对光纤的保护。

（2）双芯互连光缆

主要应用范围包括：交连跳线、水平走线、直接端接、光纤到桌面、通信柜配线面板和墙上出口到工作站的连接。

双芯互连光缆具有光纤之间易于区分的优点。

（3）室外光缆4～12芯铠装型与全绝缘型

它的主要应用范围包括：

1）园区中楼宇之间的连接。

2）长距离网络。

3）主干线系统。

4）本地环路和支路网络。

5）严重潮湿、温度变化大的环境。

6）架空连接（和悬缆线一起使用）、地下管道或直埋。

室外光缆有4芯、6芯、8芯、12芯，又分为铠装型和全绝缘型。

（4）室内/室外光缆（单管全绝缘型）

它的主要应用范围包括：

1）不需任何互连的情况下，由户外延伸入户内，缆线具有阻燃特性。

2）园区中楼宇之间的连接。

3）本地线路和支路网络。

4）严重潮湿、温度变化大的环境。

5）架空连接时。

6）地下管道或直埋。

7）悬吊缆/服务缆。

室内/室外光缆有4芯、6芯、8芯、12芯、24芯、32芯。

（5）松套管全介质无凝胶光缆

2013年WSC2013-TP02项目使用了48芯松套管全介质无凝胶光缆，也称为干式光缆，如图2-10所示。例如，48芯单模（OS2）光缆，专为室外和室内环境校园骨干网的架空和管道安装使用而设计，开缆简单和环保，并有中密度聚乙烯护套，坚固、耐用、易剥离。

（6）带状光缆

带状光缆里面的裸光纤是按照色谱颜色顺序排列成一排且固定的，呈带状，利于检修和接续时快速正确识别，如图2-11所示。

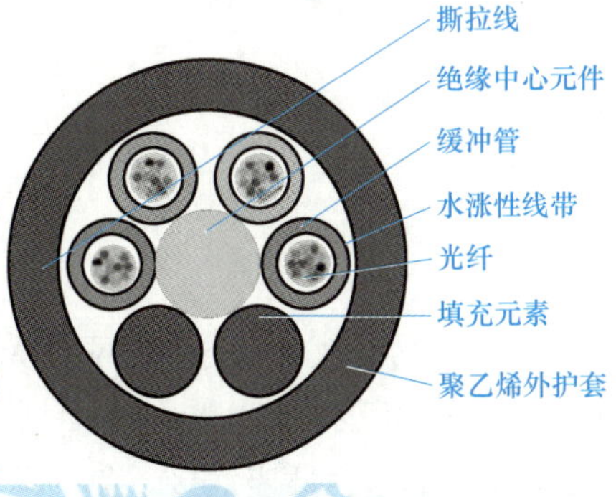

图2-10　松套管全介质无凝胶光缆

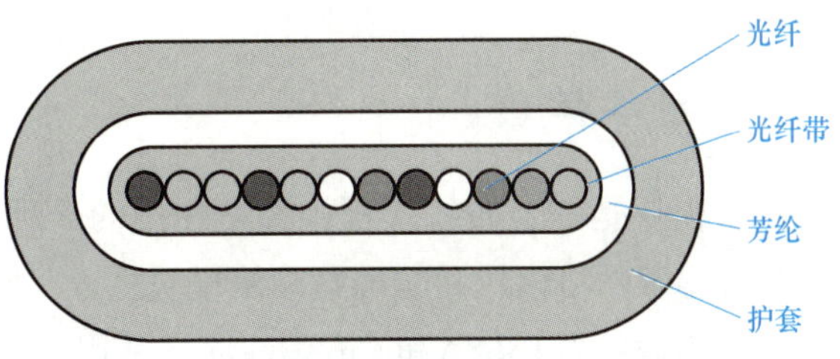

图2-11　带状光缆

2.1.4 水晶头

水晶头按照应用场合分为RJ-45水晶头和RJ-11水晶头两种，如图2-12和图2-13所示。RJ-45水晶头用于网络接口，RJ-11水晶头用于电话接口。

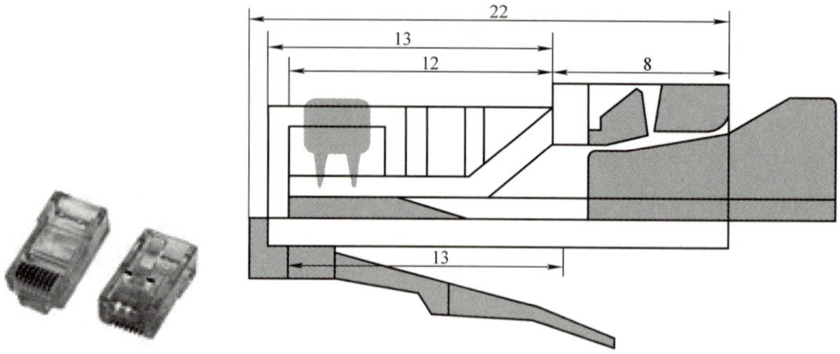

图2-12 RJ-45水晶头及结构图

图2-13 RJ-11水晶头

水晶头按照传输性能分为5类水晶头、超5类水晶头、6类水晶头、7类水晶头四种，如图2-14～图2-17所示。

图2-14 5类水晶头

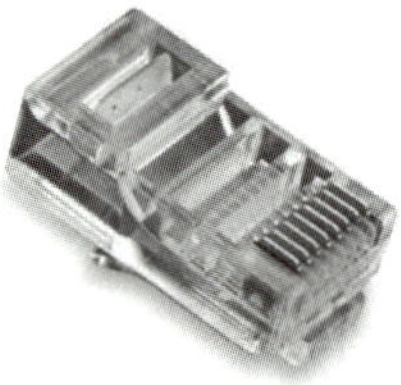

图2-15 超5类水晶头

图2-16 6类水晶头

图2-17 7类水晶头

水晶头按照抗干扰性分为非屏蔽水晶头和屏蔽水晶头两种，如图2-18和图2-19所示。

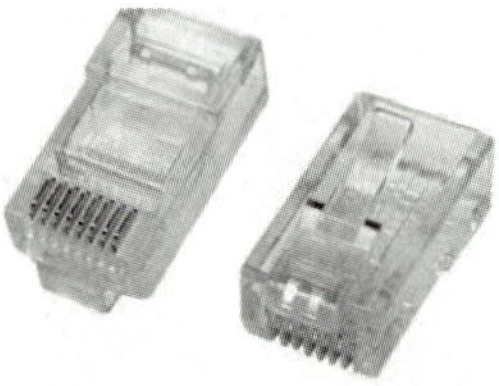

图2-18 非屏蔽水晶头

图2-19 屏蔽水晶头

2.1.5 网络模块

网络模块是综合布线工程中经常使用的一种器材，分为6类网络模块、超5类网络模块等，且有屏蔽网络模块和非屏蔽网络模块之分。网络模块如图2-20所示。

网络模块符合T568A和T568B线序，适用于设备间与工作区的通信插座连接。免工具型设计便于准确快速地完成端接，扣锁式端接帽确保导线全部端接并防止滑动。芯针触点材料为50μm的镀金层，耐用性为1500次插拔。

打线柱外壳材料为聚碳酸酯，IDC打线柱夹子为磷青铜。适用于22AWG、24AWG及26AWG（0.64mm、0.5mm及0.4mm）电缆，耐用性为350次插拔。

在100MHz下测试传输性能：近端串扰为44.5dB、衰减为0.17dB、回波损耗为30.0dB，平均为46.3dB。

a）　　b）　　c）

图2-20　网络模块

a）非屏蔽模块　b）免打模块　c）屏蔽模块

扫描二维码观看《电缆速度竞赛》视频，建议观看3遍以上。

扫码看视频

2.1.6　面板、底盒

1. 面板

常用面板分为单口面板和双口面板，面板型号尺寸要符合国标86型、120型的要求。

86型面板的宽度和长度均为86mm，通常采用高强度塑料材料制成，适合安装在墙面，具有防尘功能，如图2-21所示。

120型面板的宽度和长度均为120mm，通常采用铜等金属材料制成，适合安装在地面，具有防尘、防水功能，如图2-22所示。

图2-21　86型面板

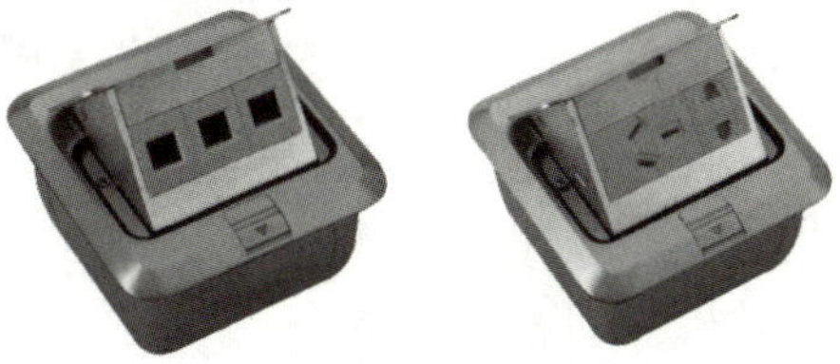

图2-22　120型面板

面板带嵌入式图标及标签位置，便于识别数据和语音端口；配有防尘滑门用以保护模块、遮蔽灰尘和污物。

2. 底盒

常用底盒分为明装底盒和暗装底盒，如图2-23所示。明装底盒通常采用高强度塑料材料制成，暗装底盒有使用塑料材料制成的也有使用金属材料制成的。

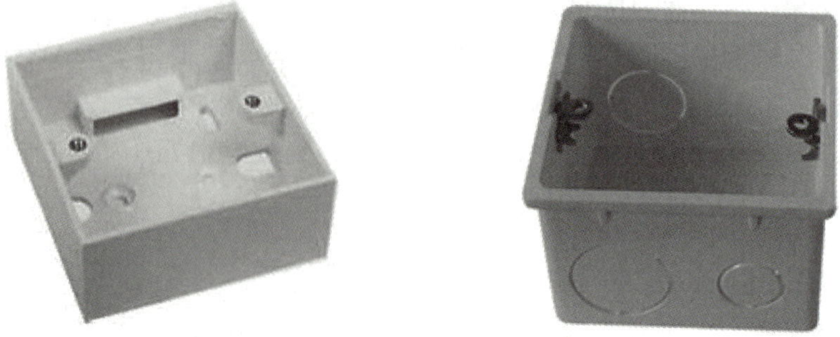

a） b）

图2-23 底盒

a）明装底盒 b）暗装底盒

2.1.7 配线架

配线架是管理间子系统中最重要的组件，是实现垂直子系统和水平子系统交叉连接的枢纽，一般安装在管理间和设备间中。配线架通常安装在机柜内。通过安装附件，配线架可以满足UTP、STP、同轴电缆、光纤、音视频的需要。

在网络工程中常用的配线架有双绞线配线架和光纤配线架。

双绞线配线架的作用是在管理间子系统中将双绞线进行交叉连接，用在主配线间和各分配线间。双绞线配线架的型号很多，每个厂商都有自己的产品系列，并且对应3类、5类、超5类、6类和7类缆线分别有不同的规格和型号，在具体项目中，应参阅产品手册，根据实际情况进行配置。双绞线配线架如图2-24所示。

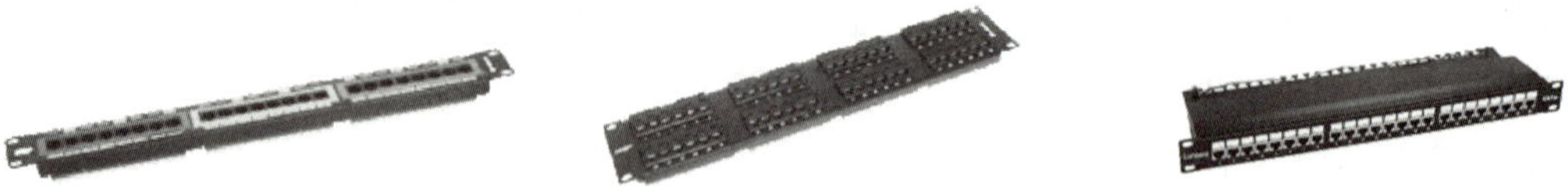

a） b） c）

图2-24 双绞线配线架

a）超5类24口配线架 b）超5类48口配线架 c）屏蔽配线架

用于端接传输数据电缆的配线架采用19英寸RJ-45口110型通信跳线架，此种配线架背面进线采用110端接方式，正面全部为RJ-45口，用于跳线配线，它主要分为24口、48口等，全部为19英寸机架/机柜式安装。

光纤配线架的作用是在管理间子系统中将光缆进行连接，通常安装在设备间和各楼层管理间。

2.1.8 直通式配线架

直通式配线架由直通模块和支架组成，直通模块前后均为RJ-45口，即插即用，无需在工程现场打线，因此也叫作免打式网络配线架，如图2-25所示。支架为钢板喷塑材质，支架后部设计有弹性理线锁，适合电缆快速放入、理线和固定。直通式配线架具有快速安装和更换跳线的优点，适合使用工厂批量生产的跳线。

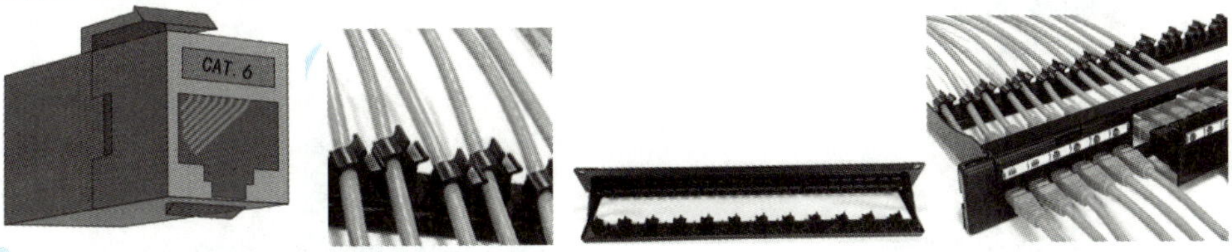

a） b） c） d）

图2-25 直通式配线架

a）直通模块 b）弹性理线锁 c）支架 d）直通式配线架应用案例

2.1.9 机柜

机柜是安装设备和缆线交接的地方。机柜以U为单元区分。

标准机柜的设备安装孔距为19英寸，机柜宽度为600mm。一般情况下，服务器机柜的深度≥800mm，而网络机柜的深度≤800mm。具体规格见表2-5。

表2-5 网络机柜规格

产品名称	用户单元	规格型号/mm（宽×深×高）	产品名称	用户单元	规格型号/mm（宽×深×高）
普通墙柜系列	6U	530×400×300	普通网络机柜系列	18U	600×600×1000
	8U	530×400×400		22U	600×600×1200
	9U	530×400×450		27U	600×600×1400
	12U	530×400×600		31U	600×600×1600
普通服务器机柜系列（加深）	31U	600×800×1600		36U	600×600×1800
	36U	600×800×1800		40U	600×600×2000
	40U	600×800×2000		45U	600×600×2200

网络机柜可分为以下两种：

（1）常用服务器机柜

1）安装立柱尺寸为480mm（约19英寸）。内部安装设备的空间高度一般为1850mm（约42U），如图2-26a所示。

2）采用冷轧钢板，表面静电喷塑工艺，耐腐蚀，保证可靠接地、防雷击。

3）走线简洁，前后及左右面板均可快速拆卸，方便各种设备的走线。

4）上部安装有2个散热风扇。下部安装有4个转动脚轮和4个固定地脚螺栓。

5）适用于安装各种机架式服务器，也可以安装普通服务器和交换机等标准设备。一般安装在网络机房或者楼层设备间中。

（2）壁挂式网络机柜

壁挂式网络机柜主要用于安装小型的网络设备，采用全焊接式设计，牢固可靠。机柜背面有安装孔，可将机柜挂在墙上节省空间，如图2-26b所示。

a）

b）

图2-26　网络机柜

a）常用服务器机柜　b）壁挂式网络机柜（见彩图）

小型壁挂式机柜有体积小、节省机房空间等特点，适用于计算机数据网络、布线，广泛应用于银行、证券、地铁、机场等领域。

2.2　管槽及配件

综合布线系统中除了缆线外，管槽也是一个重要的组成部分，可以说PVC线槽、金属管、PVC穿线管是综合布线系统的基础性材料。这里以综合布线器材展示柜中的配件展示柜为例，详细介绍在综合布线系统中常用的管槽的相关知识，如图2-27所示。扫描二维码观看《综合布线配件展示柜》视频，重点学习配件展示柜内容。

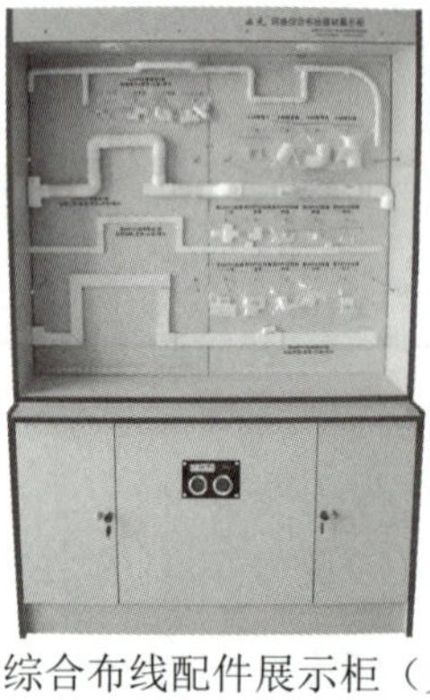

图2-27　综合布线配件展示柜（见彩图）

扫码看视频

2.2.1　线槽

在综合布线工程施工中，线槽主要用于在墙面固定缆线，由PVC材料挤塑成形。常用线槽规格型号主要包括20系列、40系列、100系列等。常用规格主要包括20mm×10mm、25mm×12.5mm、30mm×16mm、39mm×18mm等，如图2-28所示。

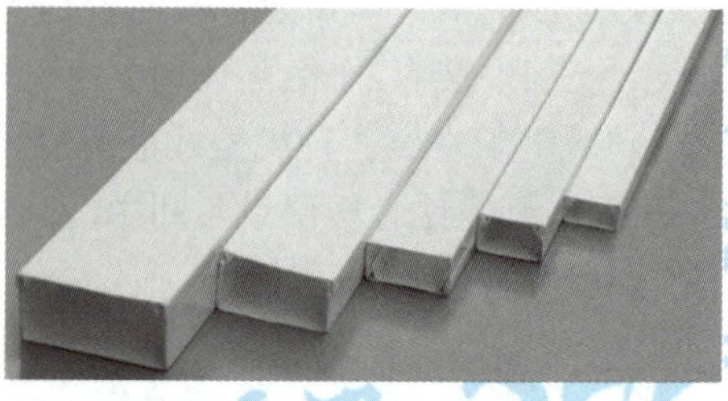

图2-28　PVC线槽

与PVC槽配套的附件有阳角、阴角、转角、三通、直接、堵头等，如图2-29所示。

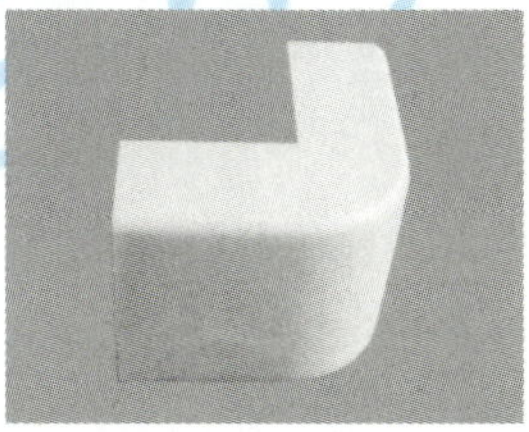

阳角

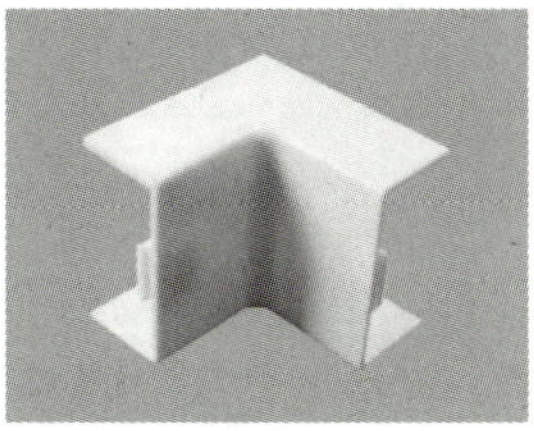

阴角

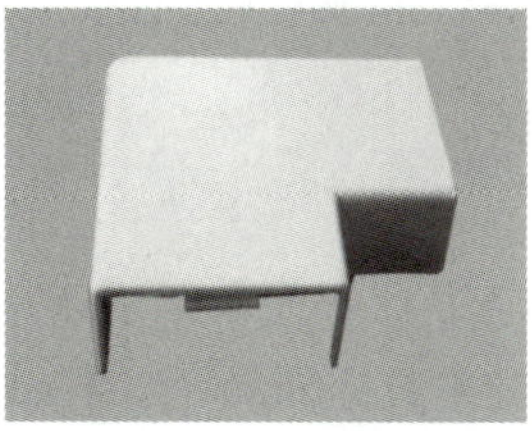

转角

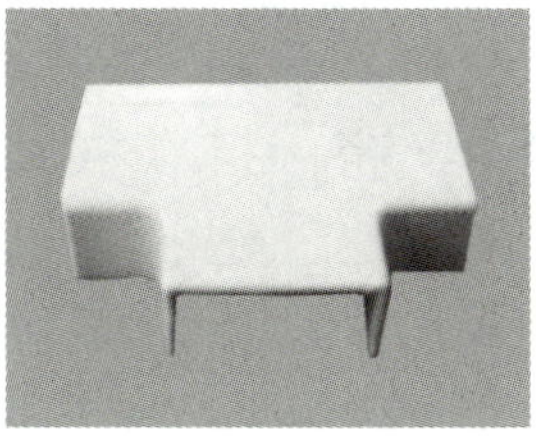

三通

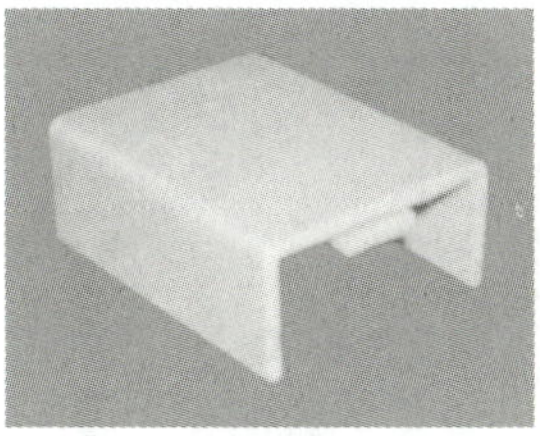

直接

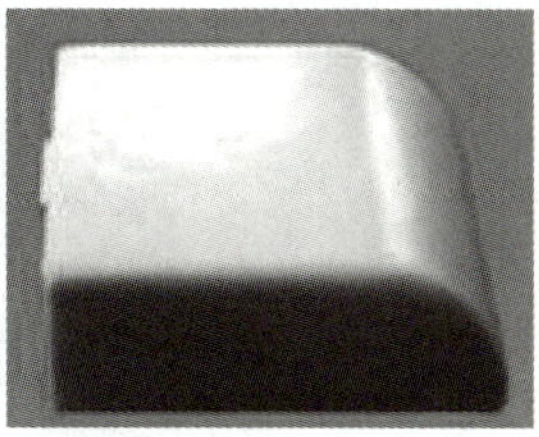

堵头

图2-29　PVC线槽配件

2.2.2　线管

1. 金属管

金属管是用于分支结构或暗埋的线路，它的规格也有多种，以外径mm为单位。金属管外形如图2-30所示。

工程施工中常用的金属管有D16、D20、D25、D32、D40、D50、D63、D110等规格。

在金属管内穿线比线槽布线难度更大一些，在选择金属管时要注意管径大一点，一般管内填充物占30%左右，以便于穿线。金属管还有一种是软管（俗称蛇皮管），一般使用在弯曲的地方。

图2-30　金属管外形

2. 塑料穿线管

塑料穿线管产品根据材料的不同，常用PE阻燃穿线管和PVC阻燃穿线管。

PE阻燃穿线管是一种塑制半硬管，按外径有D16、D20、D25、D32这4种规格。外观为白色，具有强度高、耐腐蚀、挠性好、内壁光滑等优点，明、暗装穿线兼用。

PVC阻燃穿线管是以聚氯乙烯树脂为主要原料，经加工设备挤压成形的刚性管，小管径PVC阻燃穿线管可在常温下进行弯曲。便于用户使用，按外径有D16、D20、D25、D32、D40、D45、D63、D110等规格。

配套的附件有接头、螺圈、弯头、接线盒（按照预留出口分为一通、二通、三通和四通等）、开口管卡等。配套的专用工具包括弯管弹簧、管子割刀等，管件连接部位一般使用专用的黏合剂或者胶固定。

2.2.3 桥架

桥架是综合布线系统中常用的设备，也是建筑物内布线不可缺少的一个部分。桥架按照形式可以分为托盘式桥架、槽式桥架、梯级式桥架、网格式桥架，如图2-31和图2-32所示。

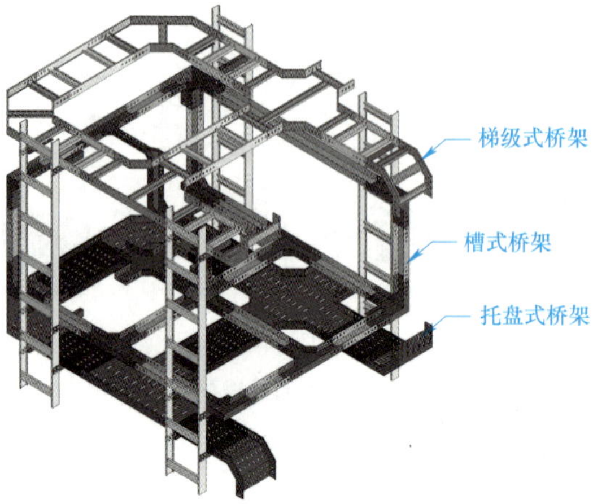

图2-31 桥架展示系统（见彩图）

图2-32 网格式桥架

在托盘式桥架中，主要有以下配件供组合：直通托盘式桥架、水平弯通、水平三通、水平四通、垂直凹弯通、垂直凸弯通和配套连接片，部分配件如图2-33所示。

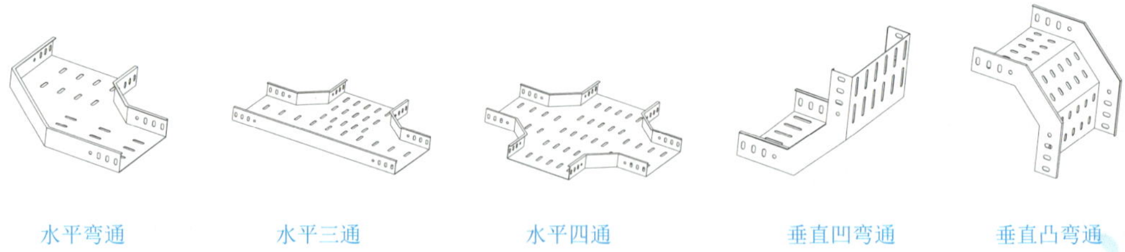

图2-33 托盘式桥架配件

在槽式桥架中，主要有以下配件供组合：直通槽式桥架、水平等径弯通、水平等径三通、水平等径四通、水平变径三通、垂直等径上弯通、垂直等径下弯通、垂直等径右下弯通、垂直等径左上弯通、垂直等径左下弯通、上角垂直等径三通、下角垂直等径三通、下角垂直等径五通和垂直变径上弯通及配套连接片，部分配件如图2-34所示。

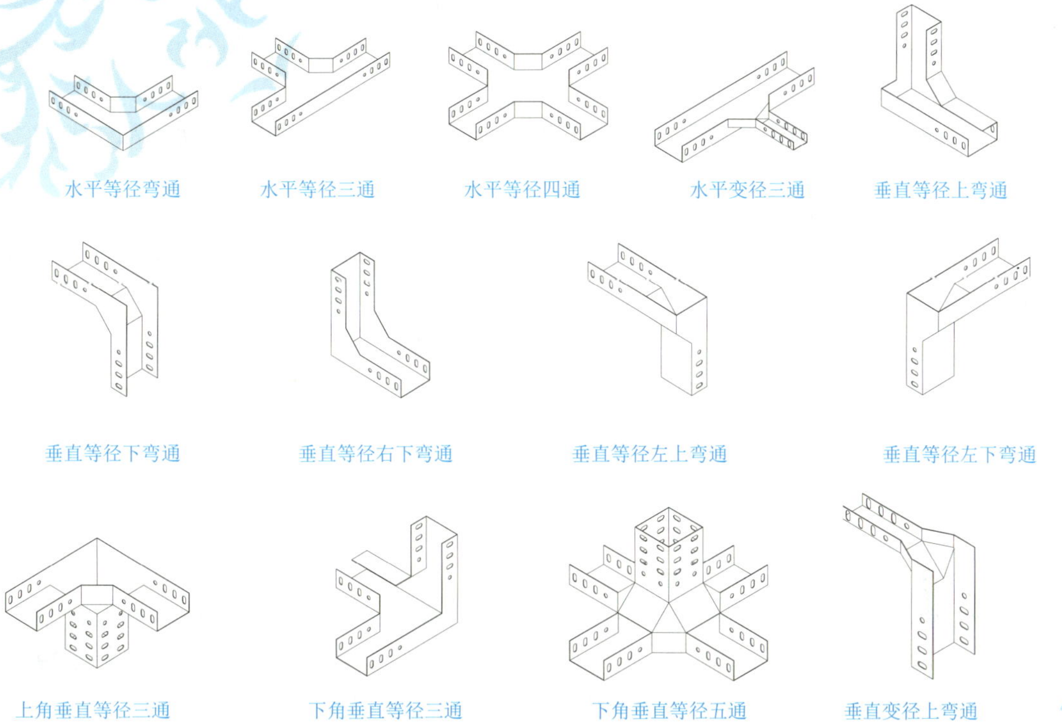

图2-34　槽式桥架配件

在梯级式桥架中，主要有以下配件供组合：直通梯级桥架、水平弯通、水平三通、水平四通、垂直凹弯通、垂直凸弯通和配套连接片，部分配件如图2-35所示。

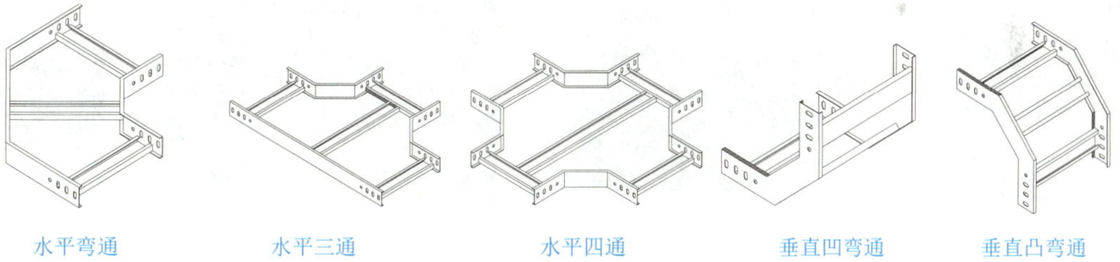

图2-35　梯级式桥架配件

2.2.4　缆线的槽、管铺设方法

采用电缆桥架或线槽和预埋钢管结合的方式：

1）电缆桥架宜高出地面2.2m以上，桥架顶部距顶棚或其他障碍物不应小于0.3m，桥架宽度不宜小于0.1m，桥架内横断面的填充率不应超过50%。

2）在电缆桥架内缆线垂直敷设时，在缆线的上端应每间隔1.5m左右固定在桥架的支架上；水平敷设时，在缆线的首、尾、拐弯处每间隔2～3m进行固定。

3）电缆线槽宜高出地面2.2m。在吊顶内设置时，槽盖开启面应保持80mm的垂直净空，线槽截面利用率不应超过50%。

4）水平布线时，布放在线槽内的缆线可以不绑扎，槽内缆线应顺直，尽量不交叉，缆线不应溢出线槽，在缆线进出线槽部位，拐弯处应绑扎固定。垂直线槽布放缆线应每间隔1.5m固定在缆线支架上。

5）在水平、垂直桥架和垂直线槽中敷设线时，应对缆线进行绑扎。绑扎间距不宜大于1.5m，间距应均匀，松紧适度。

设置缆线桥架和缆线槽支撑保护要求如下：

1）桥架水平敷设时，支撑间距一般为1～1.5m，垂直敷设时固定在建筑物体上的间距宜小于1.5m。

2）金属线槽敷设时，在下列情况下设置支架或吊架：线槽接头处；间距1～1.5m；离开线槽两端口0.5m处；拐弯转角处。

3）塑料线槽槽底固定点间距一般为0.8～1m。

2.3 布线工具

在网络综合布线系统中，需要使用多种专业工具，下面以图2-36所示的综合布线工具展示柜和工具箱为例，详细介绍常用工具。扫描二维码观看《综合布线工具展示柜》和《综合布线工具箱》视频，重点学习常用工具内容。

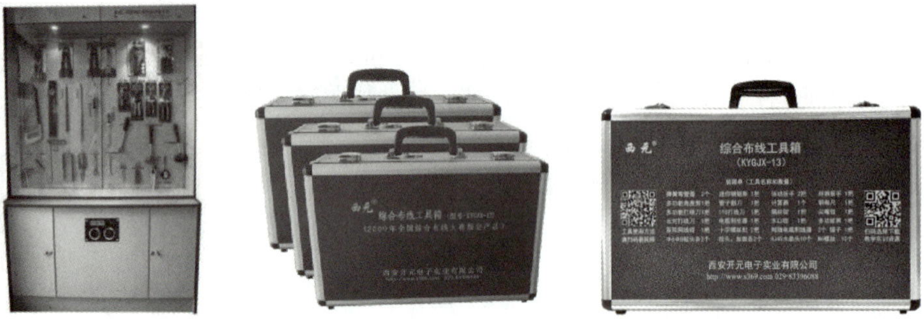

扫码看视频

扫码看视频

图2-36 综合布线工具展示柜和工具箱（见彩图）

1. 综合布线工具箱（见表2-6）

表2-6 综合布线工具箱

类别	产品技术规格	
产品型号	KYGJX-13	KYGJX-12
工具种类	27种	26种
外形尺寸	长530mm，宽315mm，高160mm	
产品图片	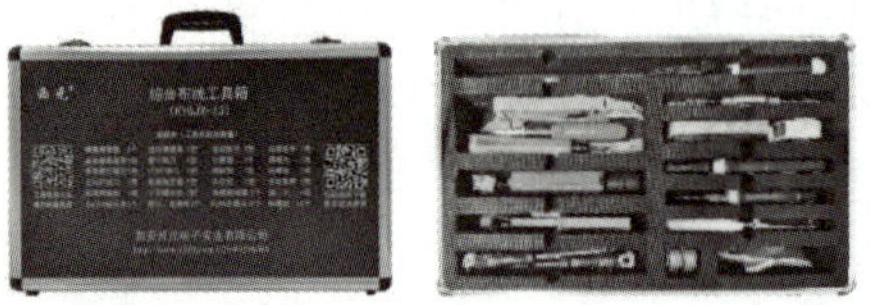	

2．工具介绍

1）双用网线钳。如图2-37所示，主要用于压接水晶头，同时具备剥线和剪线功能。双用网线钳的8个卡齿精准对接水晶头的8个刀片，刀口平整，压制锲合度高，位置正确。在刀片外面安装有安全挡板，请勿拆除，防止刀片割伤手指。

2）电缆剥皮器。如图2-38所示，主要用于大对数电缆剥皮、剥除外护套等。

3）110打线刀。如图2-39所示，主要用于网络配线架模块和网络模块端接。使用时只需要简单地在手柄上推一下，就能将导线卡接在模块中，完成端接过程。打线时必须保证垂直，突然用力向下压，听到“咔嚓”声，配线架中的刀片会划破线芯的外包绝缘外套，与铜线芯接触。

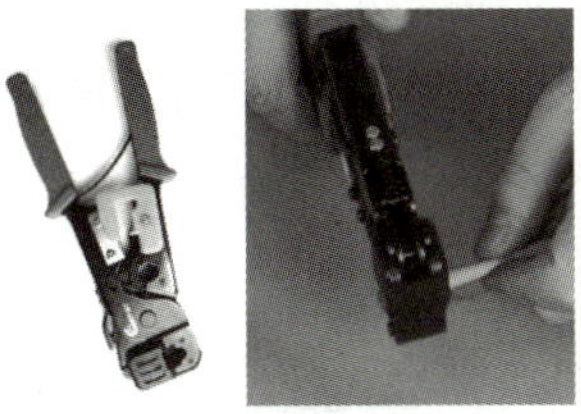

图2-37　双用网线钳及使用方法

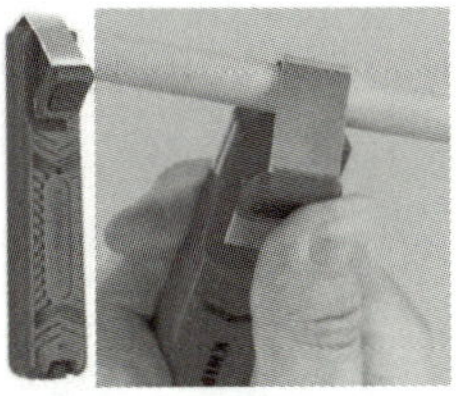

图2-38　电缆剥皮器及使用方法

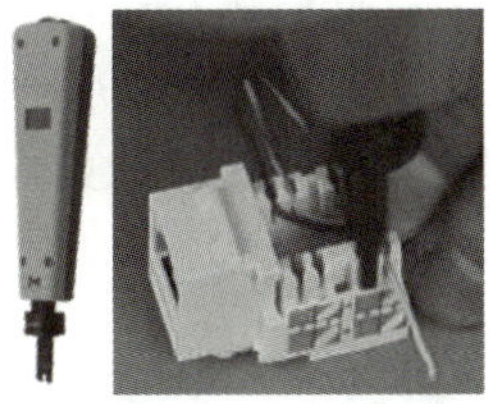

图2-39　110打线刀及使用方法

4）5对打线刀。如图2-40所示，主要用于110型通信跳线架配套的5对卡接模块端接。扫描二维码观看《110型通信跳线架端接方法》视频，重点学习5对打线刀操作内容。

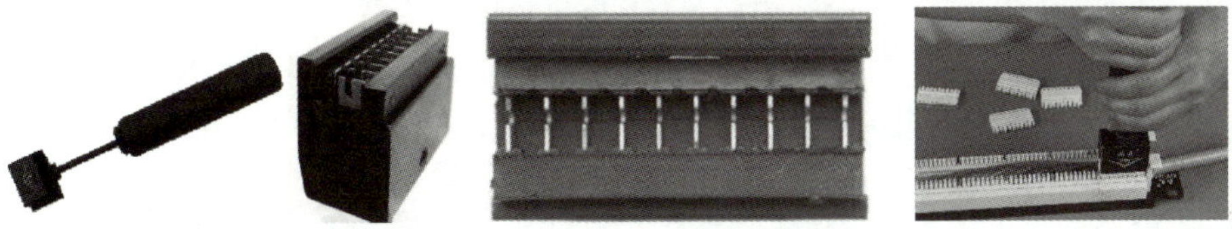

扫码看视频

图2-40　5对打线刀及使用方法

5）电缆剥线器。如图2-41所示，主要用于剥取电缆或网线外皮。使用时首先用配套的内六角扳手调节刀片高度，适合切开护套外皮的60%～90%，不能全部切透，然后顺时针旋转1或2圈切断护套，最后用力拔出护套即可。扫描二维码观看《网络模块端接方法》视频，重点学习电缆剥线器的操作内容。

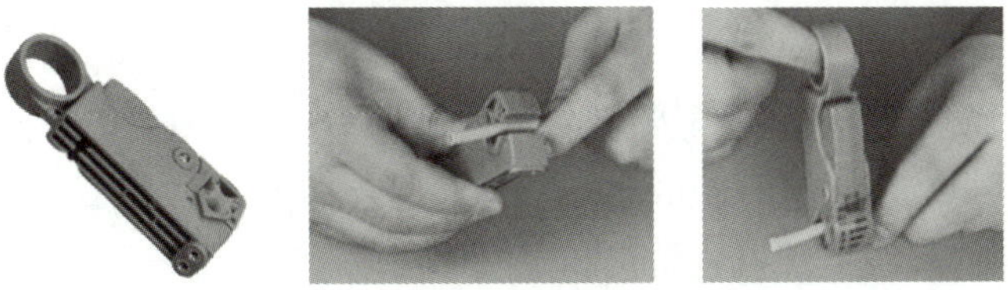

扫码看视频

图2-41　电缆剥线器及操作方法

6）多功能打线刀。如图2-42所示，设计有打线刀头、剪线刀和刀头回退装置，以及补打卡刀和拆线勾刀等，具有打线、剪线、拆线、补打等功能。适合语音配线架模块端接和维修。扫描二维码观看《大对数电缆和语音配线架的端接方法》视频，重点学习多功能打线刀操作内容。

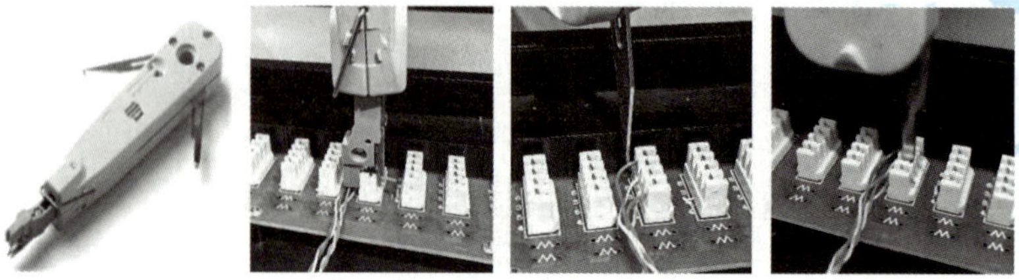

扫码看视频

图2-42　多功能打线刀及使用方法

7）管子割刀。如图2-43所示，也称为线管剪，主要用于切割PVC穿线管。使用时首先向外用力掰开刀柄，将刀口张开，然后将穿线管放入刀口内，最后压紧刀柄，使刀刃切入穿线管，同时旋转，割断穿线管。适合切断直径≤40mm的PVC穿线管。

8）多功能角度剪。如图2-44所示，主要用于裁剪任意角度PVC线槽。使用时根据需要角度调整方向进行裁剪，能够快速制作各种拐弯。

9）锯弓和钢锯架。如图2-45所示，主要用于锯切PVC管槽。

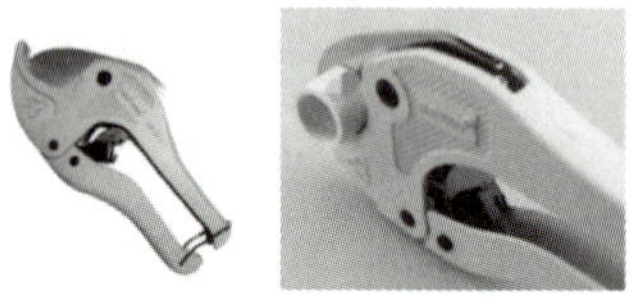

图2-43　管子割刀及使用方法

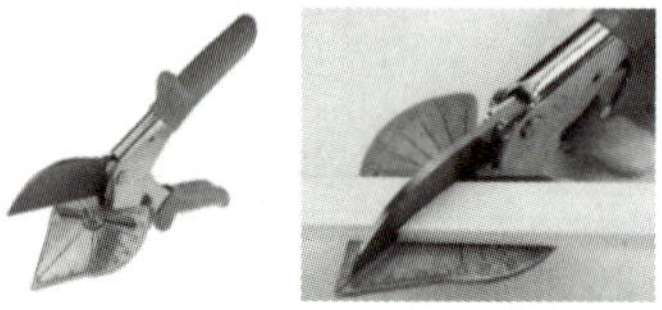

图2-44　多功能角度剪及使用方法

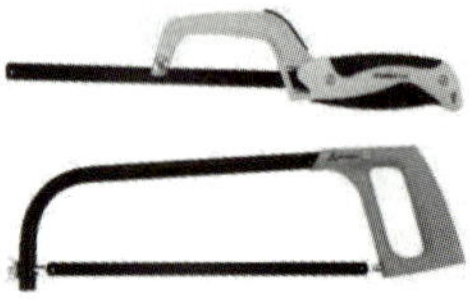

图2-45　锯弓和钢锯架

2.4　配线端接技能实训

2.4.1　实训项目1　110型通信跳线架端接技能实训

【典型工作任务】

主要对应工程中模块端接技术，包括各类模块和110型通信跳线架的端接。

【岗位技能要求】

1）熟练掌握大对数电缆的剥皮方法和剥皮长度。

2）熟练掌握大对数电缆的色谱和线序。

3）熟练掌握110型通信跳线架端接技术和关键技能。

4）熟练掌握大对数链路的搭建和测试方法。

5）熟悉110型通信跳线架的机械结构和电气原理。

【实训任务】

按照图2-46进行110型通信跳线架模块的端接，包括6根双绞线或1根大对数电缆的端接，这里以1根大对数电缆的链路端接为例，介绍实训基本操作。

实训基本操作路由为：训练装置面板110型通信跳线架模块（上排）→训练装置面板110型通信跳线架模块（下排）。

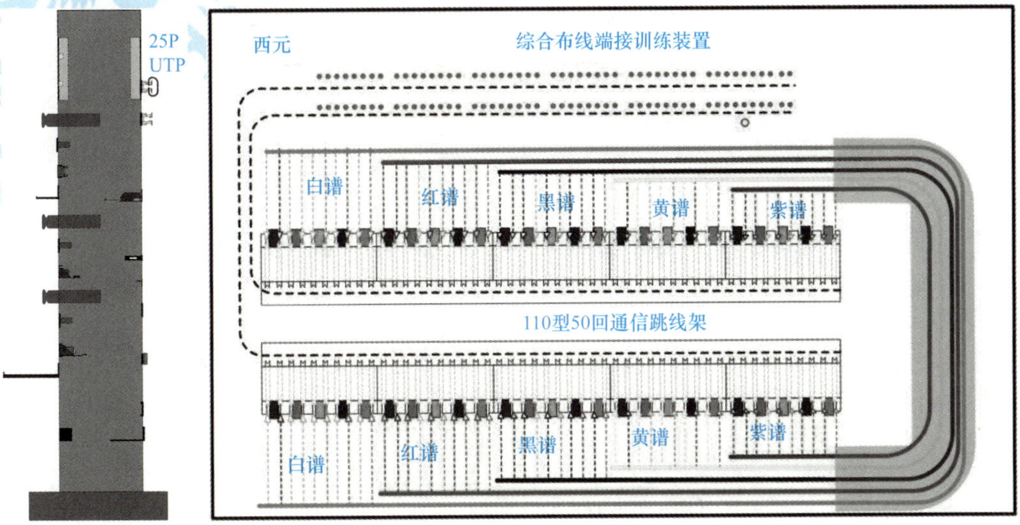

图2-46　110型通信跳线架模块的端接

【评判标准】

1）大对数电缆线序正确。

2）5对卡接模块端接正确。

3）110型通信跳线架安装正确。

4）链路线序正确，对应的指示灯顺序闪烁。

【实训器材和工具】

1）实训设备：数实融合综合布线实训装置（型号KYPXZ—01—55），数量满足实训人数要求。该实训装置立柱设计有28个二维码。

2）实训材料：25对大对数电缆1m。

3）实训工具：剥线器1把，剪刀1把，5对打线刀1把，钢卷尺1个。

【实训步骤】

1）打开数实融合综合布线实训装置上的“综合布线端接训练装置”电源开关。

2）端接110型通信跳线架上排，按照下面步骤端接25对大对数电缆。

①剥开25对大对数电缆的一端，剥开长度为15cm，剪掉撕拉线和塑料包带。

②分线，按照25对大对数电缆色谱顺序分线，从左到右排列白谱区、红谱区、黑谱区、黄谱区和紫谱区。

③端接，将每个色谱按照蓝、橙、绿、棕、灰的线序逐一压入110型通信跳线架上排5对连接块的卡槽内。用打线刀垂直插入打线槽，向下用力将线芯压到位，同时打断多余的线头，若线头未打断，可以进行二次打线。

3）端接110型通信跳线架下排，按照第2）步的方法，完成另一端缆线的端接。

4）测试，观察实验仪指示灯闪烁顺序，检查链路端接情况。

在实训中请扫描“305知识牌”二维码，掌握110跳线架端接关键技术技能。

305知识牌

扫描二维码观看《110型通信跳线架端接方法》视频，建议至少看3遍。

扫码看视频

【实训报告】

1）总结110型通信跳线架的端接方法。

2）写出大对数电缆的色谱和线序。

2.4.2 实训项目2 大对数电缆永久链路端接技能实训

【典型工作任务】

主要对应工程中配线子系统及其相关连接器件的连接安装施工技术，包括信息插座、集合点、网络配线设备之间的链路端接。

【岗位技能要求】

1）熟练掌握大对数电缆的剥皮方法和剥皮长度。

2）熟练掌握大对数电缆的色谱和线序。

3）熟练掌握110型通信跳线架端接技术和关键技能。

4）熟练掌握大对数电缆永久链路的搭建和测试方法。

5）熟悉110型通信跳线架的机械结构和电气原理。

【实训任务】

按照图2-47进行大对数电缆永久链路的端接，主要包括12根网络双绞线或2根25对大对数电缆进行实训操作。这里以25对大对数电缆端接进行介绍。

实训基本操作路由为：训练装置110型通信跳线架模块（下排）→110型通信跳线架模块（下排）下层→110型通信跳线架模块（下排）上层→训练装置110型通信跳线架模块（上排）。

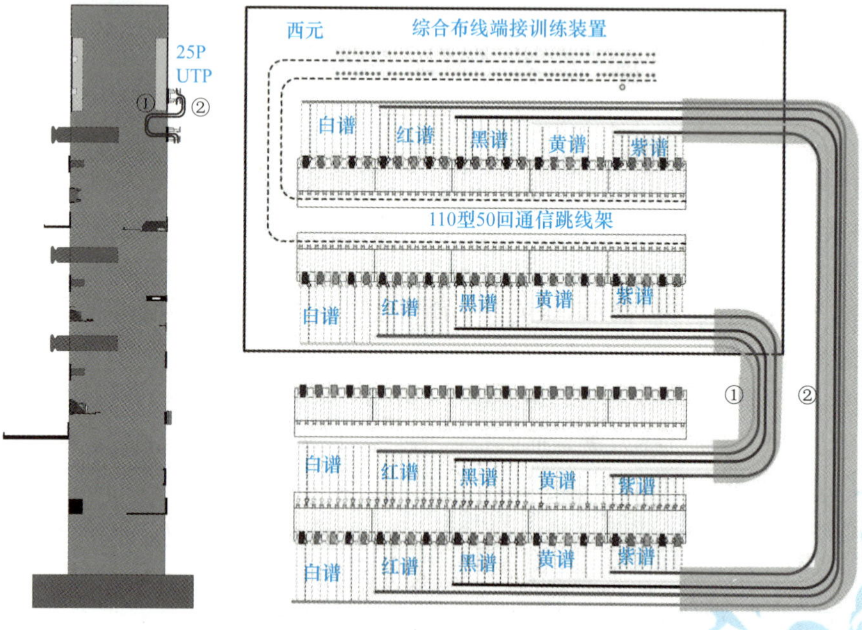

图2-47 大对数电缆永久链路的端接

【评判标准】

1）大对数电缆的线序正确。

2）5对卡接模块端接正确。

3）110型通信跳线架安装正确。

4）永久链路的路由正确。

5）永久链路的线序正确，对应的指示灯顺序闪烁。

【实训器材和工具】

1）实训设备：数实融合综合布线实训装置（型号KYPXZ—01—55），数量满足实训人数要求。该实训装置立柱设计有28个二维码。

2）实训材料：25对大对数电缆2m。

3）实训工具：剥线器1把，剪刀1把，5对打线刀1把，钢卷尺1个。

【实训步骤】

1）准备2根25对大对数电缆。

2）端接第1根大对数电缆（训练装置110型通信跳线架模块下排—110型通信跳线架下排模块下层）。

将第1根25对大对数电缆的一端按照2.4.1实训项目1第2）步的方法端接在训练装置的110型通信跳线架下排的5对卡接模块上。

另一端按照2.4.1实训项目1第2）步的方法端接在110型通信跳线架下排模块的下层。

3）端接第2根大对数电缆（110型通信跳线架下排模块上层—训练装置110型通信跳线架模块上排）。

将第2根25对大对数电缆的一端按照2.4.1实训项目1第2）步的方法端接在110型通信跳线架下排模块的上层。另一端按照2.4.1实训项目1第2）步的方法端接在训练装置的110型通信跳线架上排的5对卡接模块上。

4）测试，观察实验仪指示灯闪烁顺序，检查链路端接情况。

在实训中请扫描“305知识牌”二维码，掌握110跳线架端接关键技术技能。

扫描二维码观看《110型通信跳线架端接方法》视频，建议至少看3遍。

【实训报告】

1）总结110型通信跳线架端接方法。

2）写出大对数电缆的色谱和线序。

305知识牌　扫码看视频

2.4.3 实训项目3　25口RJ-45语音配线架端接技能实训

【典型工作任务】

主要对应工程中语音配线子系统安装施工技术，包括信息插座到网络配线设备之间的链路端接。

【岗位技能要求】

1）熟练掌握大对数电缆、非屏蔽网线的剥皮方法和剥皮长度。
2）熟练掌握大对数电缆、非屏蔽网线的色谱和线序。
3）熟练掌握鸭嘴跳线的制作步骤和关键技能。
4）熟练掌握RJ-45水晶头的制作步骤和关键技能。
5）熟练掌握110型通信跳线架端接技术和关键技能。
6）熟练掌握语音配线架端接技术和关键技能。
7）熟练掌握大对数电缆复杂永久链路的搭建和测试方法。
8）熟悉语音配线架的机械结构和电气原理。

【实训任务】

按照图2-48进行语音配线架链路的端接，主要包括1根25对大对数电缆和一根鸭嘴跳线的实训操作。

实训基本操作路由为：训练装置110型通信跳线架模块（下排）→语音配线架模块→语音配线架RJ-45口→训练装置110型通信跳线架模块（上排）。

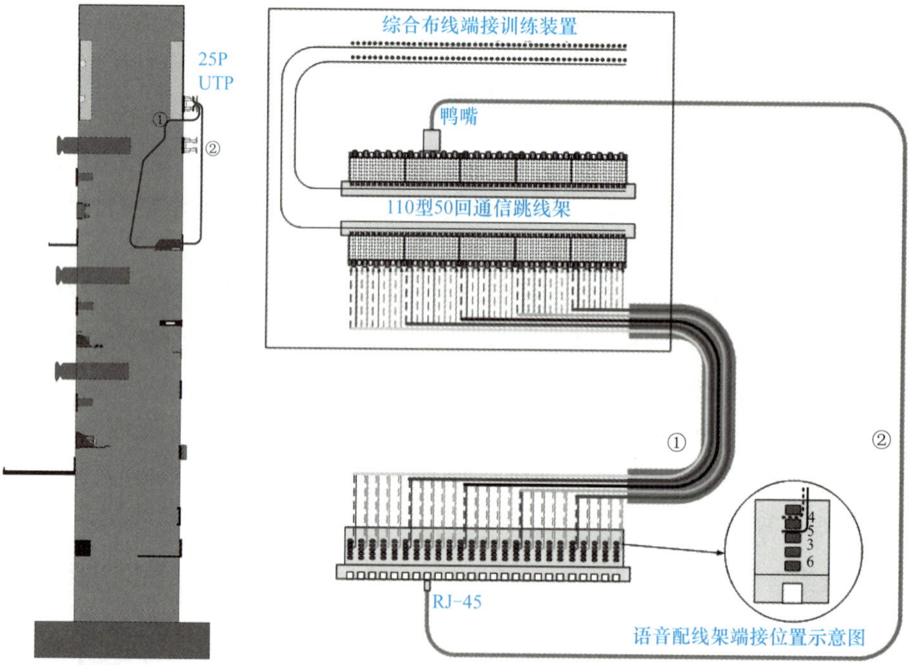

图2-48　语音配线架链路的端接

【评判标准】

1）大对数电缆的线序正确。
2）5对卡接模块端接正确。
3）语音配线架模块端接正确。
4）语音配线架安装正确。

5）语音永久链路的路由正确。

6）语音永久链路的线序正确，对应的指示灯顺序闪烁。

【实训器材和工具】

1）实训设备：数实融合综合布线实训装置（型号KYPXZ—01—55），数量满足实训人数要求。该实训装置立柱设计有28个二维码。

2）实训材料：超5类非屏蔽RJ-45水晶头1个，8位鸭嘴夹1个，大对数电缆1m，超5类非屏蔽网线1m。

3）实训工具：剥线器1把，双用网线钳1把，剪刀1把，打线刀1把，钢卷尺1个。

【实训步骤】

1）端接第1根跳线（训练装置的110型通信跳线架下排模块—语音配线架模块）。

将第1根25对大对数电缆的一端端接在训练装置的110型通信跳线架下排的5对卡接模块上，按照2.4.1实训项目1第2）步的方法进行端接。

另一端按照下面的步骤端接在语音配线架的模块上。

①剥开25对大对数电缆的一端，剥开长度为50cm，剪掉撕拉线和塑料包带。

②分线，按照25对大对数电缆色谱顺序分线，从左到右排列白谱区、红谱区、黑谱区、黄谱区和紫谱区。

③端接，将每个色谱按照蓝、橙、绿、棕、灰的线序逐一放入25口语音配线架对应的打线槽内，每组线芯的主色谱（白、红、黑、黄、紫）端接在4口，副色谱（蓝、橙、绿、棕、灰）端接在5口。

④用打线刀垂直插入打线槽，向下用力将线芯压到位，同时打断多余的线头。

2）端接第2根跳线，将网线一端完成RJ-45水晶头的制作，另一端完成鸭嘴头制作。

3）鸭嘴夹的制作。

①剥开外绝缘护套并拆开4对双绞线。先将已经剥去绝缘护套的4对双绞线分别拆开相同的长度，将每根线轻轻捋直。

②将8芯线按照（白蓝、蓝、白橙、橙、白绿、绿、白棕、棕）线序依次放入8位鸭嘴夹的卡槽中，并剪掉端头多余线芯。

③将鸭嘴盖板压接牢固，完成鸭嘴头的制作。

4）将做好的第2根跳线鸭嘴头一端连接到110型跳线架上排5对卡接模块，RJ-45水晶头插入25口语音配线架的RJ-45口中。

5）测试，观察训练装置指示灯的闪烁顺序，检查链路端接情况。

在实训中请扫描“306知识牌”二维码，掌握语音配线架端接关键技术技能。

扫描二维码观看《大对数电缆和语音配线架的端接方法》视频，建议至少看3遍。

【实训报告】

1）总结语音配线架端接方法。

2）写出鸭嘴夹的制作步骤。

306知识牌　扫码看视频

2.5 工程经验

打线方法要规范

有些施工工人在打线的时候，并不是按照T568A或者T568B的打线方法进行打线的，而是按照1、2线对打白色和橙色，3、4线对打白色和绿色，5、6线对打白色和蓝色，7、8线对打白色和棕色，这样打线在施工的过程中能够保证线路畅通，但是它的线路指标却是很差的，特别是近端串扰指标特别差，会导致严重的信号泄露，造成上网困难和间歇性中断。因此，一定要注意不要犯这样的错误。

习　　题

请扫描二维码下载第2章习题，按照教师安排按时完成。

习题

第3章
综合布线配线端接工程技术

网络配线端接是连接网络设备和综合布线系统的关键工程技术。本章将详细介绍网络配线端接技术原理与端接方法。

知识目标：了解网络配线端接的重要性和技术原理，通过扫码观看视频，熟练掌握RJ-45水晶头、模块等连接器件的物理结构和端接方法。

技能目标：通过实训项目，掌握网络跳线的端接技术与测试方法，掌握网络永久链路的搭建与测试方法。

素养目标：通过大量的配线端接实训项目训练，掌握质量评判标准，养成“按图施工”“质量就是效率”的职业素养，培养精益求精、注重细节的工匠精神。

3.1 网络配线端接的意义和重要性

随着计算机应用的普及和数字化城市的快速发展，智能化建筑和综合布线系统已经非常普遍，深入影响着人们的生活。综合布线系统是一个非常重要而且复杂的系统工程。因此，综合布线系统的设计和施工技术就显得非常重要，特别是配线端接技术直接影响网络系统的传输速度、传输速率、稳定性和可靠性，也直接决定综合布线系统永久链路和信道链路的测试结果。

网络配线端接是连接网络设备和综合布线系统的关键施工技术，通常每个网络系统管理间有数百甚至数千根网线。一般每个信息点的网线从设备跳线→墙面模块→楼层机柜通信配线架→网络配线架→交换机连接跳线→交换机级联线等需要平均端接10～12次，每次端接8个芯线，在工程技术施工中，每个信息点平均需要端接80芯或者96芯，因此熟练掌握配线端接技术非常重要。

例如，如果进行1000个信息点的小型综合布线系统工程施工，按照每个信息点平均端接12次计算，该工程总共需要端接12 000次，端接线芯96 000次，如果操作人员端接线芯的线序和接触不良错误率按照1%计算，将会有960个线芯出现端接错误，假如这些错误平均出现在不同的信息点或者永久链路，其结果是这个项目可能有960个信息点出现链路不通。这样在这个有1000个信息点的综合布线工程竣工后，仅链路不通这一项错误将高达96%，同时各个永久链路的这些线序或者接触不良错误很难及时发现和维修，往往需要花费几倍的时间和成本才能解决，造成非常大的经济损失，严重时将直接导致该综合布线系统无法验收和正常使用。

按照GB 50311《综合布线系统工程设计规范》和GB/T 50312《综合布线系统工程验收规范》两个国家标准的规定，对于永久链路需要进行11项技术指标测试。除了上面提到的线序正确和可靠电气接触直接影响永久链路测试指标外，还有网线外皮剥离长度、拆散双绞长度、拉力、弯曲半径等也直接影响永久链路技术指标，特别是在6类、7类综合布线系统工程施工中，配线端接技术是非常重要的。

3.2 配线端接技术原理

因为每根双绞线有8芯，每芯都有外绝缘层，如果像电气工程那样将每芯线剥开外绝缘层直接拧接或者焊接在一起，不仅工程量大，还将严重破坏双绞节距，因此在网络施工中坚决不能采取电工式接线方法。

综合布线系统配线端接的基本原理是，将线芯用机械力量压入两个刀片中，在压入过程中刀片将绝缘护套划破与铜线芯紧密接触，同时金属刀片的弹性将铜线芯长期夹紧，从而实现长期稳定的电气连接，如图3-1所示。

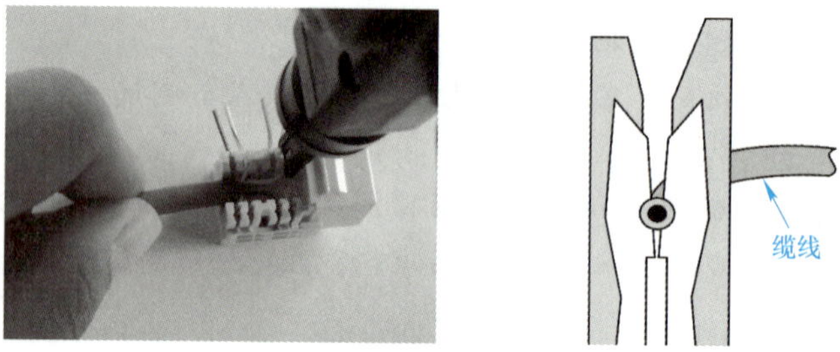

图3-1　配线端接方法和原理图

3.3 网络双绞线剥线基本方法

网络双绞线配线端接的正确方法和步骤如下：

1）剥开外绝缘护套：首先剪裁掉端头破损的双绞线，使用专门的剥线工具将需要端接的双绞线端头剥开外绝缘护套。端头剥开长度尽可能短一些，能够方便端接线就可以了，如图3-2a所示。由于剥线器可用于剥除多种直径的网线护套，每个厂家的网线护套直径也不相同，因此，在每次制作前，必须调整剥线器刀片进深高度，保证在剥除网线外护套时不划伤导线绝缘层或者铜导体，如图3-2b所示。切割网线外护套时，刀片切入深度应控制在护套厚度的60%～90%，而不是彻底切透。

特别注意不能损伤8根线芯的绝缘层，更不能损伤任何一根铜线芯。

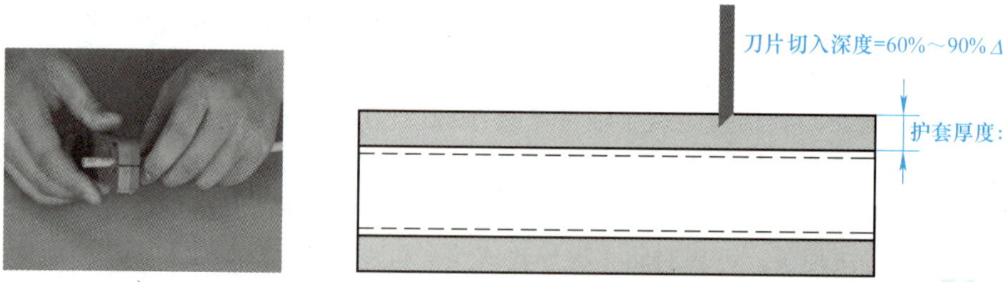

a）　　b）

图3-2　剥开外绝缘护套

a）使用剥线工具剥线　b）护套切割深度示意图

2）拆开4对双绞线：将端头已经剥去外皮的双绞线按照对应颜色拆成4对双绞线。拆开4对双绞线时，必须按照绞绕顺序慢慢拆开，同时保护2根单绞线不被拆开和保持比较大的弯曲半径，正确的操作如图3-3所示。不能强行拆散或者硬折线对，会形成比较小的弯曲半径。图3-4表示已经将一对绞线硬折成很小的弯曲半径。

3）拆开单绞线：将4对双绞线分别拆开。注意：RJ-45水晶头制作和模块压接线时，线的拆开方式和长度不同。

制作RJ-45水晶头时，双绞线的接头处拆开线段的长度不应超过20mm，压接好水晶头后拆开线芯长度必须小于13mm，过长会引起较大的近端串扰。

模块压接时，双绞线压接处拆开线段长度应该尽量短，能够满足压接就可以了，不能为了压接方便拆开很长线芯，过长会引起较大的近端串扰。

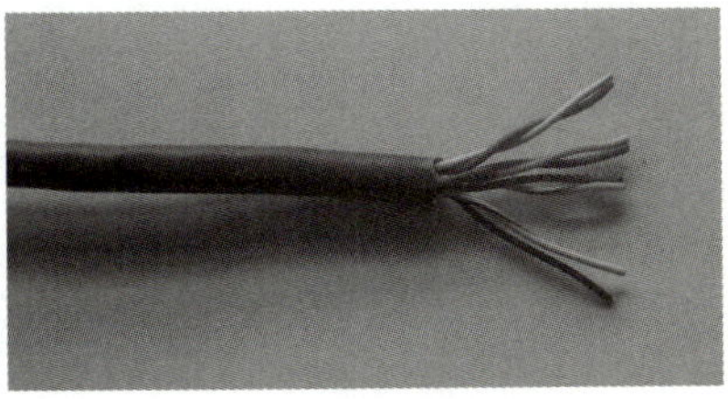

图3-3 拆开4对双绞线

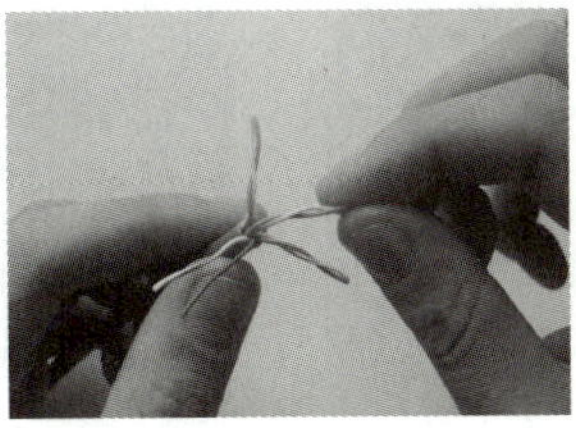

图3-4 硬折线对

3.4 RJ-45水晶头端接原理和方法

RJ-45水晶头的端接原理为：利用双用网线钳的机械压力使RJ-45水晶头中的刀片首先压破线芯绝缘护套，然后压入铜线芯中，实现刀片与线芯的电气连接。每个RJ-45水晶头中有8个刀片，每个刀片与1个线芯连接。注意观察，发现压接后的8个刀片比压接前低。图3-5为RJ-45水晶头刀片压线前位置图，图3-6为RJ-45水晶头刀片压线后位置图。

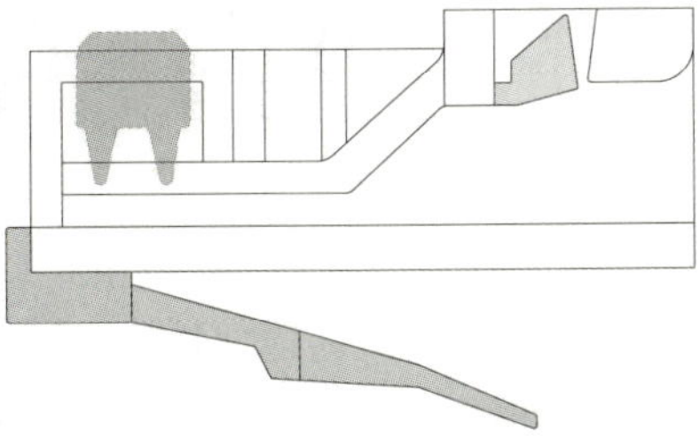

图3-5 RJ-45水晶头刀片压线前位置图

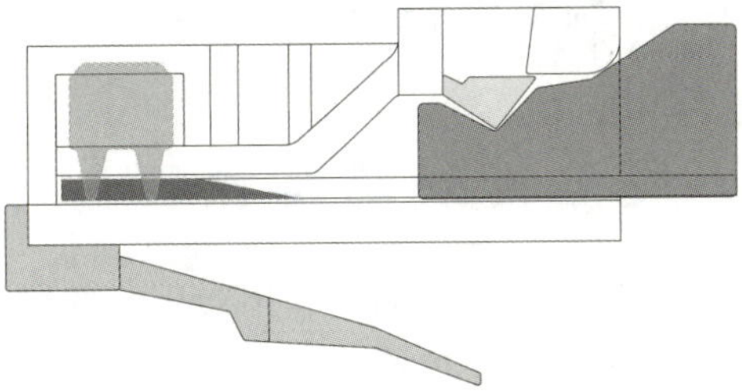

图3-6 RJ-45水晶头刀片压线后位置图

RJ-45水晶头端接方法和步骤为：

1）裁线。取出网线，按照跳线总长度需要裁线，一般增加20mm余量，每端10mm。例如，500mm跳线的裁线长度为520mm。

2）剥除护套。用剥线器旋转划开护套的60%～90%，注意不要划透护套，避免损伤线芯。沿网线方向取下护套，露出网线。不要反复折弯网线，避免损伤网线绞绕结构，如图3-7所示。

3）拆开4对双绞线。把四对双绞线拆成十字形，绿线对准自己，蓝线向外，棕线在左，橙线在右，按照蓝、橙、绿、棕逆时针方向顺序排列，如图3-8所示。

4）理线。将8芯线按照T568B线序（白橙，橙，白绿，蓝，白蓝，绿，白棕，棕）排好线序，保留13mm，将端头一次剪掉，保持线端平齐。注意，至少10mm导线之间不应有交叉，如图3-9所示。

5）插入水晶头。插入水晶头，检查线序正确。注意，要插到底，如图3-10所示。

6）压接。将网线和水晶头放入双用网线钳，一次用力压紧。注意，水晶头的三角压块翻转后必须压紧护套，如图3-11和图3-12所示。

7）制作另一端水晶头。重复上述步骤，完成另一端水晶头的端接。

8）测试。跳线制作完成后，首先用卷尺测量长度是否合格，然后在设备上测量线序是否合格，仔细观察指示灯的闪烁顺序，如图3-13所示。

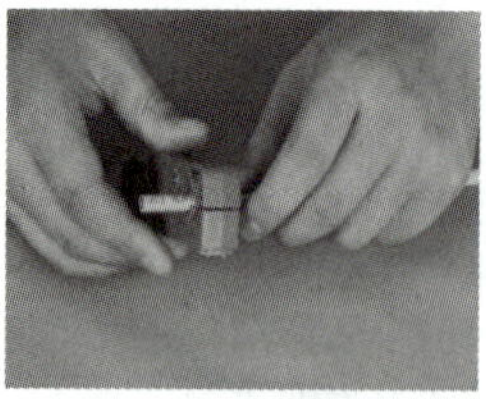

图3-7　剥除护套

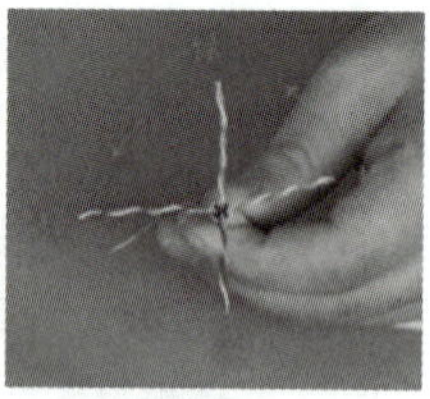

图3-8　拆开4对双绞线

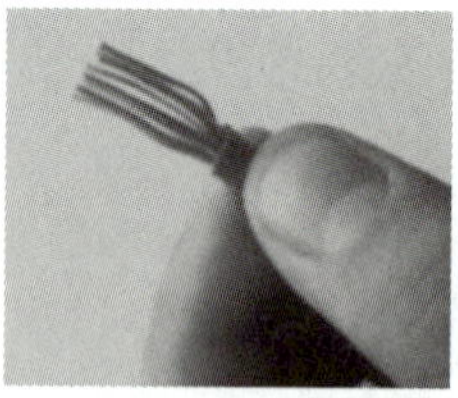

图3-9　理线

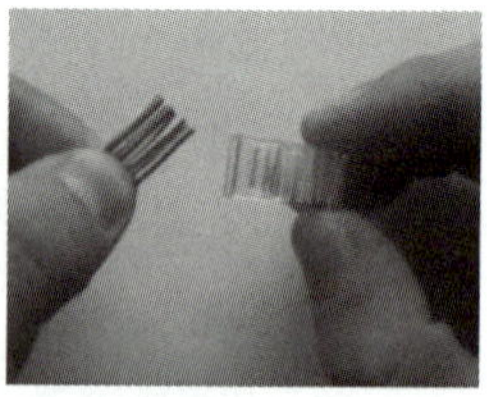

图3-10　插入水晶头

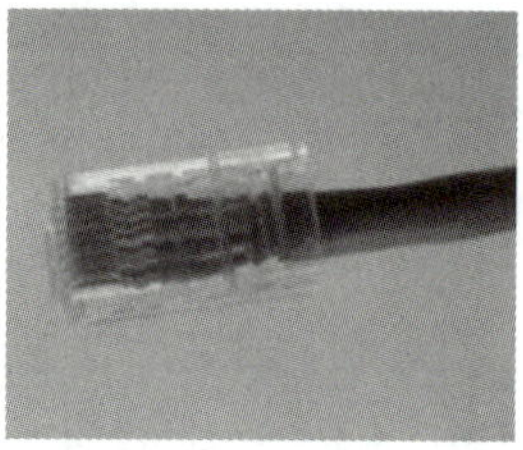

图3-11　压接水晶头

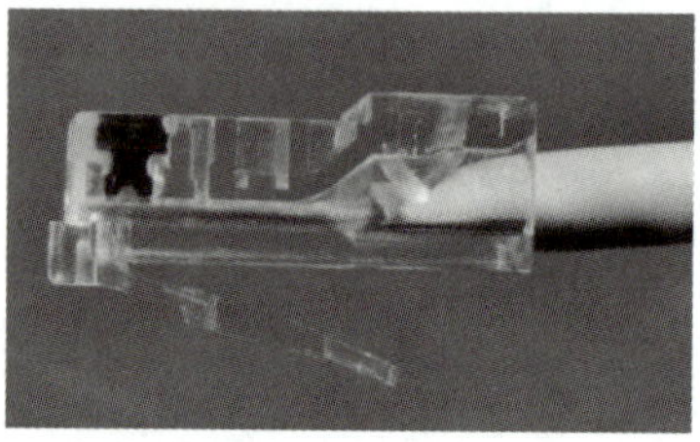

图3-12　翻转块压紧护套

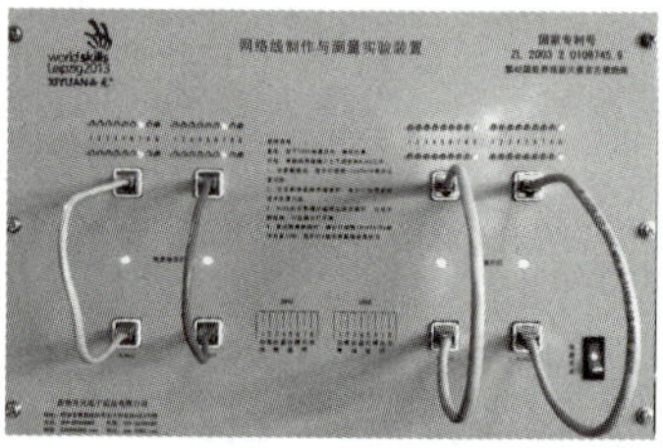

图3-13　测量跳线

请扫描“301知识牌”二维码，掌握跳线端接关键技术技能。

扫描二维码观看《电缆跳线制作》视频，建议至少看3遍。

301知识牌　扫码看视频

3.5　网络模块端接原理和方法

网络模块端接原理为：利用双用网线钳的压力将8根线逐一压接到模块的8个塑料线柱上，同时裁剪掉多余的线头。在压接过程中刀片首先快速划破线芯绝缘护套，与铜线芯紧密接触，实现刀片与线芯的电气连接，这8个刀片通过电路板与RJ-45口的8个弹簧连接，如图3-14和图3-15所示。图3-16为模块刀片压线前位置图，图3-17为模块刀片压线后位置图。

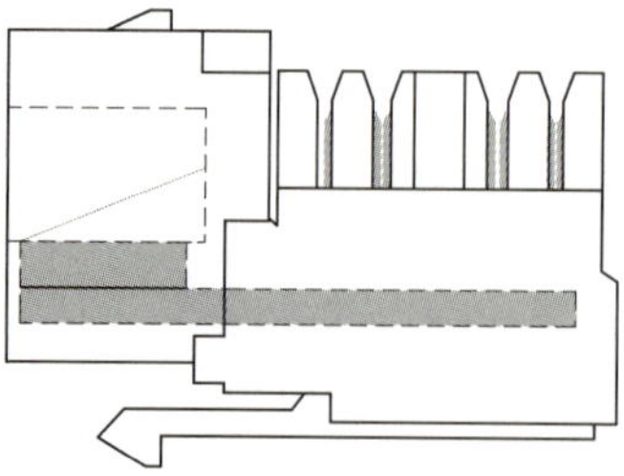

图3-14　网络模块机械结构示意图

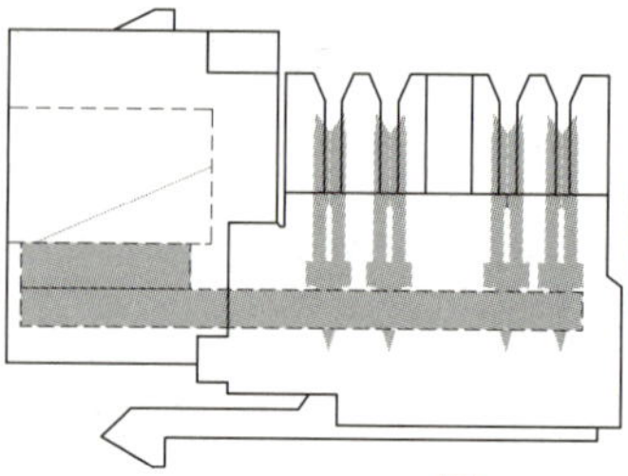

图3-15　刀片位置图

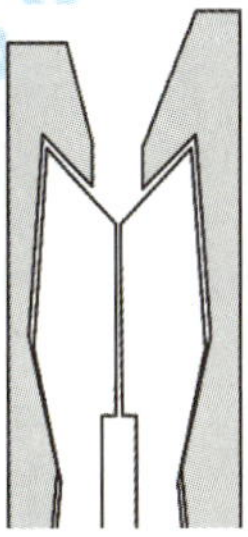

图3-16　模块刀片压线前位置图

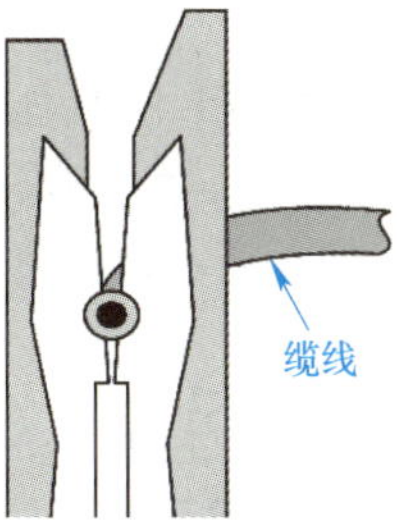

图3-17　模块刀片压线后位置图

进行网络模块端接时，按照端接顺序和位置将每对双绞线拆开并且端接到对应的位置，每对线拆开绞绕的长度越短越好，不能为了端接方便而将线对拆开很长。

网络模块端接方法和步骤为：

1）剥开外绝缘护套。

2）拆开4对双绞线。

3）拆开单绞线。

4）按照线序放入塑料线柱中，如图3-18所示。

5）压接和剪线，如图3-19所示。

6）盖好防尘帽，如图3-20所示。

7）永久链路测试。

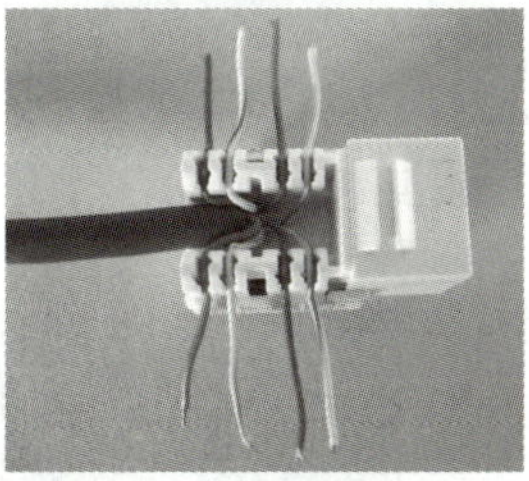

图3-18　放入塑料线柱

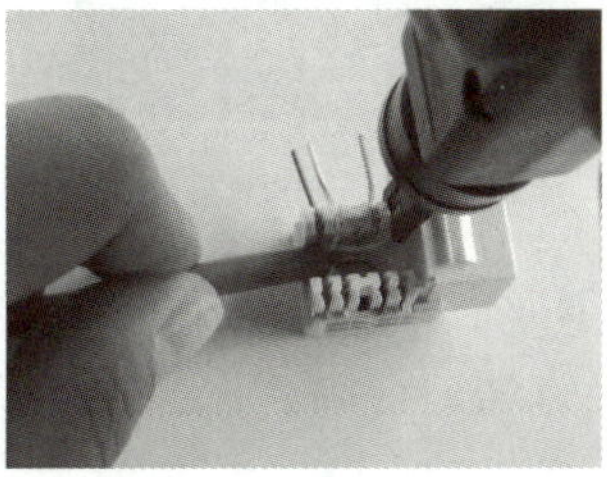

图3-19　压接和剪线

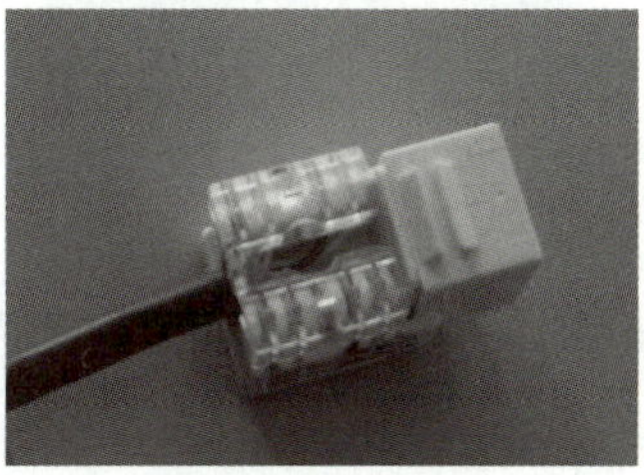

图3-20　盖好防尘盖

请扫描“302知识牌”二维码，掌握模块端接关键技术技能。

扫描二维码观看《网络模块端接方法》视频。

302知识牌　扫码看视频

3.6　语音模块端接原理和方法

语音模块端接原理与网络模块基本相同，每个模块有4个塑料线柱，每个线柱内镶有一个刀片，刀片下端固定在电路板上，上端穿入塑料线柱中。线芯压入塑料线柱时，被刀片划破绝缘层，夹紧铜导体，实现电气连接功能，如图3-21和图3-22所示。

语音模块端接方法和步骤为：

1）剥除网线外护套。

2）剪掉撕拉线。

3）用手将2对线按照色谱压入4个塑料线柱内的刀片中，如图3-23所示。初学者也可以使用打线刀逐一将线压入。

4）扣上压盖，用力向下压紧压盖，如图3-24所示。初学者可以用模块钳压紧压盖，把4芯线压入刀片底部，如图3-25所示。

5）用斜口钳剪掉线头，注意露出模块的线头长度小于1mm。

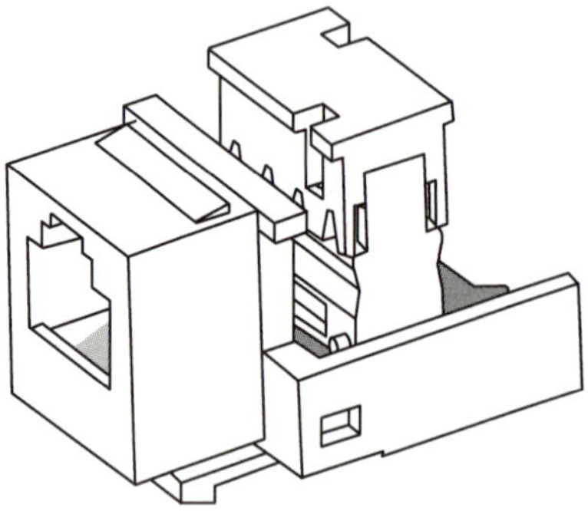

图3-21 语音模块整体结构图

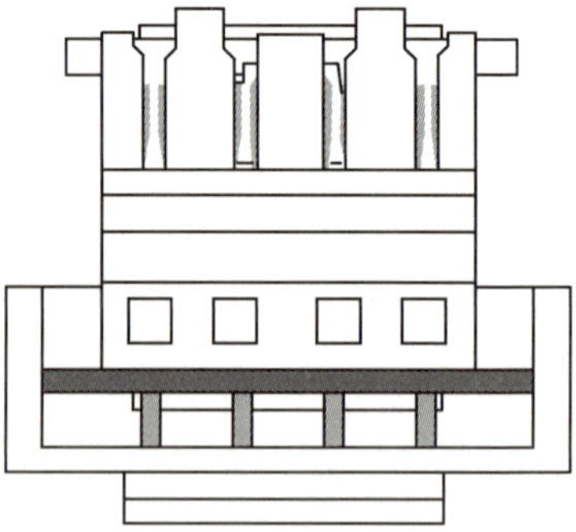

图3-22 刀片位置图

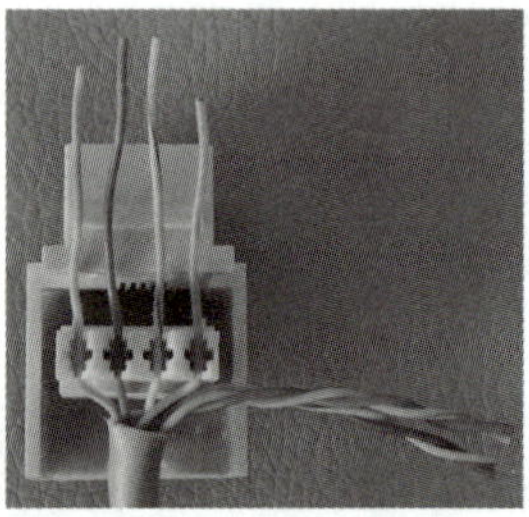

图3-23 压入塑料线柱刀片中

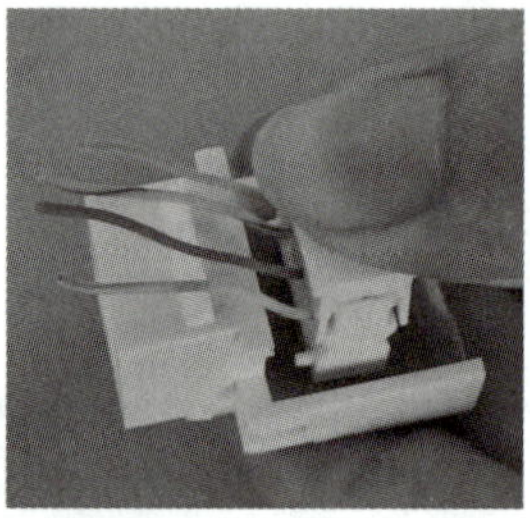

图3-24 用手压紧压盖

图3-25 用模块钳压紧压盖

请扫描“311知识牌”二维码，掌握语音模块端接关键技术技能。
扫描二维码观看《语音模块端接方法》视频。

311知识牌 扫码看视频

3.7 屏蔽模块端接原理和方法

这里以常见的6类屏蔽卡装式免打网络模块为例，详细介绍其机械结构和电气工作原理。网络模块由2个塑料注塑件、1块PCB板、8个刀片、8个弹簧插针组成。线芯压入塑料线柱时，被刀片划破绝缘层，夹紧铜导体，实现电气连接功能。将8个刀片和8个弹簧插针焊接在PCB板上，通过PCB板实现RJ-45插口与模块的电气连接。PCB板与两个塑料注塑件固定在一起，装入金属屏蔽外壳中，组成完整的屏蔽网络模块，如图3-26和图3-27所示。

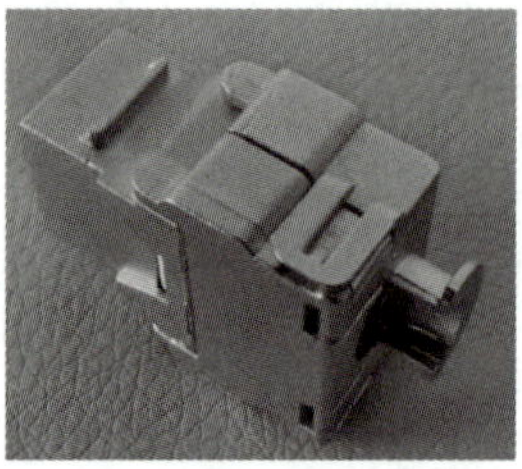

图3-26 屏蔽网络模块

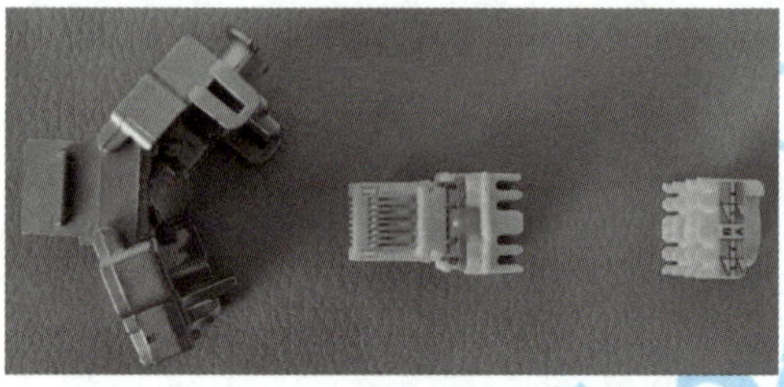

图3-27 部件图

屏蔽模块端接方法和步骤为：

1）剥除6类双屏蔽网线外护套。

2）将编织带与钢丝缠绕在一起，预留10mm，其余剪掉，如图3-28所示。然后剪掉铝箔、塑料包带和十字骨架。最后将网线穿入压盖，注意穿入压盖时屏蔽层与压盖平台方向一致，如图3-29所示。

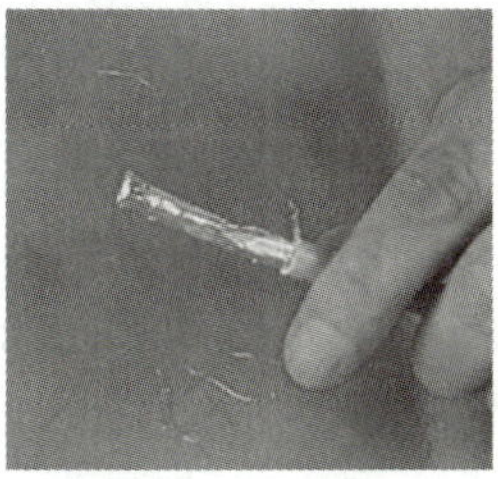

图3-28　预留10mm

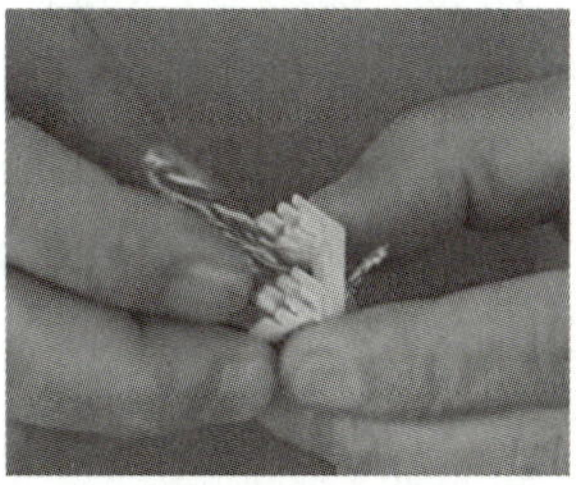

图3-29　穿入压盖方向

3）按照T568B线序将8芯线压入模块对应的8个塑料线柱刀片中。注意，一定要将网线拉直，并置于压盖小平台正上方，如图3-30所示。

4）将压盖扣入模块外壳中。模块平台方向与外壳圆弧方向一致，如图3-31所示。用斜口钳剪掉余线，防止线芯接触屏蔽层短路，线头长度小于1mm，如图3-32所示。

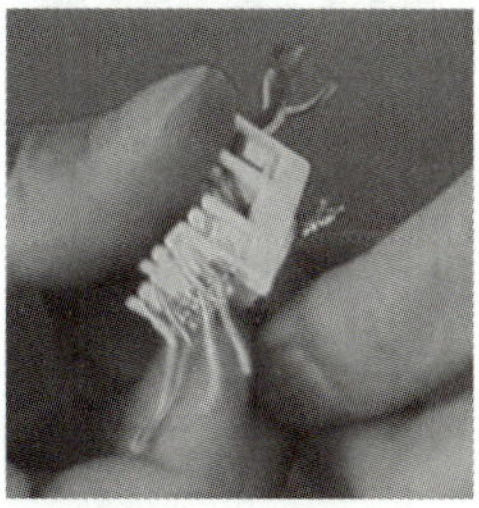

图3-30　压接8芯线

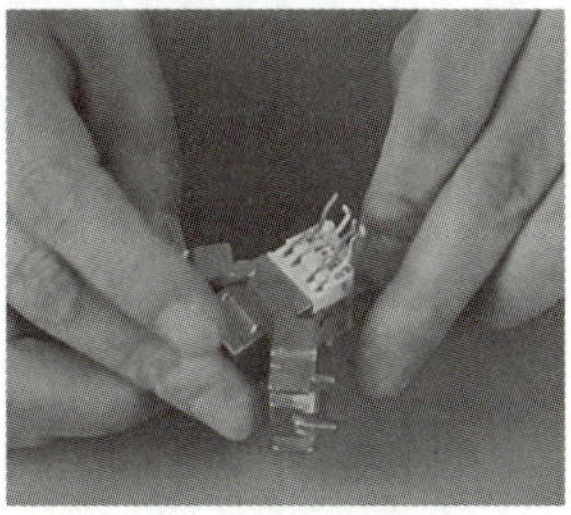

图3-31　压盖扣入外壳方向

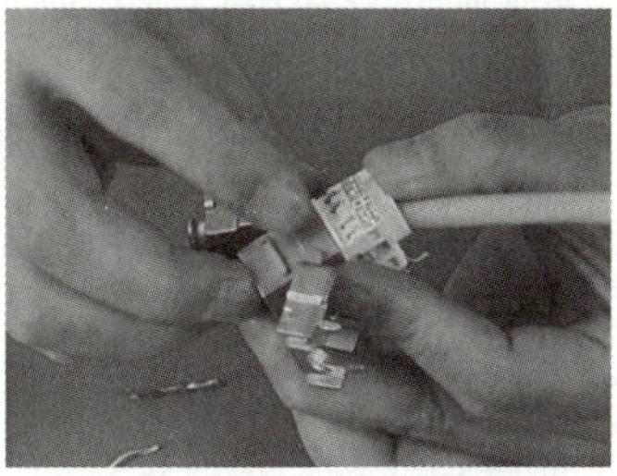

图3-32　剪掉余线

5）先将活动压盖中向下箭头的一端扣下来，再将向上箭头的一端扣下来，再次用力将两边的活动压盖紧紧扣合，最后用线扎固定网线、屏蔽层以及金属外壳，保证金属外壳与屏蔽层牢固连接，如图3-33和图3-34所示。

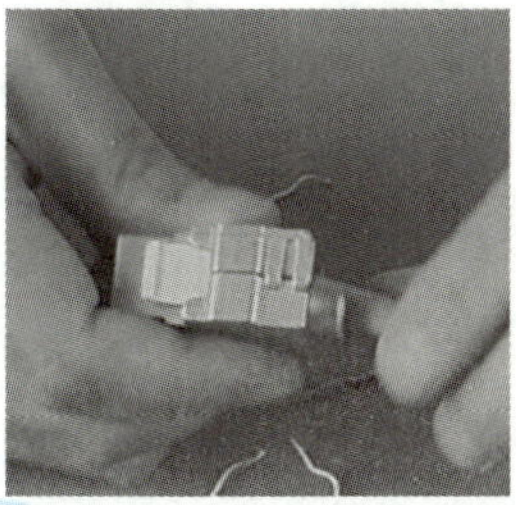

图3-33　合住金属外壳图

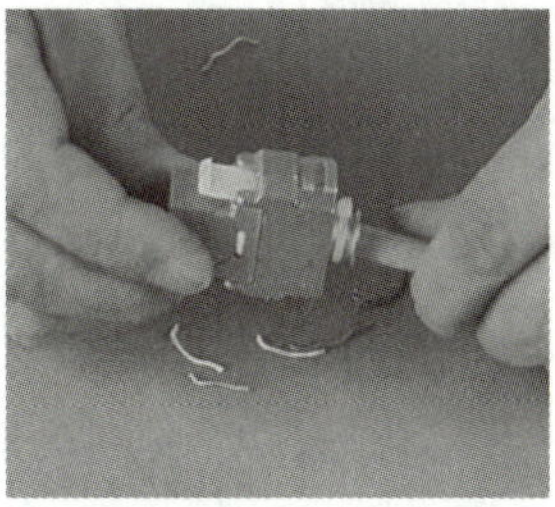

图3-34　线扎固定

310知识牌

扫码看视频

请扫描“310知识牌”二维码，掌握屏蔽模块端接关键技术技能。

扫描二维码观看《6类屏蔽配线架和卡装式免打模块端接方法》视频。

3.8 5对卡接模块端接原理和方法

通信跳线架一般使用5对卡接模块，5对卡接模块中间有10个双头刀片，每个刀片两头分别压接一根线芯，实现两根线芯的电气连接。

5对卡接模块的端接原理为：在卡接模块下层端接时，将每根线在通信跳线架底座上对应的接线口放好，用力快速将5对卡接模块向下压紧，在压紧过程中刀片首先快速划破线芯绝缘护套，然后与铜线芯紧密接触，实现刀片与线芯的电气连接。

5对卡接模块上层端接与模块原理相同。将线逐一放到上部对应的端接口，在压接过程中刀片首先快速划破线芯绝缘护套，然后与铜线芯紧密接触实现刀片与线芯的电气连接，这样5对卡接模块刀片两端中都压好线，实现了两根线的可靠电气连接，同时裁剪掉多余的线头。图3-35为5对卡接模块压线前的结构，图3-36为5对卡接模块压线后的结构。

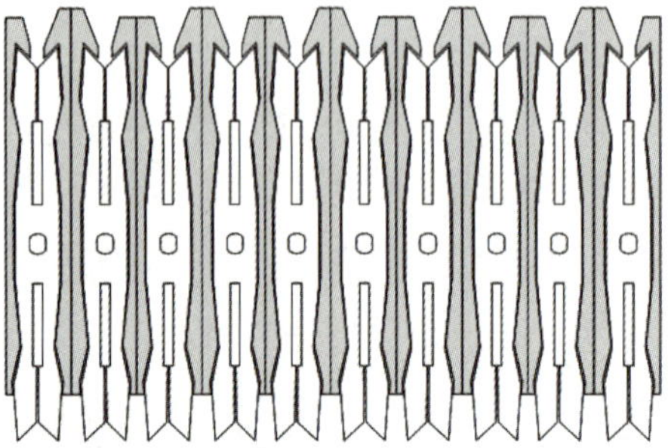

图3-35　5对卡接模块在压线前的结构

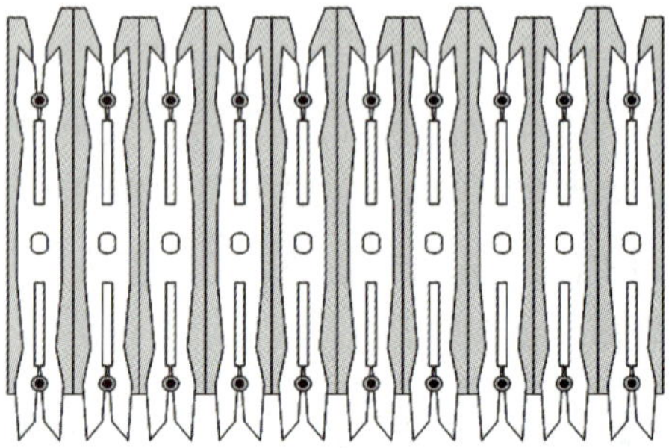

图3-36　5对卡接模块在压线后的结构

5对卡接模块下层端接方法和步骤为：

1）剥开外绝缘护套。

2）剥开4对双绞线。

3）剥开单绞线。

4）按照线序放入端接口。

5）将5对卡接模块压紧并且剪线。

5对卡接模块上层端接方法和步骤为：

1）剥开外绝缘护套。

2）剥开4对双绞线。

3）剥开单绞线。

4）按照线序放入端接口。

5）压接和剪线。

3.9 网络机柜内部配线端接

在楼层管理间和设备间，模块化配线架和网络交换机一般安装在19英寸的机柜内。为了使安装在机柜内的配线架和网络交换机美观且方便管理，必须对机柜内设备的安装进行规划，具体遵循以下原则：

1）一般配线架安装在机柜下部，交换机安装在其上方。

2）每个配线架配套安装一个理线架，每个交换机也要配套安装理线架。

3）正面的跳线从配线架中出来全部要放入理线架内，然后从机柜侧面绕到上部的交换机间的理线器中，再插入交换机端口。

一般网络机柜的安装尺寸执行YD/T 1819—2016《通信设备用综合集装架》标准，具体安装尺寸如图3-37所示。

常见的机柜内配线架安装实物图如图3-38所示。

机柜内部配线端接根据设备的安装进行连接，一般网络电缆进入机柜内是直接将电缆按照顺序压接到网络配线架上，然后从网络配线架上做跳线与网络交换机连接。

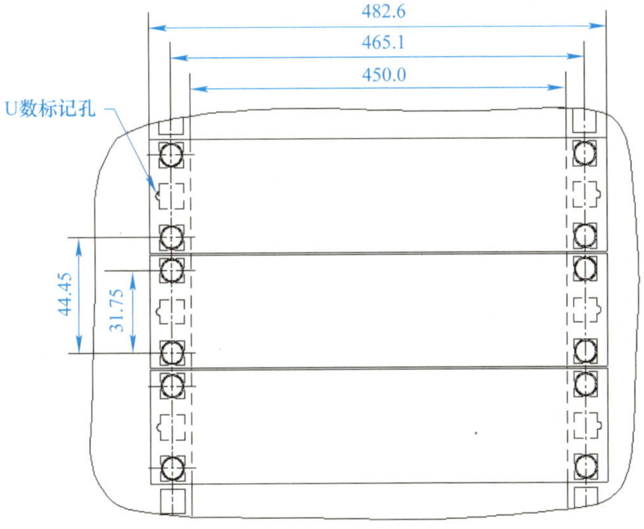

图3-37　网络机柜的安装尺寸

图3-38　机柜内配线架安装实物图

3.10 电缆配线端接工程技术实训

3.10.1 实训项目1 跳线端接技能实训

【典型工作任务】

在网络系统工程前期安装调试和后期运维过程中，重点安装设备跳线和工作区跳线，实现网络交换机、路由器和终端与综合布线系统的连通。有研究表明，网络系统故障70%发生在综合布线系统，因此掌握网络跳线制作与测试技能非常重要。

【岗位技能要求】

1）熟练掌握网络双绞线的剥皮方法和剥皮长度。

2）熟练掌握网线的色谱和线序。

3）熟练掌握RJ-45水晶头的快速端接技术。

4）熟练掌握跳线的测试方法。

5）熟悉网线和水晶头的机械结构和电气原理。

【实训任务】

制作网络跳线2根，并且跳线测试合格，具体要求如下：

1）使用超5类非屏蔽网络跳线（Cat 5e UTP）和水晶头，完成超5类非屏蔽网络跳线制作。要求T568B—T568B线序，长度500mm，如图3-39和图3-40所示。

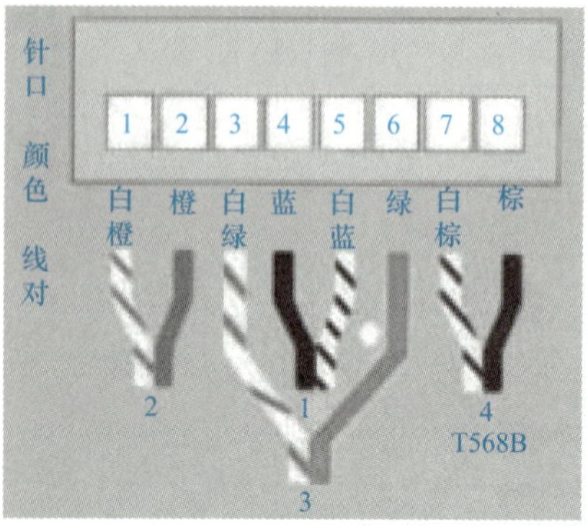

图3-39 T568B线序

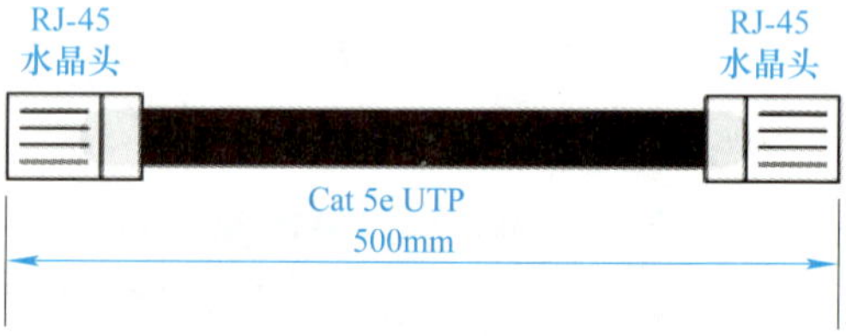

图3-40 超5类非屏蔽网络跳线

2）使用6类非屏蔽双绞线（Cat 6 UTP）和水晶头，完成6类非屏蔽网络跳线制作。要求T568B—T568B线序，长度600mm，如图3-41所示。

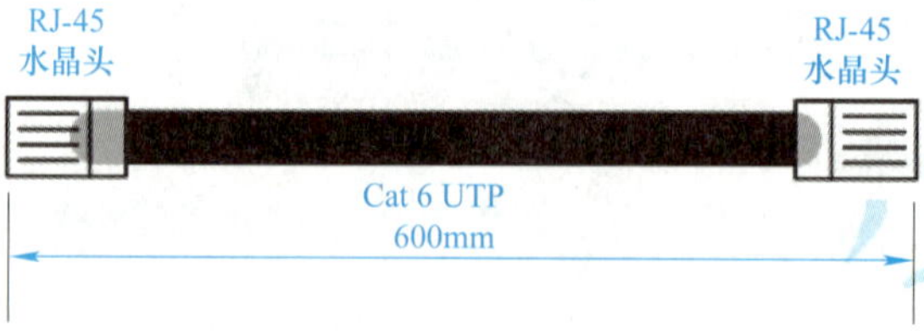

图3-41 6类非屏蔽网络跳线

3）在网络配线实训装置上进行测试，跳线测试一次合格。

【评判标准】

1）要求跳线制作长度误差控制在±5mm以内。

2）两端剪掉撕拉线。

3）压接护套到位，护套必须被水晶头的三角块压扁。

4）线序正确，跳线测试合格。

【实训器材和工具】

1）实训设备：数实融合综合布线实训装置（型号KYPXZ—01—55），数量满足实训人数要求。该实训装置立柱设计有28个二维码。

2）实训材料：超5类非屏蔽水晶头2个，6类非屏蔽水晶头2个，超5类非屏蔽网线1.5m。

3）实训工具：电缆剥线器1把，双用网线钳1把，剪刀1把，钢卷尺1个。

【实训步骤】

1）裁线。

2）剥除护套。

3）拆开4对双绞线。

4）理线。

5）插入水晶头。

6）压接。

7）制作另一端水晶头。重复上述步骤，完成另一端水晶头端接。

8）测试。

具体操作步骤详见3.4节《RJ-45水晶头端接原理和方法》。

在实训中请扫描“301知识牌”二维码，掌握跳线端接关键技术技能。

扫描二维码观看《电缆跳线制作》视频，建议至少看3遍。

301知识牌

扫码看视频

【实训报告】

1）写出网络线8芯色谱和T568B端接线顺序。

2）写出RJ-45水晶头端接线的原理。

3）总结出网络跳线制作方法和注意事项。

3.10.2 实训项目2 网络永久链路端接技能实训

【典型工作任务】

有研究表明，网络系统故障70%发生在综合布线系统。综合布线系统属于建筑物的基础设施，一般与建筑物的寿命相同，因此必须熟练掌握永久链路的安装技术。

在网络系统工程前期安装调试和后期运维过程中，设备间和管理间机柜内的配线架安装和配线端接，不但工作量大、任务繁重，而且要求端接正确率达到100%。任何一次端接错误，将会导致1个永久链路不通或者测试不合格，直接导致不能上网或者网速慢等网络系统故障。设备间和管理间汇聚了来自本楼层信息插座的数百根网线，这些网线的预留和理线非常重要，必须满足后期运维方便，同时必须保持美观。

【岗位技能要求】

1）熟练掌握非屏蔽网线的剥皮方法和剥皮长度。

2）熟练掌握非屏蔽网线的色谱和线序。

3）熟练掌握网络配线架端接技术和关键技能。

4）熟练掌握网络跳线的端接技术和关键技能。

5）熟练掌握网络永久链路的搭建和测试方法。

6）熟悉网络配线架的机械结构和电气原理。

【实训任务】

按照图3-42进行网络永久链路的搭建、配线架端接、跳线制作和测试评判。包括2根跳线的4次端接，组成一个基本永久链路，路由和端接位置如下：

测试装置RJ-45口（下排）→配线架模块→配线架RJ-45口→测试装置RJ-45口（上排）。

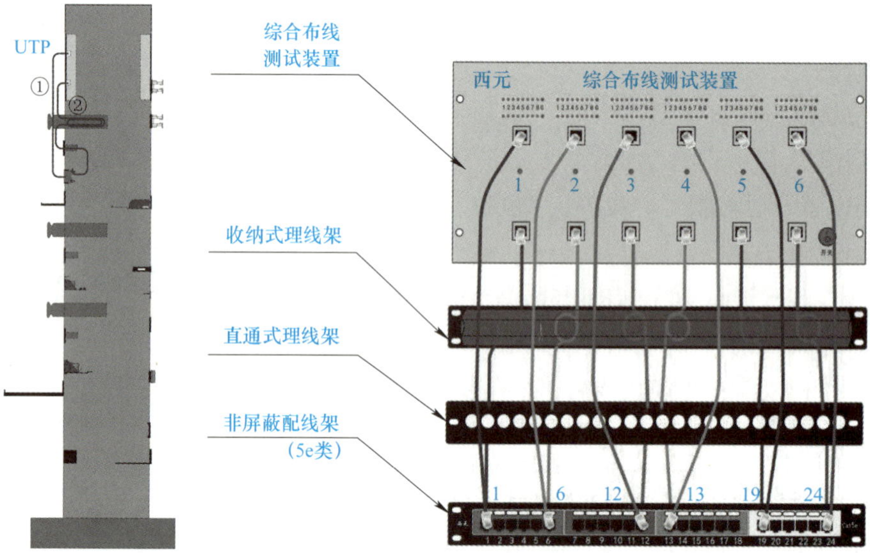

图3-42　网络永久链路路由

【评判标准】

1）网络配线架模块端接正确。

2）网络配线架安装正确。

3）水晶头端接正确。

4）永久链路的路由正确。

5）永久链路线序正确，对应的指示灯顺序闪烁。

【实训器材和工具】

1）实训设备：数实融合综合布线实训装置（型号KYPXZ—01—55），或网络配线实训装置（型号KYPXZ—01—52）。

2）实训材料：超5类非屏蔽水晶头3个/链路，超5类非屏蔽网线1箱。

3）实训工具：剥线器1把，双用网线钳1把，剪刀1把，5对打线刀1把。

【实训步骤】

1）端接第1根跳线（RJ-45水晶头—网络配线架模块）。按照3.10.1中的方法，在超5类非屏蔽网线的一端制作RJ-45水晶头，插接在测试装置下排左1口，另一端按照下面的步骤端接网络配线架RJ-45模块。

2）端接网络配线架模块。

① 剥开超5类非屏蔽网线的另一端绝缘护套，剪掉撕拉线。

② 按照网络配线架标识的T568B线序，将8芯线压入网络配线架背面打线槽内对应的8个刀片中。

③ 用打线刀垂直插入打线槽，向下用力将线芯压到位，同时打断多余的线头，若线头未打断，则可以进行二次打线。

3）制作第2根非屏蔽跳线（RJ-45水晶头—RJ-45水晶头）。按照3.10.1中的方法，制作1根RJ-45水晶头—RJ-45水晶头的非屏蔽跳线，在测试装置测试合格后，再将一端插接在测试装置上排左1口，另一端插接网络配线架1口。

4）测试。将两根跳线分别插入对应端口和配线架，观察指示灯闪烁顺序，检查链路端接情况。

扫描二维码观看《电缆跳线制作与模块端接》视频，建议至少看3遍。

扫码看视频

【实训报告】

总结非屏蔽配线架模块的端接方法。

3.10.3 实训项目3 屏蔽永久链路端接技能实训

【典型工作任务】

在高稳定性和高带宽的网络系统中，一般使用屏蔽布线系统。屏蔽布线系统一般需要专业人员使用和运维。在工程安装调试和运维过程中，必须进行屏蔽电缆的布线和安装，包括屏蔽模块、屏蔽配线架等端接和安装。

【岗位技能要求】

1）熟练掌握屏蔽网线的剥皮方法和剥皮长度。

2）熟练掌握屏蔽模块的快速端接方法和技能。

3）熟练掌握屏蔽配线架的快速端接方法和技能。

4）熟悉屏蔽网络模块和配线架的机械结构和电气原理。

【实训任务】

按照图3-43进行屏蔽永久链路的搭建与端接，主要包括2根屏蔽跳线的4次端接。

屏蔽永久链路的路由如图3-44所示，测试装置RJ-45口（下排）→屏蔽配线架模块→屏蔽配线架RJ-45口→测试装置RJ-45口（上排）。

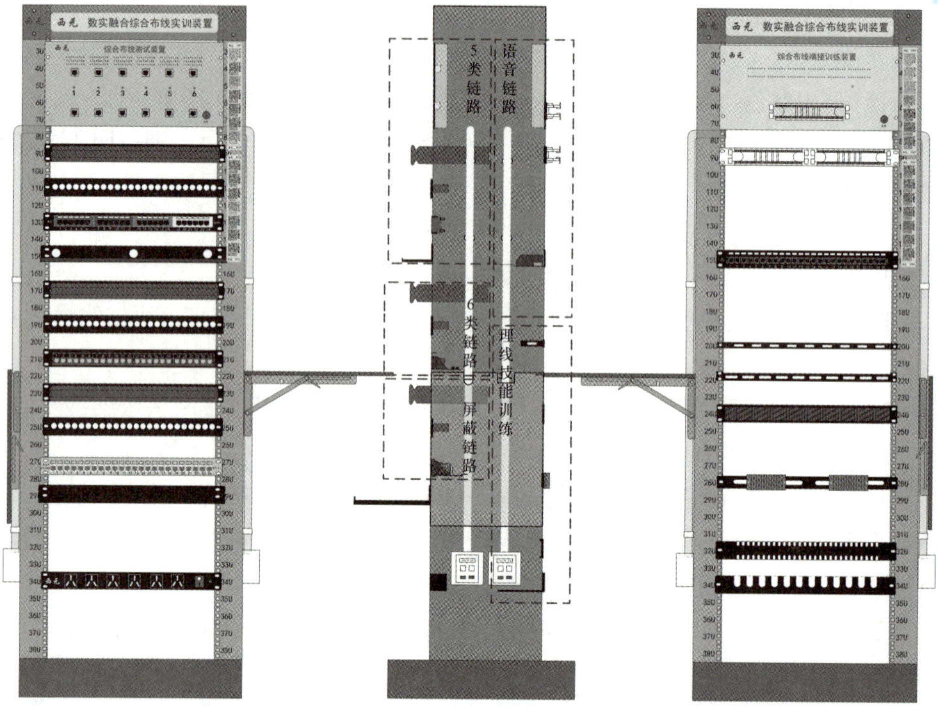

图3-43 屏蔽永久链路的搭建与端接

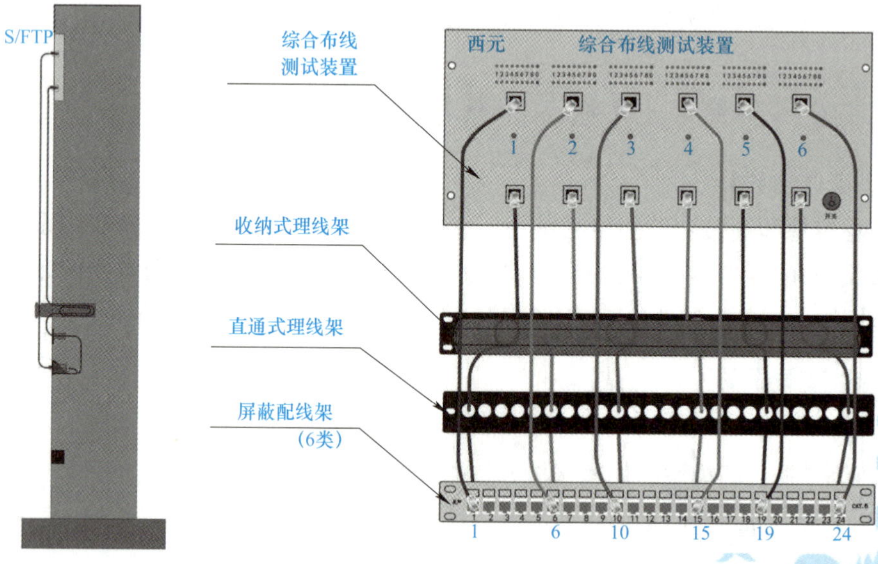

图3-44 屏蔽永久链路的路由

【评判标准】

1）屏蔽模块端接正确。

2）屏蔽配线架安装正确。

3）屏蔽水晶头端接正确。

4）永久链路的路由正确。

5）永久链路线序正确，对应的指示灯顺序闪烁。

【实训器材和工具】

1）实训设备：数实融合综合布线实训装置（型号KYPXZ—01—55），或网络配线实训装置（型号KYPXZ—01—52）。

2）实训材料：超5类屏蔽水晶头3个/链路，超5类屏蔽网线1箱。

3）实训工具：剥线器1把，双用网线钳1把，剪刀1把，尖嘴钳1把，斜口钳1把。

【实训步骤】

1．屏蔽跳线

1）取出水晶头套件，研读使用说明书，熟悉使用方法，并且把四件套分别摆放整齐。

2）裁线。取出屏蔽网线，按照跳线总长度需要裁线，一般增加20mm余量，每端10mm。例如，500mm跳线的裁线长度为520mm。

3）穿入水晶头护套。将配套的水晶头护套穿入网线，注意方口朝向线端，如图3-45所示。

4）剥除护套。用剥线器旋转划开护套的60%～90%，沿网线方向取下护套，露出屏蔽层。注意，不要划透护套，避免损伤屏蔽层和接地线，不要反复折弯网线，避免损伤网线绞绕结构，如图3-46所示。

5）整理屏蔽线，剪掉露出的铝箔屏蔽层。首先将屏蔽钢丝与线对分开，然后向后折回到护套上，最后剪掉露出的铝箔屏蔽层。注意，不能剪掉屏蔽钢丝，如图3-47所示。

对于6类S/FTP双屏蔽网线，还需要剥除每对线芯外面的屏蔽层。

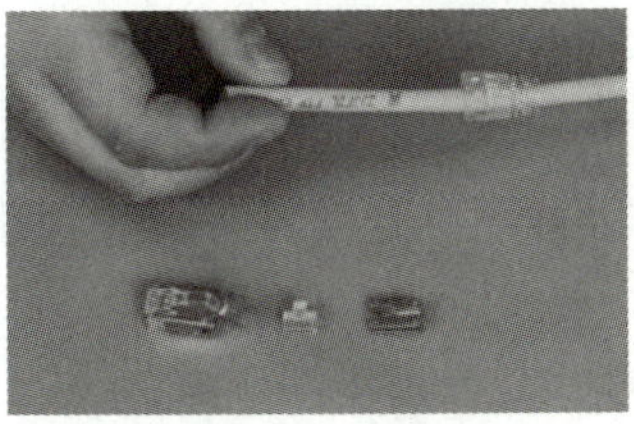

图3-45　穿入护套

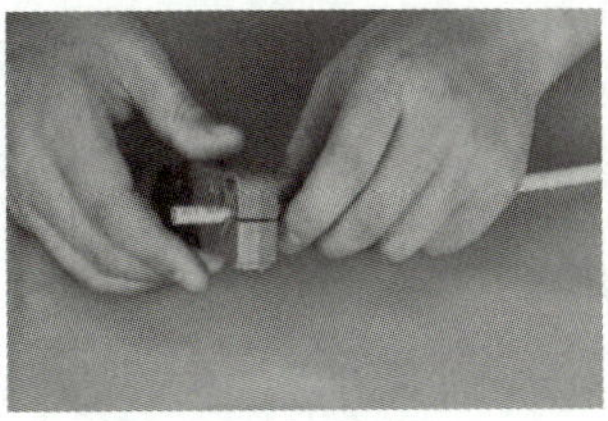

图3-46　剥线

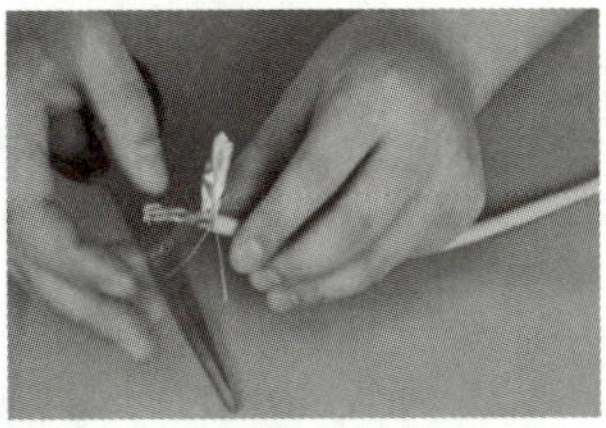

图3-47　剪掉撕拉线、铝箔和塑料纸

6）拆开4对双绞线。按照《屏蔽跳线制作》视频中展示的方法，把4对双绞线拆成十字形，绿线对准自己，蓝线朝外，棕线在左，橙线在右，按照蓝、橙、绿、棕逆时针方向顺序排列，如图3-48所示。

7）按照T568B线序排列整齐。首先将4对线分别拆开，然后按照T568B线序排好，最后把8芯线分别捋直。

8）插入金属理线器理线。首先将金属理线器插入8芯线中间，理线器的凹口向上，Y槽面朝向自己，如图3-49所示。

① 把白绿线和绿线压入理线器的Y槽内，白绿线在左，绿线在右。

② 把白蓝线和蓝线压入理线器的I槽内，蓝线在左，白蓝线在右。

③ 把白橙线和橙线压入理线器的左槽内，白橙线在左，橙线在右。

④ 把白棕线和棕线压入理线器的右槽内，白棕线在左，棕线在右。

这样就完成了8芯线的整理工作，8芯线按照T568B线序整齐排列，如图3-50所示。

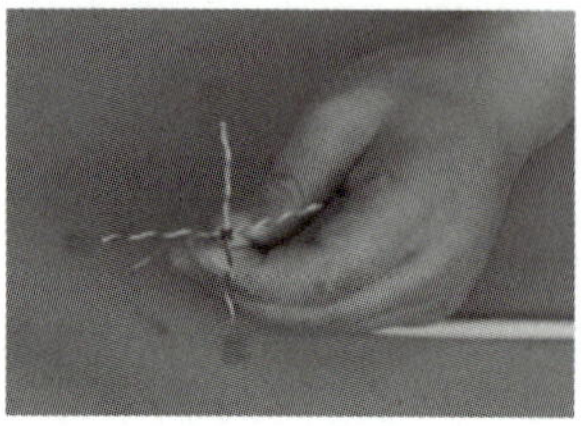

图3-48　拆开4对双绞线

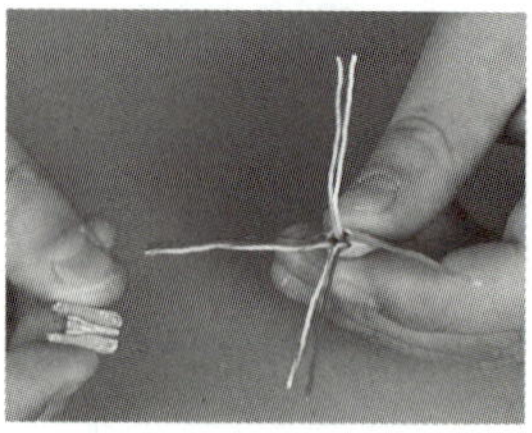

图3-49　插入理线器

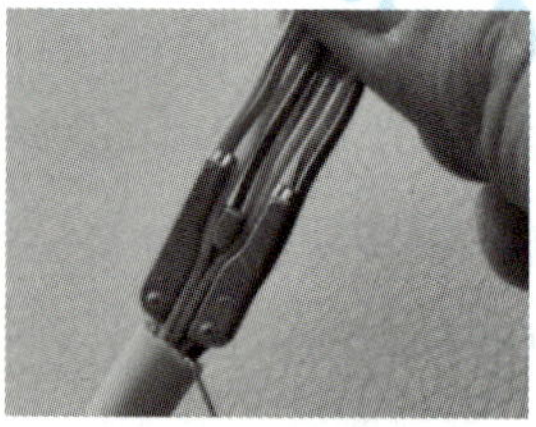

图3-50　完成理线

9）剪掉线端。用剪刀把线端剪齐，要求必须剪成斜角。

10）插入分线器。将8孔塑料分线器插入8芯网线，要求分线器有箭头的一面朝向自己，按照箭头方向插入8芯线。嵌入金属理线器中。最后沿塑料分线器端头剪掉多余网线。特别注意，塑料分线器有箭头的一面预留8个条形孔，方便水晶头8个插针穿过，如图3-51所示。如果装反，则无法压接，不能实现电气连接。

11）插入水晶头。首先把水晶头有刀片的一面朝向自己，把水晶头插入已经装好金属理线器和塑料分线器的线头，如图3-52所示。注意，必须插到底，金属接地线不能插入。

12）压接。把水晶头放入网线钳用力一次压接完成，如图3-53所示。

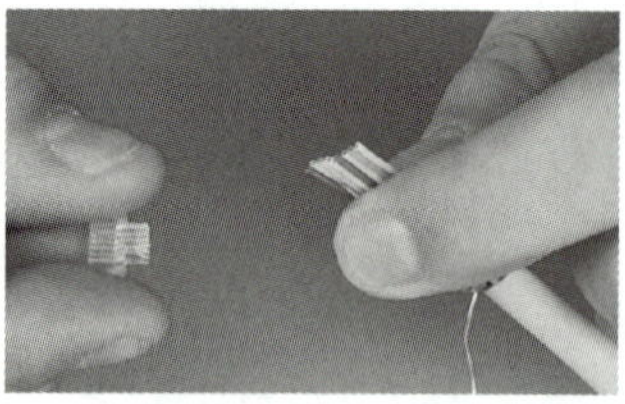

图3-51　插入分线器

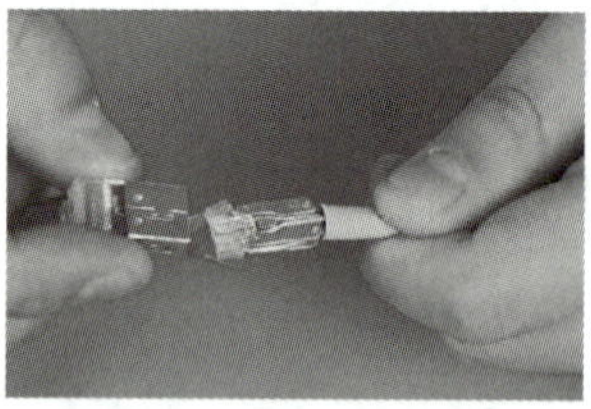

图3-52　插入水晶头

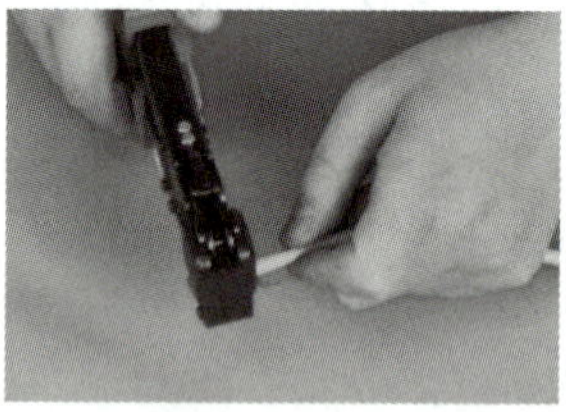

图3-53　压接

13）固定屏蔽层。将金属接地线折叠到网线护套外边，用尖嘴钳把水晶头的屏蔽层与网线固定，剪掉多余的接地线。注意，金属接地线必须放在屏蔽层下边，网线与水晶头保持在一条直线上，如图3-54所示。

14）安装水晶头护套。将护套向前插入水晶头，护套上的两个孔卡入水晶头上的两个凸台中，这样就完成了水晶头的制作，如图3-55所示。

15）重复完成另一端水晶头的制作。按照上述步骤，完成另一端水晶头的压接。

16）测试。跳线制作完成后，首先用卷尺测量长度是否合格，然后在测试装置上测量线序是否合格，仔细观察指示灯的闪烁顺序，特别观察显示接地的第9个指示灯，如图3-56所示。

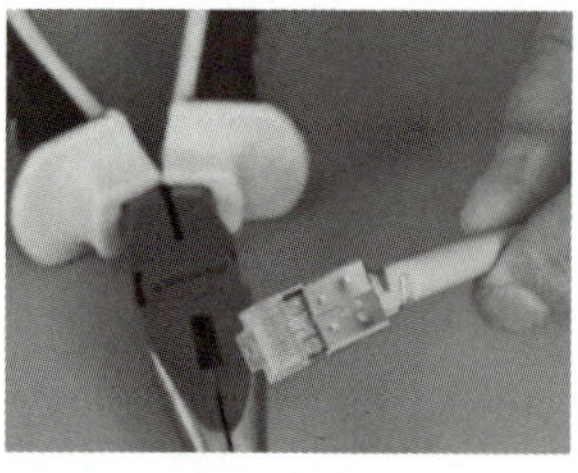

图3-54　固定屏蔽套

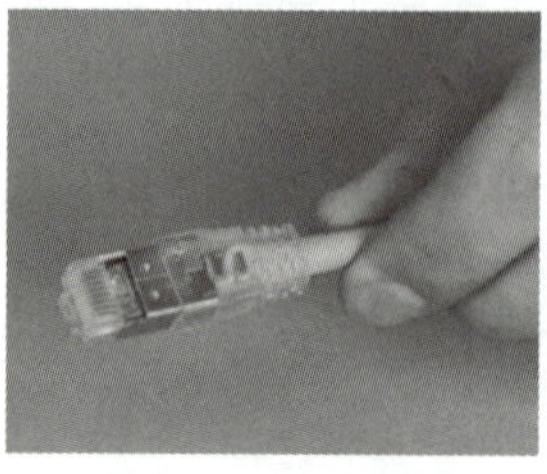

图3-55　安装护套

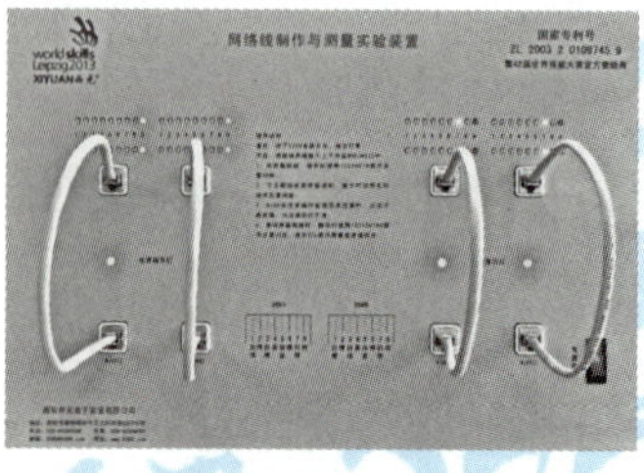

图3-56　测试

扫描二维码观看《屏蔽跳线制作》视频，建议至少看3遍。

扫码看视频

【实训报告】

写出屏蔽跳线制作方法和注意事项。

2．屏蔽永久链路

1）制作第1根屏蔽跳线（RJ-45水晶头—RJ-45模块）。按照屏蔽跳线制作方法，在屏蔽网线的一端制作RJ-45屏蔽水晶头，插接在测试装置下排左1口，另一端按照下面的步骤端接RJ-45屏蔽模块。

2）端接RJ-45屏蔽模块。

① 剥开屏蔽网线的另一端绝缘护套，剪掉铝箔、塑料纸和撕拉线，保留接地钢丝。

② 按照T568B线序，将8芯线压入屏蔽网络模块对应的8个刀片中。

③ 用压盖扣入模块外壳中，然后剪掉全部余线，避免线端与屏蔽外壳接触短路。

④ 将屏蔽模块活动压盖中有向下箭头的一端扣下来，再将有向上箭头的一端扣下来，再次用力将两边的活动压盖紧紧扣合。

⑤ 用线扎固定网线、屏蔽层以及金属外壳，保证金属外壳与屏蔽层可靠连接。

3）插入配线架插口。将屏蔽网络模块安装到配线架插口内。

4）制作第2根屏蔽跳线（RJ-45水晶头—RJ-45水晶头）。按照屏蔽跳线制作的方法，制作RJ-45水晶头—RJ-45水晶头屏蔽跳线，在测试装置测试合格后，再将一端插接在测试装置上排左1口，另一端插接在屏蔽配线架1口。

5）测试。将两根跳线分别插入对应端口和配线架，观察指示灯闪烁顺序，检查链路端接情况。

在实训中请扫描“310知识牌”二维码，掌握屏蔽模块端接关键技术技能。

扫描二维码观看《6类屏蔽配线架和卡装式免打模块端接方法》视频，建议至少看3遍。

【实训报告】

1）设计1个屏蔽永久链路图。

2）总结永久链路的端接技术和方法。

3）总结屏蔽配线架模块端接方法。

310知识牌　扫码看视频

3.10.4　实训项目4　复杂网络永久链路端接技能实训

【典型工作任务】

复杂链路端接技术可以对应工程中工作区、配线子系统、管理间设备和跳线在内的连接安装施工技术，包括跳线、信息插座、集合点、网络配线设备之间的链路端接。

【岗位技能要求】

1）熟练掌握非屏蔽网线的剥皮方法和剥皮长度。

2）熟练掌握非屏蔽网线的色谱和线序。
3）熟练掌握网络配线架和110型通信跳线架端接技术和关键技能。
4）熟练掌握网络跳线的端接技术和关键技能。
5）熟练掌握网络永久链路的搭建和测试方法。
6）熟悉网络模块和配线架的机械结构和电气原理。

【实训任务】

按照图3-57进行复杂网络永久链路的配线端接，主要包括3根非屏蔽跳线的6次端接。

实训基本操作路由为：测试装置RJ-45口（下排）→110型通信跳线架模块（上排）下层→110型通信跳线架模块（上排）上层→非屏蔽配线架网络模块→非屏蔽网络配线架RJ-45口→测试装置RJ-45口（上排）。

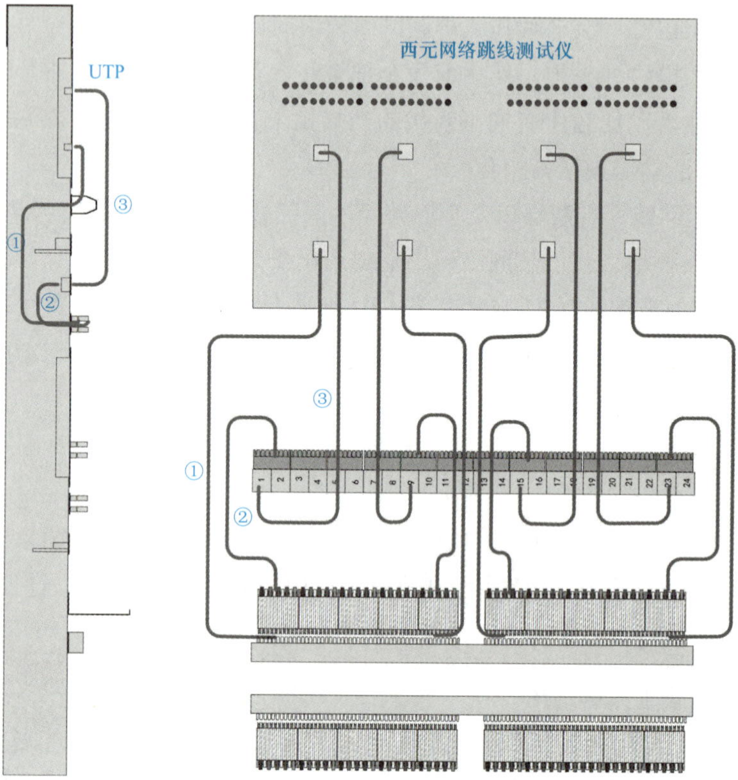

图3-57　复杂网络永久链路端接（见彩图）

【评判标准】

1）网络配线架模块端接正确。
2）网络配线架安装正确。
3）语音模块端接正确。
4）110型通信跳线架安装正确。
5）水晶头端接正确。
6）复杂网络永久链路的路由正确。

7）复杂网络永久链路线序正确，对应的指示灯顺序闪烁。

【实训器材和工具】

1）实训设备：数实融合综合布线实训装置（型号KYPXZ—01—55），或网络配线实训装置（型号KYPXZ—01—52）。

2）实训材料：超5类非屏蔽水晶头3个/链路，5对卡接模块1个，超5类非屏蔽网线1箱。

3）实训工具：剥线器1把，双用网线钳1把，剪刀1把，5对打线刀1把。

【实训步骤】

1）端接第1根跳线（RJ-45水晶头—110型通信跳线架上排下层）。按照3.10.1实训项目中的方法，在超5类非屏蔽网线的一端制作RJ-45水晶头，插接在西元测试仪下排左1口，另一端按照下面的步骤端接110型通信跳线架模块。

2）端接110型通信跳线架模块。

① 剥开超5类非屏蔽网线的另一端绝缘护套，剪掉撕拉线。

② 按照白蓝、蓝、白橙、橙、白绿、绿、白棕、棕的线序逐一压入110型通信跳线架上排下层跳线架左边1～8口卡槽内。

3）压接5对卡接模块。使用5对打线刀将5对卡接模块垂直压入跳线架1～8口上，注意5对卡接模块的方向，卡接模块上的标识从左到右颜色为蓝、橙、绿、棕、灰。

4）端接第2根跳线（110型通信跳线架上排上层—网络配线架模块），拆开网线的一端，按照白蓝、蓝、白橙、橙、白绿、绿、白棕、棕的线序逐一压入110型通信跳线架上排5对卡接模块的卡槽内，再使用打线刀压接。

另一端完成网络配线架RJ-45模块的端接。

5）端接第3根非屏蔽跳线（RJ-45水晶头—RJ-45水晶头）。按照3.10.1实训项目中的方法，做1根RJ-45水晶头—RJ-45水晶头的非屏蔽跳线，在测试装置测试合格后，再将一端插接在西元测试仪上排左1口，另一端插接网络配线架1口。

6）测试。打开综合布线测试装置，观察指示灯闪烁顺序，检查链路端接情况。

扫描二维码观看《测试链路的搭建与端接技术》视频，建议至少看3遍。

【实训报告】

总结复杂网络永久链路端接方法。

扫码看视频

3.11 工程经验

1. 工程经验一　在配线架打线之后一定要记着做好标记

在施工中，有几个信息点在安装配线架打线完成后没有及时做标记。等开通网络的时候，端口怎么也对不上，让工程师逐个检查一遍之后才弄好。这样不但延长了施工工期，而且加大了工程的成本。

2. 工程经验二　制作跳线不通

在制作跳线RJ-45头时往往会遇到制作好后有些线芯不通的问题，主要的原因有两点：

1）网线线芯没有完全插到位。

2）在压线的时候没有将水晶头压实。

3.12 全国职业院校技能大赛中职组“网络综合布线技术”竞赛分析

1. 网络跳线制作

按照要求制作网络跳线5根，具体要求如下：

1）1根超5类非屏蔽铜缆跳线，T568B—T568B线序，长度600mm。

2）1根超5类非屏蔽铜缆跳线，T568A—T568B线序，长度550mm。

3）1根超5类屏蔽铜缆跳线，T568B—T568B线序，长度550mm。

4）1根6类非屏蔽铜缆跳线，T568B—T568B线序，长度500mm。

5）1根6类非屏蔽铜缆跳线，T568A—T568B线序，长度450mm。

其他要求：跳线长度误差控制在±5mm，线序正确，压接护套到位，剪掉牵引线，符合GB/T 50312规定，跳线测试合格。

评判要点：

1）长度按照要求制作，误差必须控制在±5mm。

2）线序正确。

3）压接护套到位。

4）两端剪掉牵引线。

5）两端线标清楚。

竞赛作品如图3-58所示。

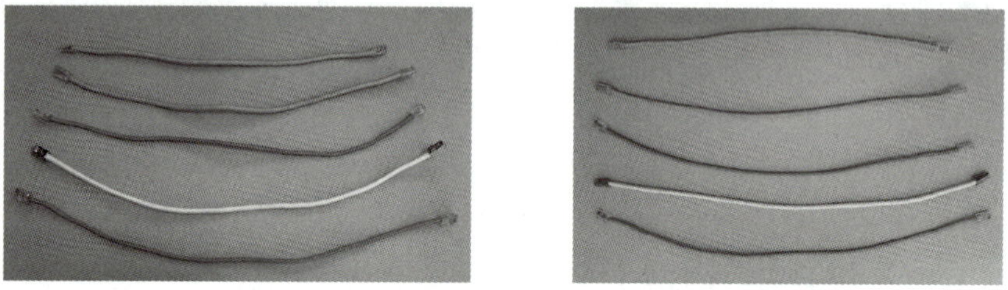

图3-58　竞赛作品

2. 测试链路端接

按照图3-59所示路由和端接位置，在网络配线实训装置上完成4组测试链路布线和端接。每组链路有3根跳线，端接6次。

每组链路的路由为：仪器RJ-45口→配线架RJ-45口→配线架网络模块→通信跳线架模块（上排）下层→通信跳线架模块（上排）上层→仪器RJ-45口。

要求链路端接正确，每段跳线长度合适，端接处拆开线对长度合适，剪掉牵引线。

评判要点：

1）链路端接正确，包括电气连通、路由正确。

2）长度合适。

3）线序和端接正确，包括剥开长度合适、位置居中无偏心。

4）两端剪掉牵引线。

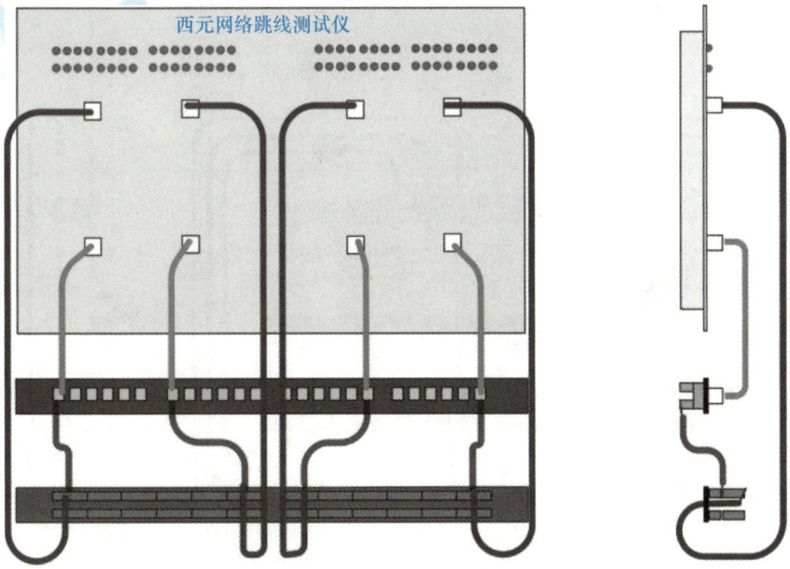

图3-59　测试链路端接路由示意图

竞赛作品如图3-60所示。

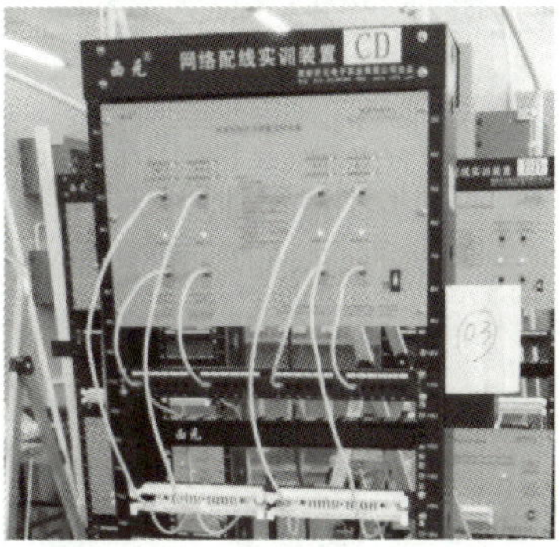

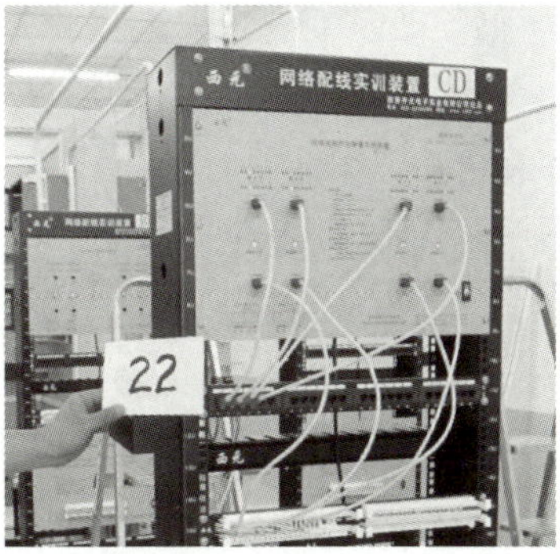

图3-60　竞赛作品

3．复杂链路端接

按照图3-61所示的路由和端接位置，在网络配线实训装置上完成6组复杂链路布线和端接，每组链路有3根跳线，端接6次。

每组链路的路由：仪器面板网络模块（下排）→配线架RJ-45口→配线架网络模块→通信跳线架模块（上排）下层→通信跳线架模块（上排）上层→仪器面板网络模块（上排）。

要求链路端接正确，每段跳线长度合适，端接处拆开线对长度合适，剪掉牵引线。

评判要点：

1）链路端接正确，包括电气连通、路由正确。

2）长度合适。

3）线序和端接正确，包括剥开长度合适、位置居中无偏心。

4）两端剪掉牵引线。

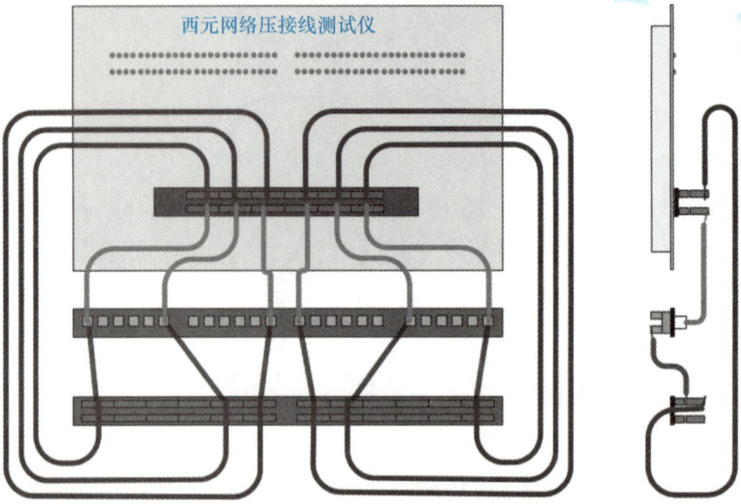

图3-61　复杂链路端接路由示意图

竞赛作品如图3-62所示。

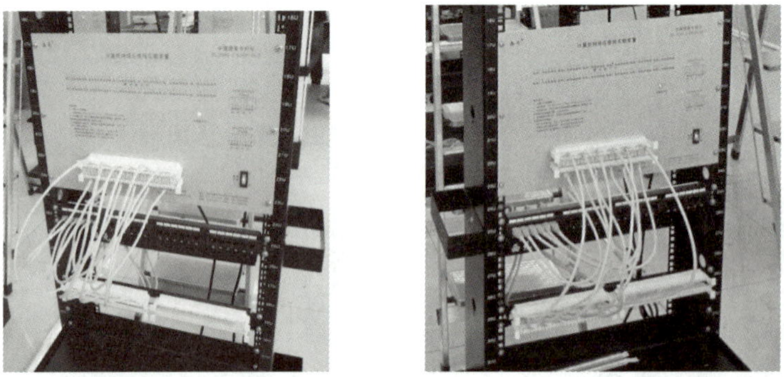

图3-62　竞赛作品

扫描二维码观看《测试链路的搭建与端接技术》《复杂链路的搭建与端接技术》视频，建议至少看3遍。

扫码看视频　　扫码看视频

习　　题

请扫描二维码下载第3章习题，按照教师安排按时完成。

习题

第4章

光纤熔接工程技术

光纤传输具有传输频带宽、通信容量大、损耗低、不受电磁干扰等优点。本章将详细介绍光纤传输原理、光纤熔接工程技术与盘纤方法。

知识目标：了解光纤传输特点和传输原理，熟悉光纤熔接技术知识。

技能目标：通过实训项目，熟悉光纤适配器的种类和安装方法，掌握光缆工具的用途和使用技巧，掌握光纤的熔接方法和注意事项。

素养目标：通过光纤熔接等专业技能训练，积累工作经验，培养勇攀高峰、敢为人先的精神和严谨认真、精益求精的工作习惯。

4.1 光纤概述

4.1.1 光纤

光纤是一种将信息从一端传送到另一端的传输媒介。多模光纤的直径为15～50μm，与人的头发粗细相当，而单模光纤芯的直径为8～10μm。玻璃芯外面包围着一层折射率比芯低的涂覆层，保持光线只能在光纤芯内传输。再外面是一层薄的塑料外套。光纤通常成束，外面有护套保护。光纤芯通常是由石英玻璃制成的横截面积很小的双层同心圆柱体，它质地脆、易断裂，因此需要外加保护层。

4.1.2 光纤与光缆的区别

通常光纤与光缆两个名词会被混淆。光纤就是在石英玻璃制成的纤芯外面包覆透明封套和塑料护套组成的信息传输介质，它比较脆，容易折断，无法在工程中实际使用。光缆是将多根光纤组合在一起，增加缓冲层、保护层和外护套等，光缆的多层保护结构能够始终保持内部的光纤不被损坏，也能防止外部的碾压、砸、电击等外界因素损坏光缆。

4.2 光纤的传输特点

光纤是一种传输媒介，传送的是光信号而非电信号，是远距离信息传输的首选媒介。光纤具有的独特优点如下：

（1）传输损耗低

损耗是传输介质的重要特性，它决定了传输信号所需中继的距离。光纤作为光信号的传输介质具有低损耗的特点。如果使用62.5/125μm的多模光纤，850nm波长的衰减约为3.0dB/km，1300nm波长的衰减更低，约为1dB/km。如果使用9/125μm单模光纤，1300nm波长的衰减仅为0.4dB/km，1550nm波长的衰减为0.3dB/km。一般的LD光源可传输15～20km。

目前已经出现传输100km的产品。

（2）传输频带宽

光纤的频宽可达1GHz以上。一般图像的带宽为6MHz左右，所以用一芯光纤传输一个通道的图像绰绰有余。光纤高频宽的好处是不仅可以同时传输多通道图像，还可以传输语音、控制信号或接点信号，有的甚至可以用一芯光纤通过特殊的光纤被动元件达到双向传输功能。

（3）抗干扰性强

光纤传输中的载波是光波，它是频率极高的电磁波，远高于一般电波通信所使用的频率，所以不受干扰，尤其是强电干扰。同时由于光波受束于光纤之内，因此无辐射、对环境无污染，传送信号无泄露、保密性强。

（4）安全性能高

光纤采用玻璃材质，不导电，防雷击；光纤传输不像传统电路因短路或接触不良而产生火花，因此在易燃易爆场合下特别适用。光纤无法像电缆一样进行窃听，一旦光缆遭到破坏马上就会发现，因此安全性更高。

（5）重量轻，机械性能好

光纤细小如丝，重量相当轻。即使是多芯光缆，重量也不会因为芯数增加而成倍增长，而电缆的重量一般近似与外径的二次方成正比。

（6）光纤传输寿命长

普通视频电缆最多使用10～15年，而光缆的使用寿命可长达30～50年。

4.3 光纤的传输原理和工作过程

光纤是光波传输的介质，是由介质材料构成的圆柱体，分为芯子和包层两部分。光波沿芯子传播。在实际工程应用中，光纤是指由预制棒拉制出纤丝经过简单被覆后的纤芯，纤芯再经过被覆、加强和防护，成为能够适应各种工程应用的光缆。

4.3.1 光纤传输原理

光波在光纤中的传播过程是利用光的折射和反射原理来进行的。一般来说，光纤芯子的直径要比传播光的波长大几十倍以上，因此利用几何光学的方法定性分析是足够的。

当一束光线投射到两个不同折射率的介质交界面上时，会发生折射和反射现象。对于多层介质形成的一系列界面，其折射率$n_1>n_2>n_3>\cdots>n_m$，入射光线在每个界面的入射角逐渐加大，直到形成全反射。由于折射率的变化，入射光线受到偏转的作用，传播方向改变。

光纤由芯子、包层和套层组成。套层的作用是保护光纤，对光的传播没有什么作用。芯子和包层的折射率不同，其折射率的分布主要有两种形式：连续分布型（又称梯度分布型）和间断分布型（又称阶跃分布型）。

当入射光经过光纤端面的折射后进入光纤，除了与轴向方向一致的光沿直线传播外，其余的光线则投射到芯子和包层的交界面：一种在界面形成全反射，这些光线将与光轴保持不变的夹角，呈锯齿状无损耗地在光纤芯子内向前传播，称为传播光；另外一种在界面处只有一部分形成反射，还有一部分折射进入包层，最后被套层吸收，反射的光线再次到达界面时又会有一部分损耗，因而不能传播，称为非传播光。

实际上进入光纤的大部分不是轴面光。还有一种称为泄漏光，如果芯子和包层的界面十分平坦，则这些光线将形成全反射而得到传播，但事实上仅部分反射。尽管损耗比非传播光小，但还是不能很好地传播。对于长距离传输来说，只有传播光是有意义的。

进入光纤的光线在向芯子包层界面传播时，由于芯子折射率逐渐减少，受到一个向心偏转的作用，与轴线夹角θ小于一定值的光线不能到达界面或到达界面形成全反射，因而受束于芯子内、呈波浪状无损耗地向前传播，成为传播光。其余的光由于有一部分在界面处折射进入包层，逐渐被吸收掉而不能传播。

因此，光纤芯子和包层的折射率及折射率的分布与光纤的传播特性有密切关系。

4.3.2　光纤传输过程

首先由发光二极管（LED）或注入型激光二极管（ILD）发出光信号沿光媒体传播，在另一端则有PIN或APD（光电二极管）作为检波器接收信号。对光载波的调制为幅移键控法，又称亮度调制（Intensity Modulation）。典型的做法是在给定的频率下，以光的出现和消失来表示两个二进制数字。发光二极管和注入型激光二极管的信号都可以用这种方法调制，PIN和ILD检波器直接响应亮度调制。功率放大是指将光放大器置于光发送端之前，以提高入纤的光功率，使整个线路系统的光功率得到提高。在线中继放大可在建筑群较大或楼间距离较远时，起中继放大作用，提高光功率。前置放大是指在接收端的光电检测器之后将微信号进行放大，以提高接收能力。

4.4　光纤熔接工程技术

光纤传输具有传输频带宽、通信容量大、损耗低、不受电磁干扰、光缆直径小、重量轻、原材料来源丰富等优点，因而成为新的传输媒介。光在光纤中传输时会产生损耗，这种损耗主要是由光纤自身的传输损耗和光纤接头处的熔接损耗组成。光缆的传输损耗是基本固定的，而光纤接头处的熔接损耗则与光纤本身及现场施工有关。努力降低光纤接头处的熔接损耗，可增大光纤中继放大传输距离和提高光纤链路的衰减富余量。

4.4.1　光纤熔接技术原理

光纤接续采用熔接方式。熔接是将光纤的端面熔化后将两根光纤连接到一起。这个过程与金属线焊接类似，通常要用电弧来完成。熔接的示意图如图4-1所示。

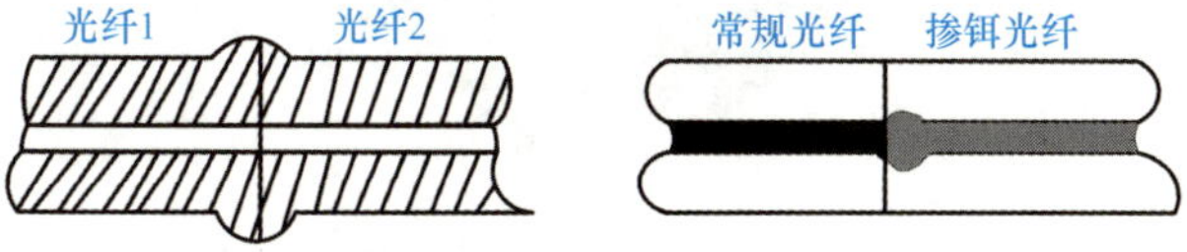

图4-1　光纤熔接示意图

熔接接续光纤不产生缝隙，因此不会引入反射损耗，入射损耗也很小，在0.01～0.15dB之间。在光纤进行熔接前要把它的涂覆层剥离。

目前普遍使用热缩套管，它是一种两层的保护套管，其基本结构和通用尺寸如图4-2所示。内管直径为2.5mm，长度为40mm；外管直径为3.5mm，长度为40mm；内管和外管之间有一根直径为1mm的金属棒或陶瓷棒保持熔接点平直。内管和外管为热收缩材料，加热后自动收缩，紧紧包裹光纤，保护熔接点不会因为拉力或者弯曲而损坏。

将热缩套管直接套在熔接部位处，然后对它们进行加热。内管是由热缩材料制成的，因此这些套管就可以牢牢地固定在需要保护的地方，加固件可避免光纤在这一区域受到弯曲。

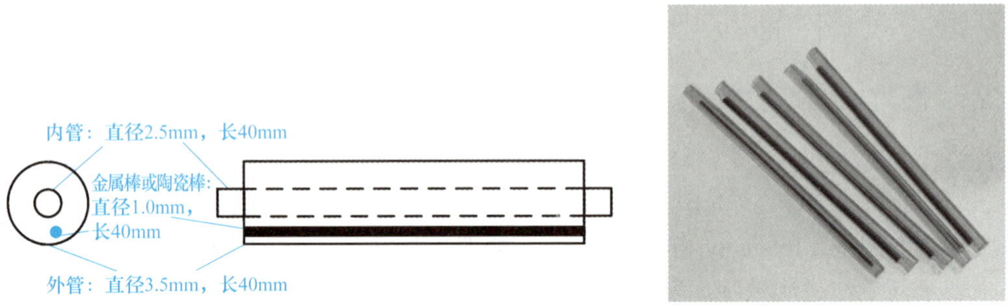

图4-2　光纤熔接热缩套管的基本结构和通用尺寸

4.4.2　光纤熔接的过程和步骤

1．认识光纤熔接机的结构

在综合布线工程中，光纤熔接必须使用光纤熔接机完成，只要掌握了光纤熔接机的使用方法，也就掌握了光纤熔接技术。下面介绍光纤熔接机的结构和使用方法，该产品为横屏，配套有详细的操作视频，非常适合教学实训。图4-3和图4-4为光纤熔接机的实物照片。

请扫描二维码观看《光纤熔接技术》视频，提前进行预习。

扫码看视频

图4-3　光纤熔接机实物照片1（见彩图）

图4-4　光纤熔接机实物照片2

2．光纤熔接的过程和步骤

1）开剥光缆，并将光缆固定到接续盒内。在开剥光缆之前必须剪掉受损变形的部分，使用专用开剥工具，将光缆外护套开剥长度1m左右。如果遇到铠装光缆，则用老虎钳将钢丝夹住，利用钢丝将光缆外护套剥开，并将光缆固定到接续盒内，用卫生纸将油膏擦拭干净后穿入接续盒。固定钢丝时一定要压紧，不能有松动。否则，有可能造成光缆打滚折断纤芯。注意剥光缆时不要伤到保护束管。注意，在剥除光纤的套管时要使套管长度足够伸进光纤终接单元（盘纤盒）内，并有一定的滑动余地，避免操作时损伤光纤。

2）分纤。将光纤分别穿过热缩套管。将不同束管、不同颜色的光纤分开，穿过热缩套管。被剥去涂覆层的光纤很脆弱，使用热缩套管可以保护光纤熔接头，如图4-5所示。

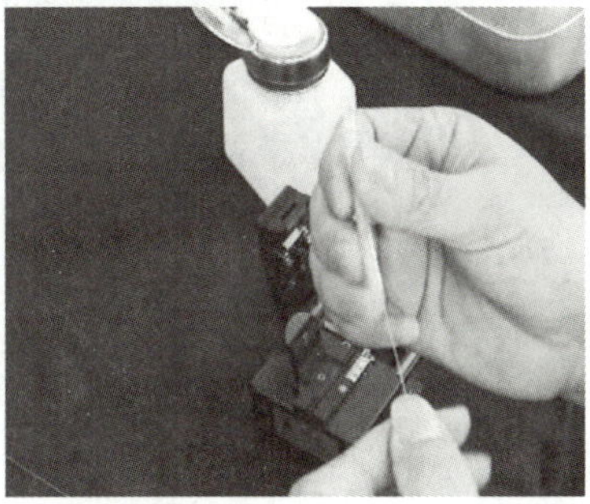

图4-5　光纤穿热缩套管

3）准备熔接机。打开熔接机电源，采用预置的程序进行熔接，并在使用中和使用后及时去除熔接机中的灰尘，特别是夹具、各镜面和V形槽内的粉尘和光纤碎末。熔接前要根据系统使用的光纤和工作波长来选择合适的熔接程序。如果没有特殊情况，则一般选用自动熔接程序。

4）制作对接光纤端面。光纤端面制作的好坏将直接影响光纤对接后的传输质量，所以在熔接前一定要做好要熔接光纤的端面。首先用光纤熔接机配置的光纤专用剥线钳剥去光纤纤芯上的涂覆层，再用沾酒精的清洁棉在裸纤上擦拭3次，用力要适度，如图4-6所示。然后用精密光纤切割刀切割光纤，切割长度一般为10～15mm，如图4-7所示。

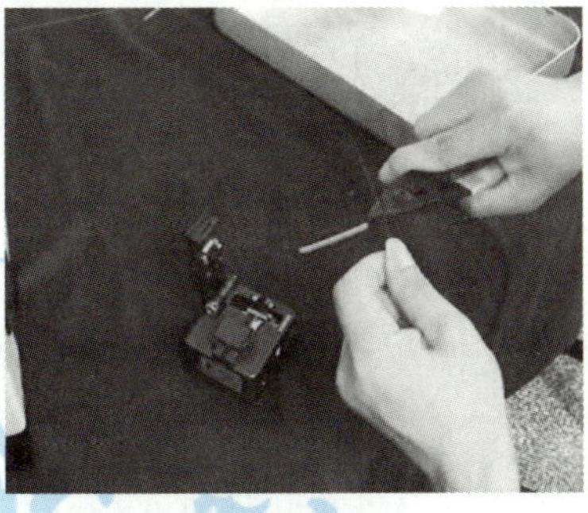

图4-6　用剥线钳去除纤芯涂覆层

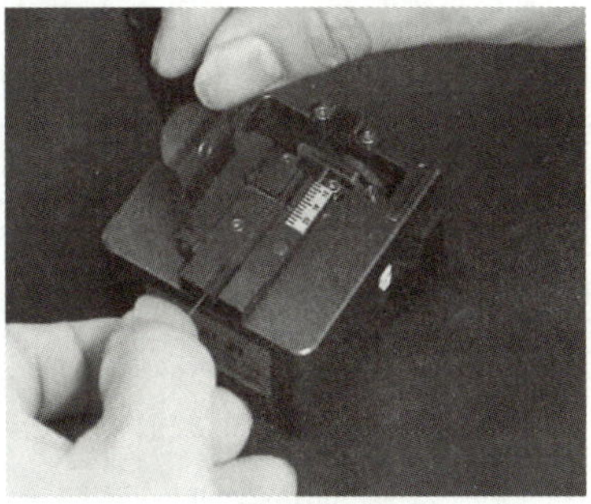

图4-7　用光纤切割刀切割光纤

5）放置光纤。将光纤放在熔接机的V形槽中，小心压上光纤压板和光纤夹具，要根据光纤切割长度设置光纤在压板中的位置，一般将对接的光纤的切割面靠近电极尖端位置。盖上防风罩，按“SET”键即可自动完成熔接。需要的时间与使用的熔接机有关，一般需要8～10s，如图4-8所示。

6）热缩套管加热。打开防风罩，把光纤从熔接机上取出，再将热缩套管调整到裸纤中间，放到加热器中加热，如图4-9所示。

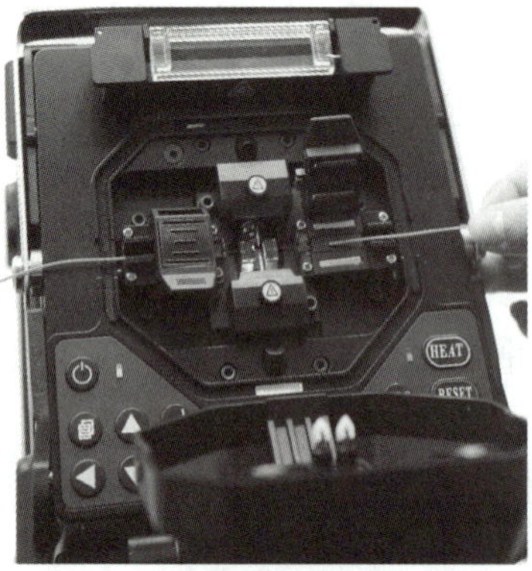

图4-8　放置光纤

图4-9　用加热器加热热缩套管

7）盘纤固定。将接续好的光纤小心地安装到光纤终接单元（盘纤盒）内，在盘纤时，盘圈的半径越大，弧度越大，整个线路的损耗越小。所以一定要保持一定的半径，使激光在光纤中传输时，避免产生一些不必要的损耗。

8）密封和挂起。在野外熔接时，接续盒一定要密封好，防止进水。熔接盒进水后，由于光纤及光纤熔接点长期浸泡在水中，可能会出现部分光纤衰减增加。最好将接续盒做好防水措施并用挂钩挂在吊线上。至此，光纤熔接完成。

请扫描二维码观看《光纤熔接技术》视频。

扫码看视频

在工程施工过程中，光纤接续是一项细致的工作，此项工作做得好与坏会直接影响整套系统的运行情况，它是整套系统的基础，这就要求现场操作时要仔细观察、规范操作，这样才能提高实践操作技能、全面提高光纤熔接质量。

4.4.3　光缆接续质量检查

在熔接的整个过程中，要保证光纤的熔接质量、减少因盘纤带来的附加损耗和封盒可能对光纤造成的损害，需要进行质量检查，不能仅凭肉眼进行判断。

1）熔接过程中对每一芯光纤进行实时跟踪监测，检查每个熔接点的质量。

2）每次盘纤后，对所盘光纤进行例检，以确定盘纤带来的附加损耗。

3）封熔接盒前对所有光纤进行统一测定，查明有无漏测和光纤预留空间对光纤及接头有无挤压。

4）封盒后，对所有光纤进行最后监测，以检查封盒是否对光纤有损害。

4.4.4 影响光纤熔接损耗的主要因素

影响光纤熔接损耗的因素较多，大体可分为光纤本征因素和光纤非本征因素两类。

1. 光纤本征因素

光纤本征因素是指光纤自身因素，主要有以下4点：

1）光纤模场直径不一致。

2）两根光纤芯径失配。

3）纤芯截面不圆。

4）纤芯与包层同心度不佳。

其中，光纤模场直径不一致影响最大，按CCITT建议，单模光纤的容限标准如下：

模场直径：（9～10μm）±10%，即容限约±1μm；包层直径：125±3μm；模场同心度误差≤6%；包层圆度误差≤2%。

2. 光纤非本征因素

影响光纤接续损耗的非本征因素即接续技术。

1）轴心错位：单模光纤纤芯很细，两根对接光纤轴心错位会影响接续损耗。当错位1.2μm时，接续损耗达0.5dB。

2）轴心倾斜：当光纤断面倾斜1°时，约产生0.6dB的接续损耗，如果要求接续损耗≤0.1dB，则单模光纤的倾角应为≤0.3°。

3）端面分离：活动连接器的连接不好，很容易产生端面分离，造成连接损耗较大。当熔接机放电电压较低时，也容易产生端面分离。

4）端面质量：光纤端面的平整度差时也会产生损耗，甚至产生气泡。

5）接续点附近光纤物理变形：光缆在架设过程中的拉伸变形、熔接盒中夹固光缆压力太大等都会对接续损耗有影响，甚至熔接几次都不能改善。

3. 其他因素的影响

接续人员操作水平、操作步骤、盘纤工艺水平、熔接机中电极清洁程度、熔接参数设置、工作环境清洁程度等均会影响到熔接损耗的值。

4.4.5 降低光纤熔接损耗的措施

1. 一条线路上尽量采用同一批次的优质光缆

对于同一批次的光纤，其模场直径基本相同，光纤在某点断开后，两端间的模场直径可视为一致，因而在此断开点熔接可使模场直径对光纤熔接损耗的影响降到最低程度。所以要求光缆生产厂家用同一批次的裸纤，按要求的光缆长度连续生产，在每盘上顺序编号并分清A、B端，不得跳号。敷设光缆时须按编号沿确定的路由顺序布放，并保证前盘光缆的B端要和后一盘光缆的A端相连，从而保证接续时能在断开点熔接，并使熔接损耗值达到最小。

2. 光缆架设按要求进行

在光缆敷设施工中，严禁光缆打小圈、弯折、扭曲，另外，应按“前走后跟，光缆上肩”的放缆方法，能够有效地防止打背扣的发生。牵引力不超过光缆允许的80%，瞬间最大牵引力不超过100%，牵引力应加在光缆的加强件上。敷放光缆应严格按光缆施工要求，降低光缆施工中光纤受损伤的概率，避免光纤芯受损伤导致熔接损耗增大。

3．挑选经验丰富、训练有素的光纤接续人员进行接续

现在熔接大多是熔接机自动熔接，但接续人员的水平直接影响接续损耗的大小。接续人员应严格按照光纤熔接工艺流程进行接续，并且在熔接过程中应一边熔接一边用OTDR测试熔接点的接续损耗。不符合要求的应重新熔接，对熔接损耗值较大的点，反复熔接次数以3或4次为宜，多根光纤熔接损耗都较大时，可剪除一段光缆重新开缆熔接。

4．接续光缆应在整洁的环境中进行

严禁在多尘及潮湿的环境中露天操作，光缆接续部位及工具、材料应保持清洁，不得让光纤接头受潮，准备切割的光纤必须清洁，不得有污物。切割后光纤不得在空气中暴露时间过长，尤其是在多尘潮湿的环境中。

5．选用精度高的光纤端面切割器来制备光纤端面

光纤端面的好坏直接影响到熔接损耗大小，切割的光纤应为平整的镜面，无毛刺，无缺损。光纤端面的轴线倾角应小于1°，高精度的光纤端面切割器不但能提高光纤切割的成功率，也可以提高光纤端面的质量。

6．熔接机的正确使用

熔接机的功能就是把两根光纤熔接到一起，所以正确使用熔接机也是降低光纤接续损耗的重要措施。根据光纤类型正确合理地设置熔接参数、预放电电流、时间及主放电电流、主放电时间等，并且在使用中和使用后及时去除熔接机中的灰尘，特别是夹具、各镜面和V形槽内的粉尘和光纤碎末的去除。每次使用前应使熔接机在熔接环境中放置至少15min，特别是在放置与使用环境差别较大的地方（如冬天的室内与室外），根据当时的气压、温度、湿度等环境情况，重新设置熔接机的放电电压及放电位置，以及使V形槽驱动器复位等调整。

4.4.6 光纤接续点损耗的测量

光损耗是度量一个光纤接头质量的重要指标，有几种测量方法可以确定光纤接头的光损耗，如使用光时域反射仪（OTDR）或熔接接头的损耗评估方案等。

1．熔接接头损耗评估

某些熔接机使用一种光纤成像和测量几何参数的断面排列系统。通过从两个垂直方向观察光纤，计算机处理并分析该图像来确定包层的偏移、纤芯的畸变、光纤外径的变化和其他关键参数，使用这些参数来评价接头的损耗。根据接头及其损耗评估算法求得的接续损耗可能和真实的接续损耗有相当大的差异。

2．使用光时域反射仪（OTDR）

光时域反射仪（Optical Time Domain Reflectometer，OTDR）又称背向散射仪，其原理

是：往光纤中传输光脉冲时，在光纤中散射微量光，返回光源侧后，可以利用时基来观察反射的返回光程度。由于光纤的模场直径影响它的后向散射，因此在接头两边的光纤可能会产生不同的后向散射，从而遮蔽接头的真实损耗。如果从两个方向测量接头的损耗，并求出这两个结果的平均值，则可消除单向OTDR测量的人为因素误差。然而，多数情况是操作人员仅从一个方向测量接头损耗，其结果并不十分准确。

4.5　盘纤

盘纤是一门技术，也是一门艺术。科学的盘纤方法可使光纤布局合理、附加损耗小、经得住时间和恶劣环境的考验，可避免因挤压造成的断纤现象。

4.5.1　盘纤规则

1）沿松套管或光缆分支方向为单元进行盘纤，前者适用于所有的接续工程；后者仅适用于主干光缆末端且为一进多出。分支多为小对数光缆。该规则是每熔接和热缩完一个或几个松套管内的光纤或一个分支方向光缆内的光纤后，盘纤一次。优点是避免了光纤松套管间或不同分支光缆间光纤的混乱，使之布局合理、易盘、易拆，更便于日后维护，如图4-10所示。

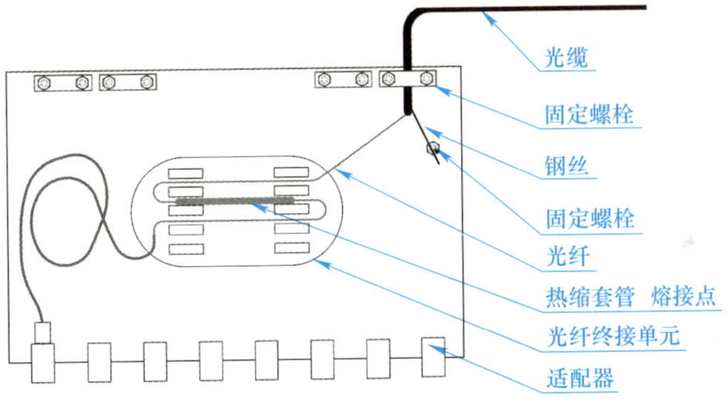

图4-10　光缆盘纤示意图

2）以光纤终接单元中热缩套管安放单元为单位盘纤，此规则是根据接续盒内预留盘中某一个安放区域内能够安放的热缩管数目进行盘纤。避免了由于安放位置不同而造成的同一束光纤参差不齐、难以盘纤和固定，甚至出现急弯、小圈等现象。

3）特殊情况，如果在接续中出现光分路器、上/下路尾纤、尾缆等特殊器件时要先熔接、热缩、盘绕普通光纤。在依次处理上述情况后，为了安全常另盘操作，以防止挤压引起附加损耗的增加。

4.5.2　盘纤的方法

1）先中间后两边，即先将热缩后的套管逐个放置于固定槽中，然后处理两侧余纤。优点：有利于保护光纤接点，避免盘纤可能造成的损害。在光纤预留盘空间小、光纤不易盘绕和固定时，常用此种方法。

2）从一端开始盘纤，固定热缩套管，然后处理另一侧余纤。优点：可根据一侧余纤长度灵活选择热缩套管安放位置，方便、快捷，可避免出现急弯、小圈现象，如图4-11所示。

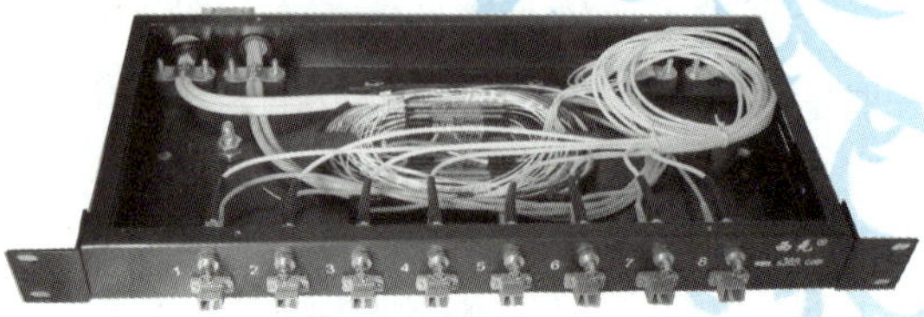

图4-11　盘纤固定

3）特殊情况的处理，如果个别光纤过长或过短时，可将其放在最后，单独盘绕；带有特殊光器件时，可将其另一盘处理，与普通光纤共盘时，应将其轻置于普通光纤之上，两者之间加缓冲衬垫，以防止挤压造成断纤，且特殊光器件尾纤不可太长。

4）根据实际情况采用多种图形盘纤。按余纤的长度和预留空间大小顺势自然盘绕，切勿生拉硬拽，应灵活地采用圆、椭圆、“CC”、“～”多种图形盘纤（注意$R \geqslant 4$cm），尽可能最大程度利用预留空间有效降低因盘纤带来的附加损耗。

4.6　光纤熔接工程技术实训项目

实训项目　光纤熔接

【实训目的】

1）熟悉和掌握光缆的种类和区别。
2）熟悉和掌握光缆工具的用途、使用方法和技巧。
3）熟悉光缆跳线的种类。
4）熟悉光缆适配器的种类和安装方法。
5）熟悉和掌握光纤的熔接方法和注意事项。

【实训要求】

1）完成光缆的两端剥线。不允许损伤光缆光芯，而且长度合适。
2）完成光缆的熔接实训。要求熔接方法正确，并且熔接成功。
3）完成光缆在光纤熔接盒的固定。
4）完成适配器的安装。
5）完成光纤收发器与光纤跳线的连接。

【实验设备主要工具】

1）光纤熔接机如图4-3和图4-4所示。
2）光纤工具箱如图4-12所示。

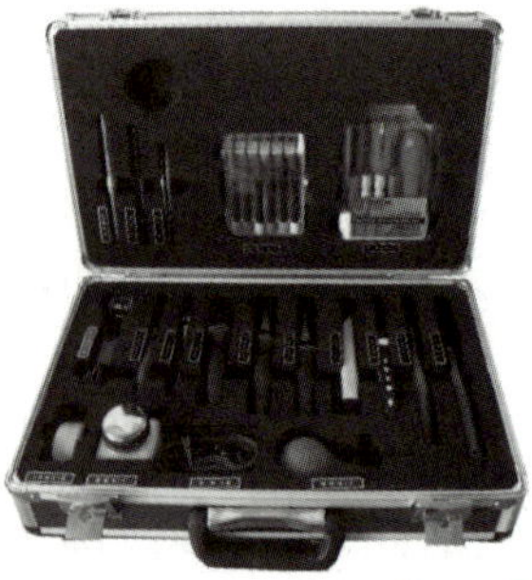

图4-12　光纤工具箱（见彩图）

【实训项目和步骤】

1）光缆的两端剥线。
2）光缆在熔接盒内的固定。
3）光缆熔接。
4）光纤适配器的安装。
5）完成布线系统光纤部分的连接。

【实训报告】

1）以表格形式写清楚实训材料和工具的数量、规格、用途。

2）分步陈述实训程序或步骤以及安装注意事项。

3）总结实训体会和操作技巧。

4.7 工程经验

1. 工程经验一　光纤涂覆层的剥除

首先用左手大拇指和食指捏紧纤芯将光纤纤芯持平，所露长度以8cm为准，将余纤放在无名指和小拇指之间，以增加力度、防止打滑。右手握紧剥纤钳，剥纤钳应与光纤垂直，上方向内倾斜一定角度，然后用钳口轻轻卡住光纤随之用力，顺光纤轴向平推出去。这里需注意的是力度的把握，用力过大会将纤芯弄断；力度太小，光纤涂覆层取不掉。

2. 工程经验二　裸纤的清洁

在工程的实际的应用中，裸纤的清洁在光纤的熔接中起到非常重要的作用，这就要求在实际工程中真正做好裸纤的清洁，应按下面的两步操作：

1）观察光纤剥除部分的涂覆层是否全部剥除，若有残留，则应重新剥除。如有极少量不易剥除的涂覆层，则可用棉球蘸适量酒精，一边浸渍，一边逐步擦除。

2）将棉花撕成层面平整的小块，蘸少许酒精（以两指相捏无溢出为宜），折成V形，夹住已剥覆的光纤，顺光纤轴向擦拭，力争一次成功。一块棉花使用2或3次后要更换，每次要使用棉花的不同部位和层面，这样既提高了棉花利用率，又能防止裸纤的二次污染。

3. 工程经验三　裸纤的切割

裸纤的切割是光纤端面制备中最为关键的部分，精密、优良的切割刀是基础，而严格、科学的操作规范是保证。

1）切割刀的选择。切割刀有手动和电动两种。前者操作简单、性能可靠，随着操作者水平的提高，切割效率和质量可大幅提高，且要求裸纤较短，但该切割刀对环境温差要求较高。后者切割质量较高，适宜在野外寒冷条件下作业，但操作较复杂、工作速度恒定、要求裸纤较长。熟练的操作者在常温下进行快速光缆接续或抢险，采用手动切割刀为宜；初学者或在野外较寒冷条件下作业时，可采用电动切割刀。

2）操作规范。操作人员应经过专门训练掌握动作要领和操作规范。首先要清洁切割刀和调整切割刀位置，切割刀的摆放要平稳，切割时，动作要自然、勿重、勿急，避免断纤、斜角、毛刺及裂痕等不良端面的产生。合理分配和使用自己的右手手指，使之与切口的具体部件相对应、协调，提高切割速度和质量。

3）谨防端面污染。热缩套管应在剥覆前穿入，严禁在端面制备后穿入。裸纤的清洁、切割和熔接的时间应紧密衔接，不可间隔过长，特别是已制备的端面，切勿放在空气中。移动时要轻拿轻放，防止与其他物件擦碰。在接续中应根据环境对切刀V形槽、压板、刀刃进行清洁，谨防端面污染。

4. 工程经验四　光纤的熔接

光纤熔接是接续工作的中心环节，因此高性能熔接机和在熔接过程中科学操作是十分必要的。

应根据光缆工程要求，配备蓄电池容量和精密度合适的熔接设备。

熔接前根据光纤的材料和类型，设置好最佳预熔主熔电流和时间以及光纤送入量等关键参数。熔接过程中还应及时清洁熔接机V形槽、电极、物镜、熔接室等，随时观察熔接中有无气泡、过细、过粗、虚熔、分离等不良现象，用OTDR测试仪表跟踪监测结果，及时分析产生上述不良现象的原因，采取相应的改进措施。如果多次出现虚熔现象，则应检查熔接的两根光纤的材料、型号是否匹配，切割刀和熔接机是否被灰尘污染，并检查电极氧化状况，若均无问题则应适当提高熔接电流。

4.8 全国职业院校技能大赛中职组“网络综合布线技术”竞赛分析

光缆熔接

按照图4-13光缆熔接示意图，完成建筑群子系统光缆熔接。

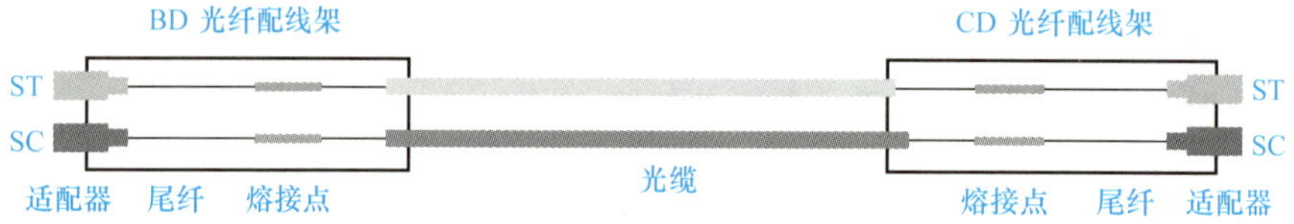

图4-13　光缆熔接示意图

将光缆的两端分别穿入两个光纤配线架内部，在光纤配线架内，将光缆与尾纤熔接，尾纤另一端插接在对应的适配器上。要求光纤熔接部位安装保护套管，将熔接好的光纤小心地安装在光纤终接单元内，并且盖好绕线盘盖板。熔接时尽量保留尾纤长度，并且整理和绑扎美观。

注意：将适配器防尘护套存放在光纤配线架内部，安装光纤配线架盖板。

评判要点：

1）熔接正确。

2）盘线美观。

3）光纤配线架盖板安装牢固。

竞赛作品如图4-14所示。

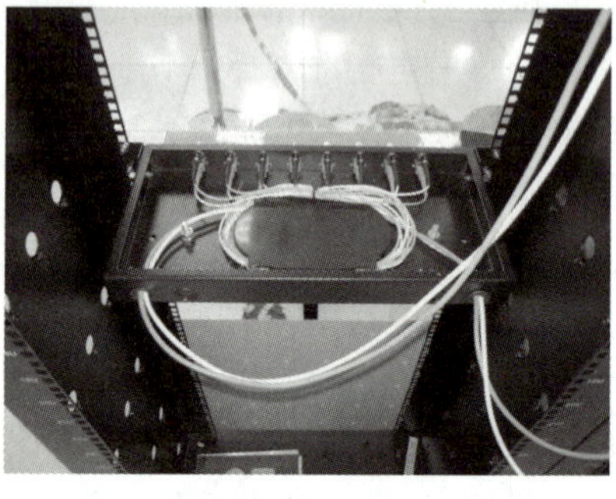

图4-14　竞赛作品

习　　题

请扫描二维码下载第4章习题，按照教师安排按时完成。

习题

第5章

工作区子系统工程技术

工作区子系统由跳线与信息插座所连接的设备组成，包括从信息插座延伸到终端设备的整个区域。本章将详细介绍综合布线系统工程中工作区子系统的基本概念、设计原则与工程技术，并给出工作区子系统设计实例。

知识目标：熟悉工作区子系统的划分原则、设计要点等基本概念，掌握工作区子系统的设计步骤、需求分析、概算等知识。

技能目标：通过实训项目，掌握工作区点数统计表的设计和应用方法，掌握信息插座的安装流程。

素养目标：培养爱岗敬业、争创一流、艰苦奋斗、勇于创新、淡泊名利、甘于奉献的劳模精神。

5.1 工作区子系统的基本概念

5.1.1 什么是工作区子系统

工作区子系统是指从信息插座延伸到终端设备的整个区域，即一个独立的需要设置终端的区域划分为一个工作区。工作区可支持电话机、数据终端、计算机、电视机、监视器以及传感器等终端设备。它包括信息插座、信息模块、网卡和连接所需的跳线，并在终端设备和输入/输出（I/O）之间搭接。典型的工作区子系统如图5-1所示。

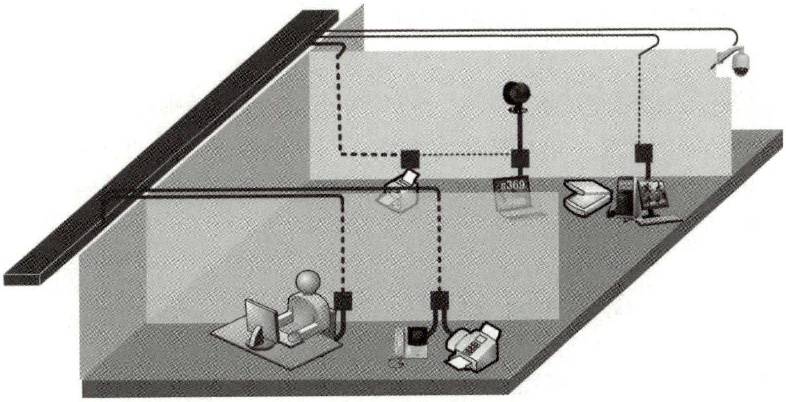

图5-1 工作区子系统

5.1.2 工作区的划分原则

按照国家标准GB 50311《综合布线系统工程设计规范》中的规定，工作区是一个独立的需要设置终端设备的区域。工作区应由配线（水平）布线系统的信息插座延伸到终端设备处的连接电缆及适配器组成。一个工作区的服务面积可按5～10m²估算，也可按不同的应用环境调整面积的大小。

5.1.3 工作区适配器的选用原则

选择适当的适配器，可使综合布线系统信息插座的输出与用户的多种终端设备保持兼容。

适配器的选用应遵循以下原则：

1）在设备连接器采用不同于信息插座的连接器时，可用专用电缆及适配器。

2）在单一信息插座上进行两项服务时，可用Y形适配器。

3）在配线（水平）子系统中选用的电缆类别（介质）不同于设备所需的电缆类别（介质）时，宜采用适配器。

4）在连接使用不同信号的数模转换设备、光电转换设备及数据速率转换设备等装置时，宜采用适配器。

5）为了特殊的应用而实现网络的兼容性时，可用转换适配器。

6）根据工作区内不同的电信终端设备（例如，ADSL终端）可配备相应的适配器。

5.1.4 工作区设计要点

1）工作区内线槽的敷设要合理、美观。

2）信息插座设计在距离地面300mm及以上的位置。

3）信息插座与计算机设备的距离保持在5m范围内。

4）网卡接口类型要与缆线接口类型保持一致。

5）工作区所需的信息模块、信息插座、面板的数量要准确。

工作区设计时，具体操作可按以下3步进行：

1）根据楼层平面图计算每层楼的布线面积。

2）估算信息插座数量，一般设计两种平面图供用户选择：为基本型设计出每9m²一个信息插座的平面图；为增强型或综合型设计出每9m²两个信息插座的平面图。

3）确定信息插座的类型。信息插座分为嵌入式和表面安装式两种，可根据实际情况，采用不同的安装样式来满足不同的需要。通常新建建筑物采用嵌入式信息插座；而现有的建筑物采用表面安装式的信息插座。

5.1.5 信息插座连接技术要求

1．信息插座与终端的连接形式

每个工作区至少要配置一个插座盒。对于难以再增加插座盒的工作区，要至少安装两个分离的插座盒。信息插座是终端与水平子系统连接的接口。其中最常用的为RJ-45信息插座，即RJ-45连接器。

在实际设计时，必须保证每个4对双绞线电缆终接在工作区中一个8脚（针）的模块化插座（插头）上。综合布线系统可采用不同厂家的信息插座和信息插头。这些信息插座和信息插头基本是一样的。对于计算机终端设备，将带有8针的RJ-45水晶头跳线插入网卡；在信息插座一端，跳线的RJ-45水晶头连接到插座上。

2. 信息插座与连接器的接法

RJ-45连接器与RJ-45信息插座，与4对双绞线的接法主要有两种，一种是T568A标准，另一种是T568B的标准。

5.2 工作区子系统的设计原则

5.2.1 设计步骤

工作区子系统设计的步骤一般为：首先与用户进行充分的技术交流，了解建筑物用途，然后认真阅读建筑物设计图，其次进行初步规划和设计，最后进行概算和预算。一般工作流程如下：

需求分析→技术交流→阅读建筑物图纸和工作区编号→初步设计→概算→方案确认→正式设计→预算。

5.2.2 需求分析

需求分析是综合布线系统设计的首项重要工作，对后续工作的顺利开展是非常重要的，也直接影响最终工程造价。需求分析主要掌握用户的当前用途和未来扩展需要，目的是把设计对象归类，按照写字楼、宾馆、综合办公室、生产车间、会议室、商场等类别进行归类，为后续设计确定方向和重点。

需求分析首先从整栋建筑物的用途开始进行，然后按照楼层进行分析，最后到楼层的各个工作区或者房间，逐步明确和确认每层和每个工作区的用途和功能，分析这个工作区的需求，规划工作区的信息点数量和位置。

现在的建筑物往往有多种用途和功能，例如，一栋18层的建筑物可能会有这些用途：地下2层为空调机组等设备安装层，地下1层为停车场，1、2层为商场，3、4层为餐厅，5～10层为写字楼，11～18层为宾馆。

5.2.3 技术交流

在进行需求分析后，要与用户进行技术交流，这是非常必要的。不仅要与技术负责人交流，也要与项目或者行政负责人进行交流，进一步了解用户的需求，特别是未来的发展需求。在交流中重点了解每个房间或者工作区的用途、工作区域、工作台位置、工作台尺寸、设备安装位置等详细信息。在交流过程中必须有详细的书面记录，每次交流结束后要及时整理书面记录，这些书面记录是初步设计的依据。

5.2.4 阅读建筑物图纸和工作区编号

索取和认真阅读建筑物设计图是不能省略的程序，通过阅读建筑物图纸掌握建筑物的土建结构、强电路径、弱电路径，特别是主要电气设备和电源插座的安装位置，重点掌握在综合布线路径上的电气设备、电源插座、暗埋管线等。在阅读图纸时，进行记录或者标记有助于将网络和电话等插座设计在合适的位置，避免强电或者电气设备对网络综合布线系统的影响。

工作区信息点的命名和编号是一项非常重要的工作，命名必须准确表达信息点的位置或者用途，要与工作区的名称相对应，这个名称从项目设计开始到竣工验收及后续维护最好一致。如果项目投入使用后用户改变了工作区名称或者编号，则必须及时制作名称变更对应表作为竣工资料保存。

5.2.5 初步设计

1. 工作区面积的确定

工作区子系统包括办公室、写字间、作业间、技术室等需用电话、计算机终端、电视机等设施的区域和相应设备的统称。一般建筑物设计时，综合布线系统工作区面积的需求参照表5-1中的内容。

表5-1 工作区面积划分

建筑物类型及功能	工作区面积/m^2
网管中心、呼叫中心、信息中心等终端设备较为密集的场地	3～5
办公区	5～10
会议、会展	10～60
商场、生产机房、娱乐场所	20～60
体育场馆、候机室、公共设施区	20～100
工业生产区	60～200

2. 工作区信息点的配置

一个独立的需要设置终端设备的区域宜划分为一个工作区，每个工作区需要设置一个计算机网络数据点或者电话语音点，或按用户需要设置。也有部分工作区需要支持数据终端、电视机及监视器等终端设备。

同一个房间或者同一区域面积按照不同的应用需求，其信息点种类和数量差别有时非常大，从现有的工程实际应用情况分析，有时有1个信息点，有时可能会有10个信息点。有的只需要电缆信息模块，有时还需要预留光缆备份的信息插座模块。因为建筑物用途不一样，功能要求和实际需求也不同。信息点数量的配置不能只按办公楼的模式确定，要考虑多功能和未来扩展的需要，尤其是对于内外两套网络系统同时存在和使用的情况，应加强需求分析，做出合理的配置。

每个工作区信息点数量可按用户的性质、网络构成和需求来确定。

在综合布线系统工程实际应用和设计中，一般按照表5-2来配置和确定信息点数量。该表是根据编者多年项目设计经验总结的配置原则，供设计者参考。

表5-2　常见工作区信息点的配置原则

工作区类型及功能	安装位置	安装数量	
		数据	语音
网管中心、呼叫中心、信息中心等终端设备较为密集的场地	工作台处墙面或者地面	1或2个/工作台	2个/工作台
集中办公区域的写字楼、开放式工作区等人员密集场所	工作台处墙面或者地面	1或2个/工作台	2个/工作台
董事长、经理、主管等独立办公室	工作台处墙面或者地面	2个/间	2个/间
小型会议室/商务洽谈室	主席台处地面或者台面 会议桌地面或者台面	2～4个/间	2个/间
大型会议室、多功能厅	主席台处地面或者台面 会议桌地面或者台面	5～10个/间	2个/间
>5000m^2的大型超市或者卖场	收银区和管理区	1个/100m^2	1个/100m^2
2000～3000m^2中小型卖场	收银区和管理区	1个/（30～50）m^2	1个/（30～50）m^2
餐厅、商场等服务业	收银区和管理区	1个/50m^2	1个/50m^2
宾馆标准间	床头或写字台或浴室	1个/间，写字台	1～3个/间
学生公寓（4人间）	写字台处墙面	4个/间	4个/间
公寓管理室、门卫室	写字台处墙面	1个/间	1个/间
教学楼教室	讲台附近	1或2个/间	
住宅楼	书房	1个/套	2或3个/套

3．工作区信息点点数统计表

工作区信息点点数统计表简称点数表，是设计和统计信息点数量的基本工具和手段。

初步设计的主要工作是完成点数表，流程是在需求分析和技术交流的基础上，首先确定每个房间或者区域的信息点位置和数量，然后制作和填写点数统计表。点数统计表的做法是先按照楼层，然后按照房间或者区域逐层逐房间地规划和设计网络数据、语音信息点数，再把每个房间规划的信息点数量填写到点数统计表对应的位置。每层填写完毕，就能统计出该层的信息点数，全部楼层填写完毕，就能统计出该建筑物的信息点数。

点数统计表能够准确和清楚地表示和统计出建筑物的信息点数量。点数统计表的格式见表5-3。

表5-3　点数统计表的格式

建筑物网络和语音信息点点数统计表													
	房间或者区域编号												
楼层编号	01		03		05		07		09		数据点数合计	语音点数合计	信息点数合计
	数据	语音	数据	语音	数据	语音	数据	语音	数据	语音			
18层	3		1		2		3		3		12		
		2		1		2		3		2		10	
17层	2		2		3		2		3		12		
		2		2		2		2		2		10	
16层	5		3		5		5		6		24		
		4		3		4		5		4		20	
15层	2		2		3		2		3		12		
		2		2		2		2		2		10	
合计											60		
												50	110

点数统计表的制作：利用Excel工作表软件进行，一般常用的表格格式为房间按照行表示，楼层按列表示。

第1行为设计项目或者对象的名称，第2行为房间或者区域名称，第3行为房间号，第4行为数据或者语音类别，其余行填写每个房间的数据或者语音点数量，为了清楚和方便统计，一般每个房间有两行，一行数据，一行语音。最后一行为合计数量。在点数统计表填写中，房间编号由大到小按照从左到右顺序填写。

第1列为楼层编号，填写对应的楼层编号，中间列为该楼层的房间号，为了清楚和方便统计，一般每个房间有两列，一列数据，一列语音。最后一列为合计数量。在填写点数统计表时，楼层编号由大到小按照从上往下的顺序填写。

在填写点数统计表时，从楼层的第一个房间或者区域开始，逐间分析需求和划分工作区，确认信息点数量和大概位置。在每个工作区首先确定网络数据信息点的数量，然后考虑电话语音信息点的数量，同时还要考虑其他控制设备的需要，例如，在门厅和重要办公室入口位置考虑设置指纹考勤机、门禁系统网络接口等。

扫描二维码观看《综合布线系统设计》视频，建议至少看3遍。

扫码看视频

5.2.6 概算

在初步设计的最后要给出该项目的概算，这个概算是指整个综合布线系统工程的造价概算。工程概算的计算公式如下：

工程造价概算=信息点数量×信息点的价格

例如，按照表5-3点数统计表统计的15～18层网络数据信息点数量为60个，每个信息点的造价按照200元计算时，该工程分项造价概算=60×200元=12 000元。

按照表5-3点数统计表统计的15～18层语音信息点数量为50个，每个信息点的造价按照100元计算时，该工程分项造价概算=50×100元=5000元。

每个信息点的造价概算中应该包括材料费、工程费、运输费、管理费、税金等全部费用。材料中应该包括机柜、配线架、配线模块、跳线架、理线环、网线、模块、底盒、面板、桥架、线槽、线管等全部材料及配件。

5.2.7 方案确认

初步设计方案主要包括点数统计表和概算两个文件，工作区子系统的信息点数量直接决定综合布线系统工程的造价，信息点数量越多，工程造价越高。工程概算的多少与选用产品的品牌和质量有直接关系，工程概算多时宜选用高质量的知名品牌，工程概算少时宜选用区域知名品牌。点数统计表和概算也是综合布线系统工程设计的依据和基本文件，因此必须经过用户确认。

用户确认的一般程序如下：

整理点数统计表→准备用户确认签字文件→用户交流和沟通→用户确认签字和盖章→

设计方签字和盖章→双方存档。

用户确认签字文件至少一式4份，双方各两份。设计单位一份存档，一份作为设计资料。

5.2.8 正式设计

用户确认初步设计方案和概算后，就开始进行正式设计。正式设计的主要工作为准确设计每个信息点的位置，确认每个信息点的名称或编号，核对点数统计表并最终确认信息点数量，为整个综合布线工程系统设计奠定基础。

1. 新建建筑物

国家标准GB 50311规定新建建筑物必须设计网络综合布线系统，因此建筑物的原始设计图中应有完整的初步设计方案和网络系统图。必须认真研究和读懂设计图，特别是与弱电有关的网络系统图、通信系统图、电气图等。

如果土建工程已经开始或者封顶，则必须到现场实际勘测，并且与设计图对比。

新建建筑物的信息点底盒必须暗埋在建筑物的墙面，一般使用金属底盒，很少使用塑料底盒。

2. 旧楼增加综合布线系统的设计

当旧楼增加综合布线系统时，设计人员必须到现场勘察，根据现场使用情况具体设计信息插座的位置、数量。

旧楼增加信息插座一般多为明装86系列插座。

3. 信息点安装位置

信息点的安装位置宜以工作台为中心进行设计，如果工作台靠墙布置，则信息插座一般设计在附近墙面，通过网络跳线直接与计算机连接。

如果工作台布置在房间的中间位置或者没有靠墙，则信息插座一般设计在工作台下面的地面，通过网络跳线直接与工作台上的计算机连接。在设计时必须准确估计工作台的位置，避免信息插座远离工作台。

如果是集中或者开放办公区域，信息点的设计应该以每个工位的工作台和隔断为中心，将信息插座安装在地面或者隔断上。目前市场销售的办公区隔断上大都预留有2个86×86系列信息插座和电源插座安装孔。新建项目选择在地面安装插座时，有利于一次完成综合布线，适合在办公家具和设备到位前综合布线工程竣工，也适合工作台灵活布局和随时调整，但是地面安装插座施工难度比较大，地面插座的安装材料费和工程费成本是墙面插座成本的10～20倍。对于已经完成地面铺装的工作区不宜设计地面安装方式。对于办公家具已经到位的工作区宜在隔断上安装插座，或根据家具位置设计信息插座安装位置。

在大门入口或者重要办公室门口宜设计门禁系统信息插座。

在公司入口或者门厅宜设计指纹考勤机、电子屏幕使用的信息插座。

在会议室主席台、发言席、投影机位置宜设计信息插座。

在各种大卖场的收银区、管理区、出入口宜设计信息插座。

4. 信息点面板

每个信息点面板的设计非常重要，首先必须满足使用功能需要，然后考虑美观，同时还要考虑费用成本等。

地弹插座面板一般为黄铜制造，只适合在地面安装。地弹插座面板一般都具有防水、防尘、抗压功能，使用时打开盖板，不使用时盖好盖板与地面高度相同。地弹插座有双口RJ-45、双口RJ-11、单口RJ-45+单口RJ-11组合等规格，外形有圆形的，也有方形的。地弹插座面板不能安装在墙面。

墙面插座面板一般为塑料制造，只适合在墙面安装，具有防尘功能，使用时打开防尘盖，不使用时防尘盖自动关闭。墙面插座面板有双口RJ-45、双口RJ-11、单口RJ-45+单口RJ-11组合等规格。墙面插座面板不能安装在地面，因为塑料结构容易损坏，而且不具备防水功能，灰尘和垃圾进入插口后无法清理。

信息插座底盒常见的有两个规格，适合墙面或者地面安装。墙面安装底盒为长86mm、宽86mm的正方形盒子，设置有2个M4螺孔，孔距为60mm，又分为暗装和明装两种，暗装底盒的材料有塑料和金属材质两种，暗装底盒外观比较粗糙；明装底盒外观美观，一般由塑料注塑。

地面安装底盒比墙面安装底盒大，为长100mm、宽100mm的正方形盒子，深度为55mm（或65mm），设置有2个M4螺孔，孔距为84mm，一般为暗装底盒，由金属材质一次冲压成形，表面电镀处理。面板一般为黄铜材料制成，常见有正方形和圆形两种，正方形的边长为120mm。

5. 信息点设计图

制作综合布线系统工作区信息点的设计图是综合布线系统设计的基础工作，直接影响工程造价和施工难度，大型工程中还会直接影响工期，因此工作区子系统信息点的设计工作非常重要。

在一般综合布线工程设计中，不会单独设计工作区信息点布局图，而是综合在网络系统图中。为了清楚地说明信息点的位置和设计的重要性，在5.3节将给出各种常见工作区信息点的位置设计图。

5.3 工作区子系统的设计实例

5.3.1 设计实例1 独立单人办公室信息点设计

设计独立单人办公室信息点布局时，信息插座可以设计在墙面或地面，如图5-2所示。

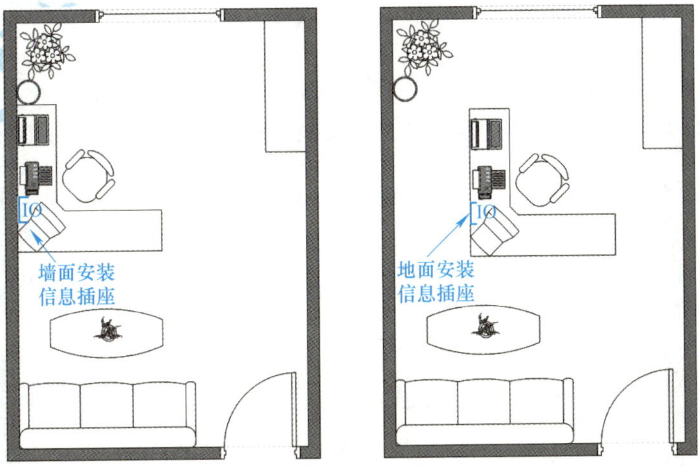

图5-2　独立单人办公室信息点设计图

说明：

1）设计单人办公室信息点时必须考虑设置数据点和语音点。

2）当办公桌设计靠墙摆放时，信息插座安装在墙面，底部离地面高度宜为300mm及以上。当办公桌摆放在中间时，信息插座使用地弹式地面插座，安装在地面。

3）办公室内安装设备有计算机、传真机、打印机等。

5.3.2　设计实例2　多人办公室信息点设计

设计多人办公室信息点布局时，信息插座可以设计在墙面或地面，如图5-3所示。

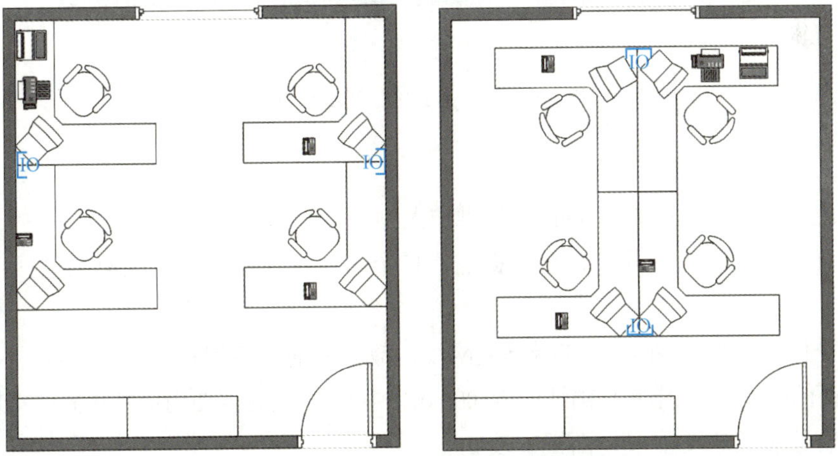

图5-3　多人办公室信息点设计图

说明：

1）设计多人办公室信息点时必须考虑设置多个数据点和语音点。

2）当办公桌设计靠墙摆放时，信息插座安装在墙面，底部离地面高度宜为300mm。当办公桌摆放在中间时，信息插座使用地弹式地面插座，安装在地面。

5.3.3 设计实例3 集中办公区信息点设计

设计集中办公区信息点布局时，必须考虑空间的利用率和便于办公人员工作等因素，进行合理设计，信息插座根据工位的摆放设计安装在墙面和地面，布局如图5-4所示。

图5-4 集中办公区信息点设计图

说明：

1）该集中办公环境面积为60m^2，可供17人办公。

2）设计34个信息点，其中17个数据点，17个语音点。每个信息插座上包括1个数据、1个语音。

3）每个信息点敷设2根4—UTP超5类网线，数据和语音各用1根超5类网线。

4）墙面的9个信息插座底部离地面为300mm。中间8个信息点使用地弹式插座安装在地面。

5）所有信息插座使用双口面板安装。

6）所有布线使用穿线管暗埋敷设。

5.3.4 设计实例4 会议室信息点设计

一般设计会议室的信息点时，在讲台处至少设计1个信息点，便于设备的连接和使用。在会议室墙面的四周也可以考虑设计一些信息点，如图5-5所示。

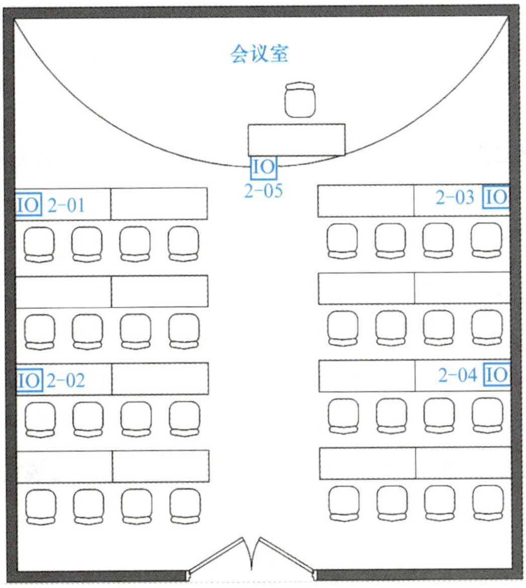

图5-5　会议室信息点设计图

5.3.5　设计实例5　学生宿舍信息点设计

在设计学生公寓时，要考虑信息点的布局，如果学校学生公寓每个房间供4人住宿，则每个房间设计4个网络信息点。同时为了便于信息点的开通和今后的维护，必须对房间编号，进而对缆线编号，如图5-6所示。信息点的编号一般是根据房间的编号编制的，编号原则：房间号—线号，例如，101房间101—1、101—2、101—3、101—4。

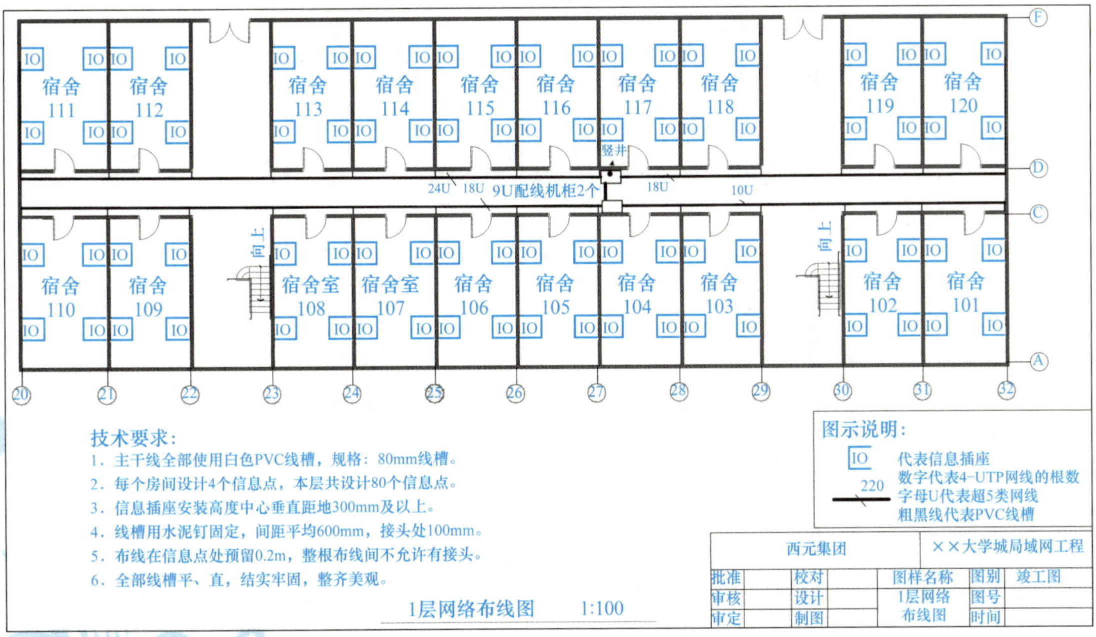

图5-6　某高校学生公寓信息点设计图

同时根据学校对学生宿舍的规划、房间家具的摆放，合理地设计信息插座位置。一般高校学生宿舍床铺的下部为学习、生活区，安装有课桌和衣柜等，上部为床。这样就要根据床和课桌的位置安装信息插座，如图5-7所示。

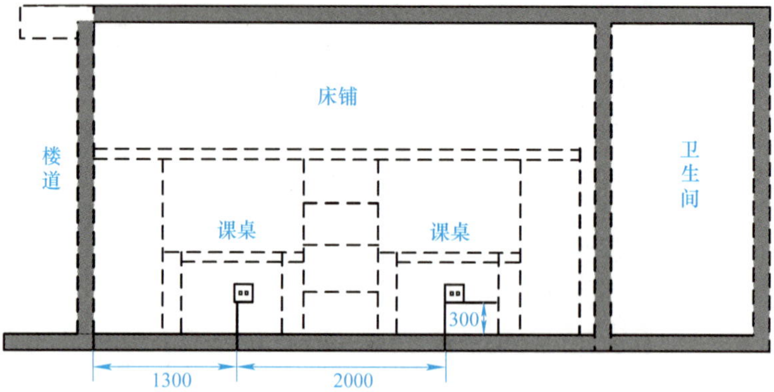

图5-7　某高校学生宿舍信息插座位置设计

5.3.6　设计实例6　超市信息点设计

一般在大型超市的综合布线设计中，主要信息点集中在收银区和管理区，选购区设置很少的信息点，如图5-8所示。如果不能确定其用途和布局，则可以在建筑物的墙面和柱子上设置一定数量的信息插座，以便今后使用。收银区地面插座必须安装具有防水、抗压、防尘的120系列铜质地弹插座，墙面安装86系列塑料面板插座，信息插座底部距离地面高度宜为300mm及以上。

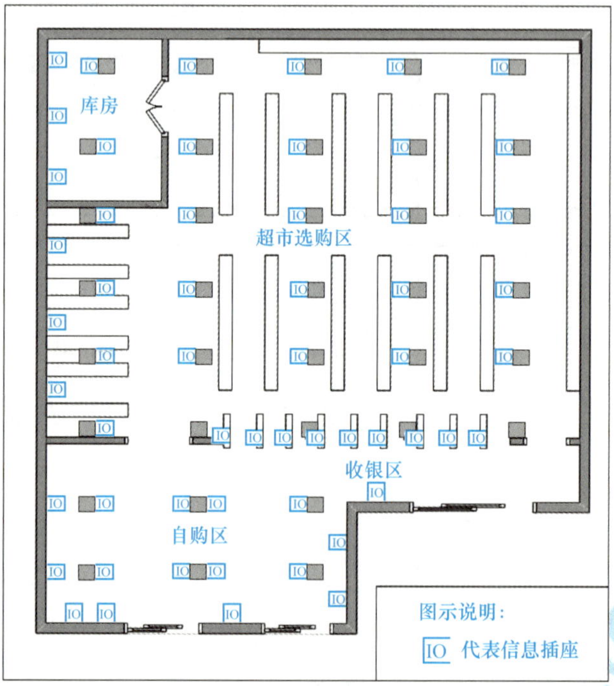

图5-8　某超市信息点的设计

5.4 工作区子系统的工程技术

5.4.1 标准要求

GB 50311《综合布线系统工程设计规范》的第7章对工作区的安装工艺提出了具体要求。安装在地面上的接线盒应防水和抗压，安装在墙面或柱子上的信息插座底盒、多用户信息插座盒及集合点配线箱体的底部离地面的高度宜为300mm。每个工作区宜配置不少于两个220V交流电源插座，电源插座应选用带保护接地的单相电源插座，保护接地与零线应严格分开。

5.4.2 信息点安装位置

教学楼、学生公寓、实验楼、住宅楼等不需要进行二次区域分割的工作区，信息点宜设计在非承重的隔墙上，宜在设备使用位置或者附近。

写字楼、大厅等需要进行二次分割和装修的区域，宜在四周墙面设置，也可以在中间的立柱上设置，要考虑二次隔断和装修时扩展的方便性和美观性。大厅、展厅、商业收银区在设备安装区域的地面宜设置足够多的信息插座。墙面插座底盒下沿距离地面高度为300mm及以上，地面插座底盒低于地面。

学生公寓等信息点密集的隔墙，宜在隔墙两面对称设置。

银行营业大厅的对公区、对私区和ATM自助区信息点的设置要考虑隐蔽性和安全性，特别是离行式ATM机的信息插座不能暴露在客户区。

指纹考勤机、门禁系统信息插座的高度宜参考设备的安装高度进行设置。

5.4.3 底盒安装

网络信息插座底盒按照材料一般分为金属底盒和塑料底盒；按照安装方式一般分为暗装底盒和明装底盒；按照配套面板规格分为86系列和120系列。

在墙面安装86系列面板时，配套的底盒有明装和暗装两种。明装底盒经常在改扩建工程墙面明装方式布线时使用，一般为白色塑料盒，外形美观，表面光滑，外形尺寸比面板稍小一些，长和宽均为84mm，深为36mm，底板上有两个直径为6mm的安装孔，用于将底座固定在墙面，正面有两个M4螺孔，用于固定面板，侧面预留有上、下进线孔，如图5-9a所示。

暗装底盒一般在新建项目和装饰工程中使用，暗装底盒常见的有金属和塑料两种。塑料底盒一般为白色，一次注塑成形，表面比较粗糙，外形尺寸比面板小一些。常见尺寸为长和宽均为80mm，深为50mm；5个面都预留有进出线孔，方便进出线；底板上有两个安装孔，用于将底座固定在墙面；正面有两个M4螺孔，用于固定面板，如图5-9b所示。

金属底盒一般一次冲压成形，表面都进行电镀处理，避免生锈，尺寸与塑料底盒基本相同，如图5-9c所示。

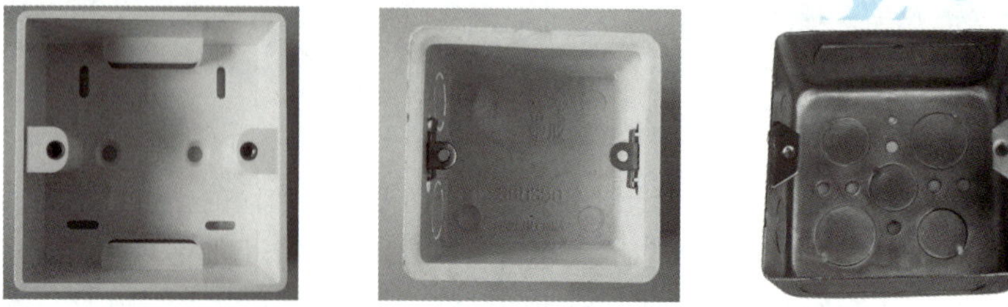

a）　　　　b）　　　　c）

图5-9　底盒

a）明装底盒　b）暗装塑料底盒　c）暗装金属底盒

暗装底盒只能安装在墙面或者装饰隔断内，安装面板后就隐蔽起来了。施工中不允许把暗装底盒明装在墙面上。

暗装塑料底盒一般在土建工程施工时安装，直接与穿线管端头连接，固定在建筑物墙内或者立柱内，外沿低于墙面10mm，距离地面高度为300mm或者按照施工图规定高度安装。底盒安装好以后，必须用螺钉或者水泥砂浆固定在墙内，如图5-10所示。

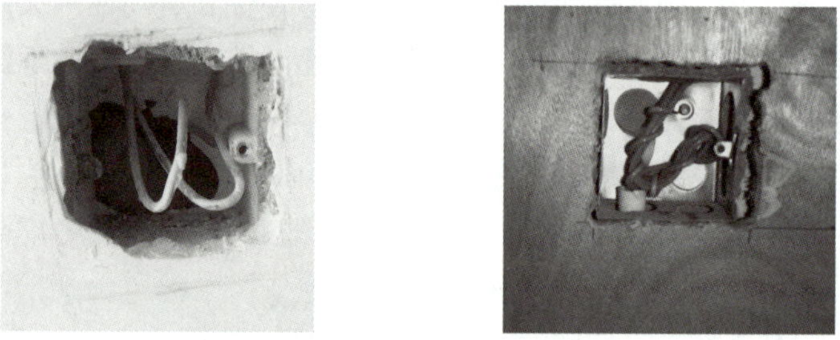

图5-10　墙面暗装底盒

需要在地面安装网络插座时，盖板必须具有防水、抗压和防尘功能，一般选用120系列金属面板，配套的底盒宜选用金属底盒，一般金属底盒比较大，常见规格为长和宽均为100mm，中间有两个固定面板的螺孔，5个面都预留有进出线孔，方便进出线，如图5-11所示。地面金属底盒安装后一般应低于地面10～20mm，注意这里的地面是指装修后的地面。

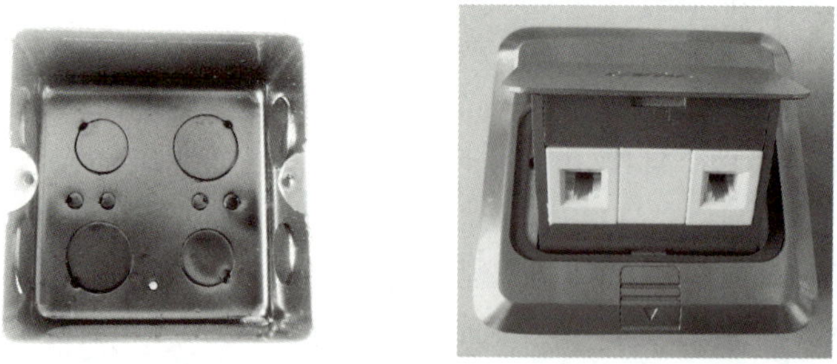

图5-11　地面暗装底盒、信息插座

在扩建、改建和装饰工程安装网络面板时，为了美观，一般宜采取暗装底盒，必要时要在墙面或者地面进行开槽安装，如图5-12所示。

各种底盒安装时，一般按照下列步骤进行：

1）目视检查产品的外观是否合格：特别检查底盒上的螺孔是否正常，如果其中有一个螺孔损坏，则坚决不能使用。

2）去掉底盒挡板：根据进出线方向和位置去掉底盒预设孔中的挡板。

3）固定底盒：明装底盒按照设计要求用膨胀螺钉直接固定在墙面上，如图5-13所示。暗装底盒首先使用专门的管接头把穿线管和底盒连接起来，这种专用接头的管口有圆弧，既方便穿线又能保护缆线不被划伤或者损坏。然后用膨胀螺钉或者水泥砂浆固定底盒。

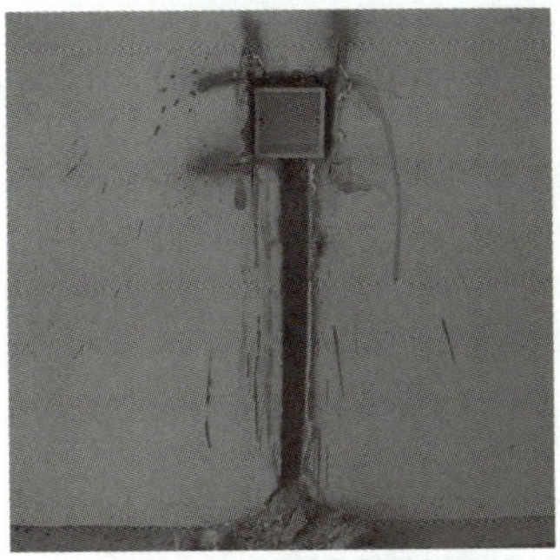

图5-12　装修墙面暗装底盒

图5-13　装修墙面明装底盒

4）成品保护：暗装底盒一般在土建过程中进行，因此在底盒安装完毕后，必须进行成品保护，特别是安装螺孔，防止水泥砂浆灌入螺孔或者穿线管内。一般做法是在底盒螺孔和管口塞纸团，也有用胶带纸保护螺孔的做法。

5.4.4　模块安装

数据模块和语音模块的安装方法基本相同，一般安装顺序如下：

准备材料和工具→清理和标记→剪掉多余线头→剥线→压线→压防尘盖。

1）准备材料和工具：在每天开工前进行，必须一次领取半天工作需要的全部材料和工具，主要包括数据模块、语音模块、标记材料、剪线工具、压线工具、工作小凳等。半天施工需要的全部材料和工具装入一个工具箱（包）内，随时携带，不要在施工现场随地乱放。

2）清理和标记：清理和标记非常重要。在实际工程施工中，一般底盒安装和穿线较长时间后才能开始安装模块，因此安装前首先清理底盒内堆积的水泥砂浆或者垃圾，然后将双绞线从底盒内轻轻取出，清理表面的灰尘并重新做编号标记，标记位置距离管口60～80mm，注意做好新标记后才能取消原来的标记。

3）剪掉多余线头：剪掉多余线头是必须的，因为在穿线施工中双绞线的端头进行了捆扎或者缠绕，管口预留也比较长，双绞线的内部结构可能已经被破坏，一般会在安装模块前剪掉多余部分的长度，留出100～120mm用于压接模块或者检修。

4）剥线：首先使用专业剥线器剥掉双绞线的外皮，剥掉双绞线外皮的长度为15mm，特别注意不要损伤线芯和线芯绝缘层。

5）压线：剥线完成后按照模块结构将8芯线分开，逐一压接在模块中。压接方法必须正确，一次压接成功。

6）压防尘盖：模块压接完成后，将模块卡接在面板中，然后立即安装面板。如果压接模块后不能及时安装面板，则必须对模块进行保护。一般做法是在模块上套一个塑料袋，避免土建墙面施工污染。

安装模块过程如图5-14所示。

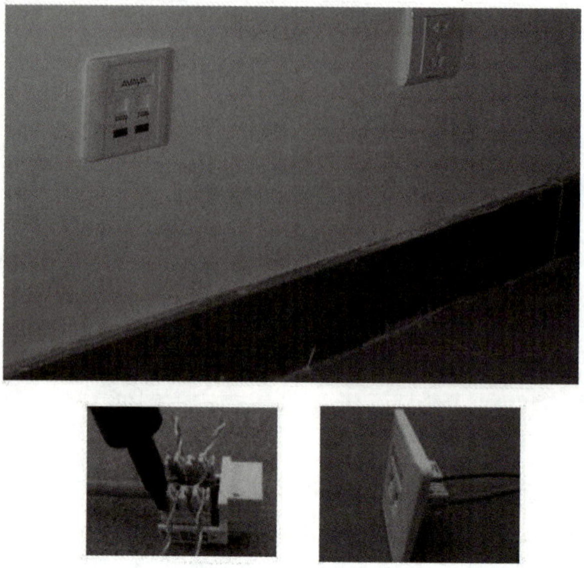

图5-14　做好线标和压接好模块的土建暗装底盒

明装底盒和安装模块如图5-15所示。

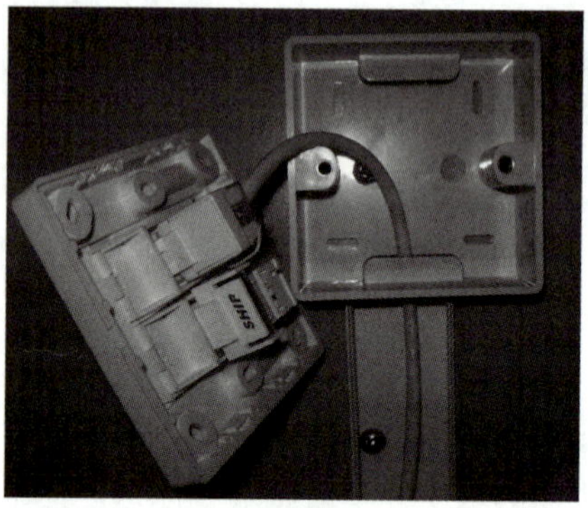

图5-15　压接好模块的墙面明装底盒

5.4.5　面板安装

面板安装是信息插座安装的最后一道工序，一般应该在端接模块后立即进行，以保护模块。安装时将模块卡接到面板接口中。如果双口面板上有网络和电话插口标记，则按照标记口位置安装。如果双口面板上没有标记，则宜将网络模块安装在左边、电话模块安装在右边，并且在面板表面做好标记。

5.5 工作区子系统的工程技术实训项目

5.5.1 实训项目1 工作区点数统计表制作实训

【实训目的】

1）通过完成工作区信息点数量统计表项目实训，掌握各种工作区信息点位置和数量的设计要点和统计方法。

2）熟练掌握信息点点数统计表的设计和应用方法。

3）掌握项目概算方法。

4）训练制作工程数据表格的能力。

【实训要求】

1）完成一个多功能智能化建筑的综合布线系统工程信息点的设计。

2）使用Excel工作表软件完成点数统计表。

3）完成工程概算。

实训模型1：

一栋18层的建筑物可能会有这些用途：地下2层为空调机组等设备安装层，地下1层为停车场，1、2层为商场，3、4层为餐厅，5～10层为写字楼，11～18层为宾馆。

给出可以进行点数统计的必要条件，注意设置一些变化原因。

实训模型2：

一栋7层研究大楼给出可以进行点数统计的必要条件，注意设置一些变化原因。

实训模型3：

学生比较熟悉的教学楼或者宿舍楼。

【实训步骤】

1）分析项目用途，归类。例如，教学楼、宿舍楼、办公楼等。

2）工作区分类和编号。

3）制作点数统计表。

4）填写点数统计表。

5）编制工程概算。

【实训报告】

1）完成信息点的命名和编号。

2）掌握点数统计表的制作方法，计算出全部信息点的数量和规格。

3）完成工程概算。

4）基本掌握Excel工作表软件在工程技术中的应用。

5）总结实训经验和方法。

5.5.2 实训项目2 网络插座的安装实训

【实训目的】

1）通过设计工作区信息点的位置和数量，熟练掌握工作区子系统的设计和点数统计表的制作。

2）通过信息插座的安装，熟练掌握工作区信息点的施工方法。

3）通过核算、列表、领取材料和工具，训练规范施工的能力。

【实训要求】

1）设计一种多人办公室信息点的位置和数量，并且绘制设计图。

2）按照设计图核算实训材料规格和数量，掌握工程材料核算方法，列出材料清单。

3）按照设计图准备实训工具，列出实训工具清单。

4）独立领取实训材料和工具。

5）独立完成工作区信息点的安装。

【实训材料和工具】

1）86系列明装塑料底盒和螺钉若干。

2）单口面板、双口面板和螺钉若干。

3）RJ-45网络模块+RJ-11电话模块若干。

4）网络双绞线若干。

5）十字螺丝刀，长度150mm，用于固定螺钉，一般每人1把。

6）压线钳，用于压接RJ-45网络模块和RJ-11电话模块，一般每人1把。

【实训设备】

ICT工程技术实训平台，产品型号为XYICT—443，数量3套，如图5-16所示。扫码观看高清彩色图片，掌握实训平台更多技能训练应用场景。

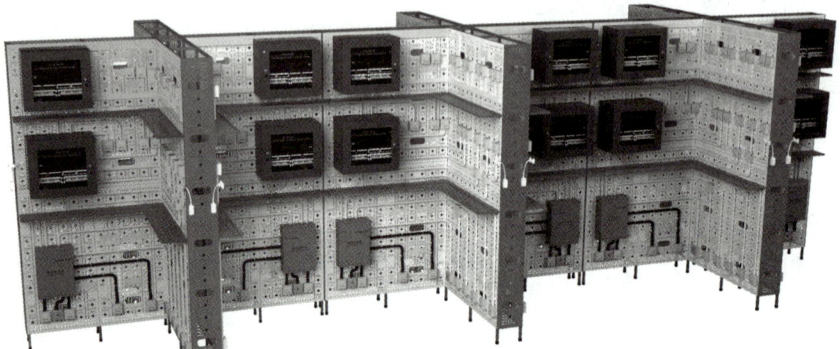

扫码看彩图

图5-16　ICT工程技术实训平台

该实训平台为“十”字形结构，每套有4个模块、4个工位，分为3层结构，3套共有12个角区域，模拟12个工位，满足12组学生同时进行12个工作区子系统的实训。实训平台上预制有螺孔和手孔等，能够进行万次以上的实训。

为了提高教学实训效率，掌握关键技术技能，该平台配置下列磁吸知识牌，知识牌以数实融合理念设计，通过扫码观看知识牌链接的技术技能、实训项目要求和实训指导视频等专业教学实训资源，在做中学、学中做。

301 网络跳线制作技能训练
302 网络模块端接技能训练
303 网络配线架端接技能训练
304 信息插座安装技能训练
305 110型通信跳线架端接技能训练
306 语音配线架端接技能训练
307 配线子系统安装技能训练（PVC穿线管）
308 配线子系统安装技能训练（PVC线槽类）
309 屏蔽水晶头端接技能训练
310 屏蔽模块端接技能训练
311 语音模块端接技能训练
312 光纤连接器认知与安装技能训练

【实训步骤】

1）设计工作区子系统。3或4人组成一个项目组，选举项目负责人，每人设计一种工作区子系统，并且绘制施工图，集体讨论后由项目负责人指定一种设计方案进行实训。

2）按照设计图，列出材料清单并且领取材料。

3）根据实训需要，列出工具清单并且领取工具。

4）安装底盒。按照设计图样规定位置用M6×12螺钉把底盒固定在实训平台的墙面上。

5）穿线和端接模块。按照设计图样，首先安装线槽或线管，然后穿线，最后端接模块。

6）安装面板和标记。

完成以上步骤，即完成网络插座的安装，如图5-17所示。

在安装过程中，请扫描该平台配套的“304知识牌”，掌握信息插座安装的关键技术技能。

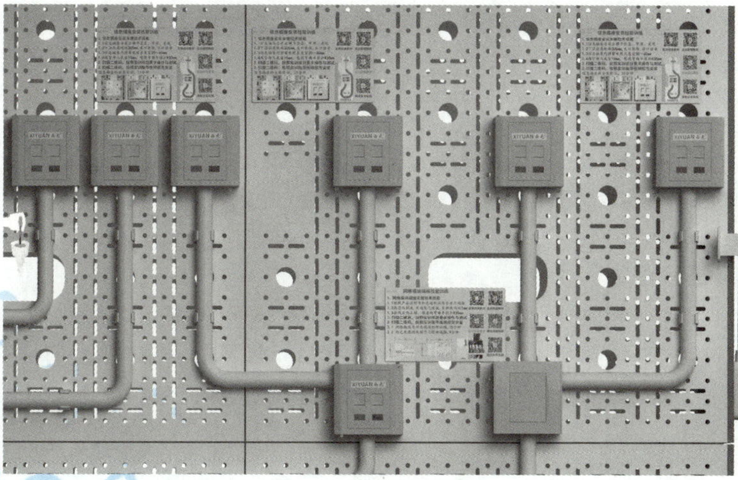

图5-17　网络插座的安装

304知识牌

【实训报告】

1）完成一个工作区子系统设计图。

2）以表格形式写清楚实训材料和工具的数量、规格、用途。

3）分步陈述实训程序或步骤以及安装注意事项。

4）总结实训体会和操作技巧。

扫描二维码观看《综合布线工程技术实训教学片》视频。

扫码看视频

5.6 工程经验

1. 工程经验一 模块和面板的安装时间

在工作区子系统模块、面板安装后，遇到过破坏和丢失的情况，究其原因是在建筑土建还没有进行室内粉刷就先将模块、面板安装到位了，土建在粉刷的时候可能将面板破坏或取走。所以在安装模块和面板时一定要等土建将建筑物内部墙面粉刷结束后，再安排施工人员到现场进行信息模块的安装。

2. 工程经验二 准备长螺钉

安装面板的时候，由于土建工程中埋设底盒的深度不一致，面板上配套的螺钉长度有时会太短了，需要另外准备一些长一点的螺钉（一般配50mm长的螺钉就可以了），以免耽误工程施工的进度。

3. 工程经验三 轻松安装

在安装信息点数量比较多、安装位置统一的情况下，例如，学院后勤区学生公寓内安装信息插座，一个房间安装4个，每个插座上有数据点和语音点，同时由于信息插座安装位置比较低，施工人员需要长时间蹲下工作，可以携带小马扎，这样能减轻施工人员的体力损耗、提高工作效率。

4. 工程经验四 携带工具

在施工过程中经常会遇到少带工具的情况，所以在安装信息插座时，根据不同的情况，需要携带配套的使用工具。

（1）在新建建筑物中施工

1）安装模块时，需要携带的材料有信息模块、标签纸、签字笔或钢笔、透明胶带或专用编号线圈。工具有斜口钳、剥线器、打线刀。

2）安装面板时，需要携带的材料有面板、标签。工具有十字螺丝刀。

（2）在已建成的建筑物中施工

信息插座的底盒、模块和面板是同时安装的，需要携带的材料有明装底盒、信息模块、面板、标签纸、签字笔或钢笔、透明胶带或专用编号线圈、木楔子。工具有电锤、钻头、斜口钳、十字螺丝刀、剥线器、双用网络钳、打线刀。

5. 工程经验五 标签

在安装模块和面板时，有时忘记在面板上做标签，给以后开通网络造成麻烦，所以在完成信息插座安装后，在面板上一定要做好标签标识，内外必须一致，便于以后网络的开通使用和维护。

6. 工程经验六　成品保护

暗装底盒一般由土建在建设中安装，因此在底盒安装完毕后，必须进行保护，防止水泥砂浆灌入穿线管内，同时对安装螺孔也要进行保护，避免破坏。一般是在底盒内塞纸团，也有用胶带纸保护螺孔的做法。

模块压接完成后，将模块卡接在面板中，然后立即安装面板。如果压接模块后不能及时安装面板，则必须对模块进行保护，一般做法是在模块上套一个塑料袋，避免土建在墙面施工时对模块的污染和损坏。

5.7 全国职业院校技能大赛中职组“网络综合布线技术”竞赛分析

1. 信息点点数统计表设计

请根据图5-18所示的网络综合布线工程示意图，编写网络信息点数量统计表。

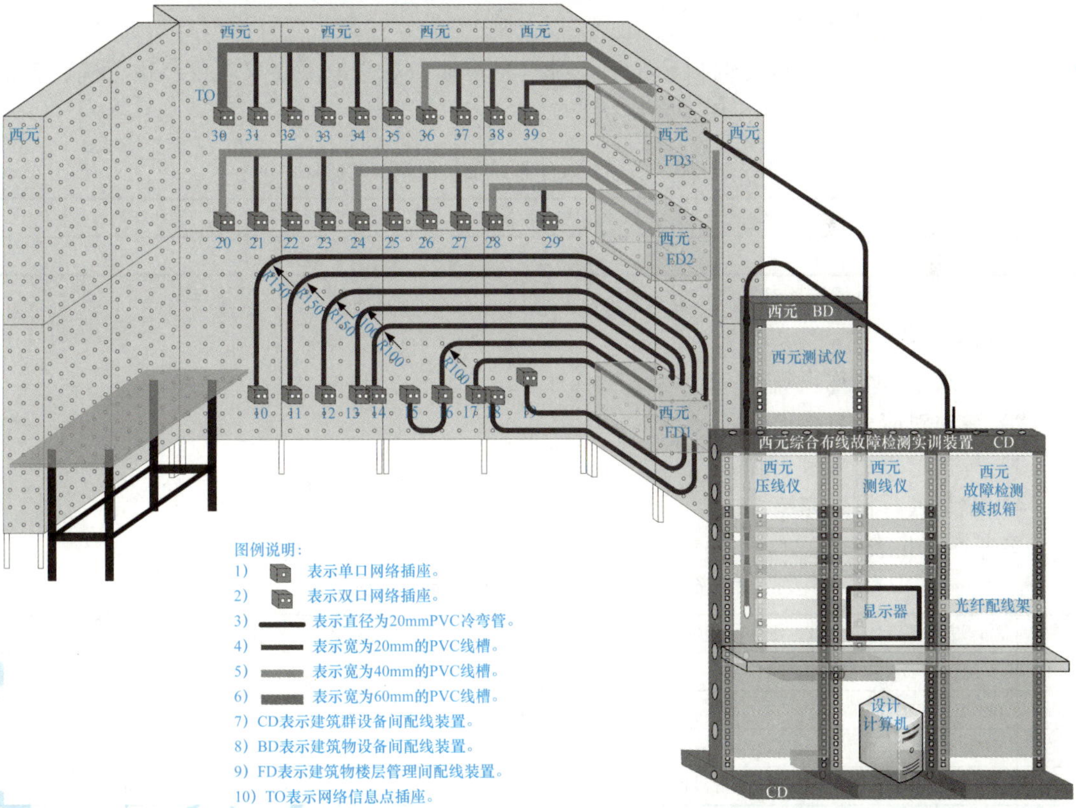

图5-18　网络综合布线工程示意图

要求项目名称准确、表格设计合理、数量正确、说明完整、日期和机位号正确。

评判要点：

1）表格设计合理。

2）数量正确。

3）说明完整。

4）编制人、日期完整。

参考答案见表5-4。

表5-4　××项目网络信息点数量统计表

楼 层 编 号	×0	×1	×2	×3	×4	×5	×6	×7	×8	×9	信息点合计
	TO	TO	TO	TO	TO	TO	TO	TO	TO	TO	TO
3层	2	2	2	2	2	2	2	2	2	1	19
2层	2	2	2	2	2	2	2	2	2	2	20
1层	2	2	2	2	2	2	1	1	2	2	18
合计											57

说明：

1）本建筑共有3层，设计网络信息点57个，其中第1层18个、第2层20个、第3层19个。

2）表中×代表楼层数，如第3层第6个房间为35房间。

编制人：××（只能签署参赛机位号）　　　　日期：××××年××月××日

2. 编制端口对应表

按照图5-18和表5-5格式编制配线子系统信息点端口对应表。要求项目名称正确、表格设计合理、信息点编号正确、日期和机位号完整。

表5-5　××项目配线子系统信息点端口对应表

序号	信息点编号	插座底盒编号	楼层机柜编号	配线架编号	配线架端口编号
1					

编制人：××（只能签署参赛机位号）　　　　日期：××××年××月××日

评判要点：

1）要求项目名称正确。

2）端口对应表名称正确。

3）每个信息点编号正确。

4）编制人、日期完整。

参考答案见表5-6。

表5-6　FD1配线子系统信息点端口对应表

序号	信息点编号	插座底盒编号	楼层机柜编号	配线架编号	配线架端口编号
1	10-1-FD1-1-1	10	FD1	1	1
2	10-2-FD1-1-2	10	FD1	1	2
3	11-1-FD1-1-3	11	FD1	1	3
4	11-2-FD1-1-4	11	FD1	1	4
5	12-1-FD1-1-5	12	FD1	1	5
6	12-2-FD1-1-6	12	FD1	1	6
7	13-1-FD1-1-7	13	FD1	1	7

（续）

序号	信息点编号	插座底盒编号	楼层机柜编号	配线架编号	配线架端口编号
8	13-2-FD1-1-8	13	FD1	1	8
9	14-1-FD1-1-9	14	FD1	1	9
10	14-2-FD1-1-10	14	FD1	1	10
11	15-1-FD1-1-11	15	FD1	1	11
12	15-2-FD1-1-12	15	FD1	1	12
13	16-FD1-1-13	16	FD1	1	13
14	17-FD1-1-14	17	FD1	1	14
15	18-1-FD1-1-15	18	FD1	1	15
16	18-2-FD1-1-16	18	FD1	1	16
17	19-1-FD1-1-17	19	FD1	1	17
18	19-2-FD1-1-18	19	FD1	1	18

编制人：××　　　　日期：××××年××月××日

FD1共18个信息点。

3. 工作区信息插座的安装

按照图5-18所示的位置，完成10～19、20～29、30～39网络插座信息点的安装，要求位置正确，按照端口对应表编号，把工作区信息点标记清楚。

评判要点：

1）底盒、面板、盖板安装正确。

2）安装位置正确、端正。

3）模块卡装到位。

4）链路测试正确。

竞赛作品如图5-19所示。

图5-19　竞赛作品

习　　题

请扫描二维码下载第5章习题，按照教师安排按时完成。

习题

第6章

水平子系统工程技术

水平子系统实现工作区信息插座与管理间子系统的连接，是综合布线系统的重要组成部分。本章将详细介绍综合布线系统工程中水平子系统的基本结构、设计原则与工程技术，并给出水平子系统设计实例。

知识目标：熟悉水平子系统的基本结构和设计原则等知识，掌握设计步骤、需求分析、规划与设计方法等知识。

技能目标：掌握水平子系统的设计流程与施工方法，训练规范施工的能力。

素养目标：培养集智攻关、团结协作的团队精神，合理使用材料，提质增效，推动绿色发展和绿色生活。

6.1 水平子系统的基本结构

水平子系统是综合布线结构的重要部分，它将垂直子系统线路延伸到用户工作区，实现信息插座和管理间子系统的连接，包括工作区与楼层配线间之间的所有电缆、信息插座、插头、端接水平传输介质的配线架、跳线架、跳线缆线及附件。

6.1.1 水平子系统的布线基本要求

水平子系统分布于智能大厦的各个角落，相对于垂直子系统而言，水平子系统一般安装得十分隐蔽。在智能大厦交工后，更换和维护水平缆线的费用很高，技术要求也很高。如果经常对水平缆线进行维护和更换，则会影响大厦内用户的正常工作，严重的就要中断用户的通信系统。由此可见，水平子系统的管路敷设、缆线选择将成为综合布线系统中重要的组成部分。

水平布线应采用星形拓扑结构，每个工作区的信息插座都要和管理间相连。每个工作区一般需要提供语音和数据两种信息插座。

6.1.2 水平子系统设计应考虑的几个问题

1）水平子系统应根据楼层用户类别及要求确定每层的信息点数，在确定信息点数量及位置时，应考虑终端设备可能产生的移动、修改、重新安排，以便于对一次性建设和分期建设的方案选定。

2）当工作区为开放式大密度办公环境时，宜采用区域式布线方法，即从FD楼层配线设备上将多对数电缆布至办公区域，根据实际情况采用合适的布线方法，也可通过集合点（CP）将线引至信息点（TO）。

3）配线电缆宜采用8芯非屏蔽双绞线，语音口和数据口宜采用5类、超5类或6类双绞线，以增强系统的灵活性；对高速率应用场合，宜采用多模光纤，每个信息点的光纤宜为4芯。

4）信息点应为标准的RJ-45型插座，并与缆线类别相对应，多模光纤插座宜采用SC接插形式。要求屏蔽的场合，插座必须有屏蔽措施。

5）水平子系统可采用吊顶上、地毯下、暗管、地槽等方式布线。

6）信息点面板应采用标准面板。

6.2 水平子系统的设计原则

6.2.1 设计步骤

水平子系统设计的步骤：首先进行需求分析，与用户进行充分的技术交流并了解建筑物用途，然后认真阅读建筑物图纸，确定工作区子系统信息点位置和数量，完成点数表。其次进行初步规划和设计，确定每个信息点的水平布线路径。最后确定布线材料规格和数量，列出材料规格和数量统计表。一般工作流程如下：

需求分析→技术交流→阅读建筑物图纸→规划和设计→制作设计图→材料概算和统计表制作。

6.2.2 需求分析

需求分析是综合布线系统设计的首项重要工作，水平子系统是综合布线系统工程中最大的一个子系统，使用的材料最多、工期最长、投资最大，也直接决定每个信息点的稳定性和传输速度。需求分析主要涉及布线距离、布线路径、布线方式和材料的选择，对后续水平子系统的施工是非常重要的，也直接影响综合布线系统工程的质量、工期，甚至影响最终工程造价。

建筑物每个楼层的使用功能往往不同，甚至同一个楼层不同区域的功能也不同，有多种用途和功能，这就需要针对每个楼层，甚至每个区域进行分析和设计。例如，地下停车场、商场、餐厅、写字楼、宾馆等楼层信息点的水平子系统有非常大的区别。

需求分析首先按照楼层进行分析，分析每个楼层的管理间到信息点的布线距离、布线路径，逐步明确和确认每个工作区信息点的布线距离和路径。

6.2.3 技术交流

在进行需求分析后，要与用户进行技术交流，这是非常必要的。由于水平子系统往往覆盖每个楼层的立面和平面，布线路径也经常与照明线路、电气设备线路、电器插座、消防管路、暖气或者空调管路有多次交叉或者并行，因此不仅要与技术负责人交流，也要与项目或者行政负责人进行交流。

6.2.4 阅读建筑物图纸

索取和认真阅读建筑物设计图纸是不能省略的程序，通过阅读建筑物图纸掌握建筑物的土建结构、强电路径、弱电路径，特别是主要电气设备和电源插座的安装位置，重点掌握在综合布线路径上的电气设备、电源插座、暗埋管线等。在阅读图纸时，进行记录或者标记，正确处理水平子系统布线与电路、水路、气路和电气设备的直接交叉或者路径冲突问题。

6.2.5 规划和设计

1. 水平子系统缆线的布线距离规定

按照GB 50311的规定，水平子系统属于配线子系统，对于缆线的长度做了统一规定，配线子系统各缆线长度应符合图6-1的划分，并应符合下列要求：

1）配线子系统信道的最大长度不应大于100m。其中水平缆线长度不大于90m，一端工作区设备连接跳线不大于5m，另一端管理间或设备间的跳线不大于5m，如果两端的跳线之和大于10m，则水平缆线长度（90m）应适当减少，保证配线子系统信道最大长度不大于100m。

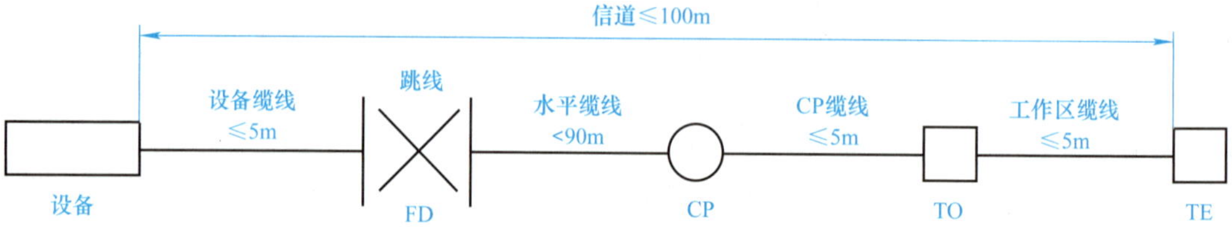

图6-1 配线子系统缆线长度划分

2）信道总长度不应大于2000m。信道总长度包括综合布线系统水平缆线和建筑物主干缆线及建筑群主干缆线三部分之和。此条规定是针对建筑群应用范围而言的。

3）建筑物或建筑群配线设备（FD与BD、FD与CD、BD与BD、BD与CD）之间组成的信道出现4个连接器件时，主干缆线的长度不应小于15m。

2. 开放型办公室布线系统长度的计算

对于商用建筑物或公共区域大开间的办公楼、综合楼等场地，由于其使用对象数量的不确定性和流动性等因素，宜按开放办公室综合布线系统要求进行设计，并应符合下列规定。

采用多用户信息插座时，每一个多用户插座包括适当的备用量在内，宜能支持12个工作区所需的8位模块通用插座。各段缆线长度可按表6-1选用。

表6-1 各段缆线长度限值

电缆总长度H/m	24号线规（AWG）		26号线规（AWG）	
	W/m	C/m	W/m	C/m
90	5	10	4	8
85	9	14	7	11
80	13	18	11	15
75	17	22	14	18
70	22	27	17	21

也可按下式计算：

$$C=(102-H)/(1+D)$$

$$W=C-T$$

式中 C——工作区设备电缆、电信间跳线及设备电缆的总长度；

H——水平电缆的长度，$(H+C)\leqslant 100\text{m}$；

T——电信间内跳线和设备电缆长度；

W——工作区设备电缆的长度；

D——调整系数。

对于24号线规，D为0.2；对于26号线规，D为0.5。

3. CP（集合点）的设置

在水平布线系统施工中，如果需要增加CP，则同一个水平电缆上只允许一个CP集合点，而且CP集合点与FD配线架之间水平缆线的长度应大于15m。

CP的端接模块或者配线设备应安装在墙体或柱子等建筑物固定的位置，不允许随意放置在线槽或者穿线管内，更不允许暴露在外边。

CP只允许在实际布线施工中应用，规范了电缆端接方法，适合解决布线施工中个别电缆穿线困难时的中间接续，但应尽量避免出现CP。在前期项目设计中不允许出现CP。

4. 管道缆线的布放根数

在水平布线系统中，缆线必须安装在线槽或者穿线管内。

在建筑物墙面或者地面内暗设布线时，一般选择穿线管，不允许使用线槽。

在建筑物墙面明装布线时，一般选择线槽，很少使用穿线管。

选择线槽时，建议宽高之比为2:1，这样布出的线槽较为美观。

选择穿线管时，建议使用满足布线根数需要的最小直径穿线管，这样能够降低布线成本。

缆线布放在管与线槽内的管径与截面利用率，应根据不同类型的缆线做不同的选择。管内穿放大对数电缆或4芯以上光缆时，直线管路的管径利用率应为50%～60%，弯管路的管径利用率应为40%～50%。管内穿放4对对绞电缆或4芯光缆时，截面利用率应为25%～35%。布放缆线在线槽内的截面利用率应为30%～50%。

常规通用线槽内布放缆线的最大条数可以按照表6-2选择。

表6-2 线槽规格型号与容纳双绞线最多条数

线槽/桥架类型	线槽/桥架规格/mm	容纳双绞线最多条数	截面利用率
PVC	20×10	2	30%
PVC	25×12.5	4	30%
PVC	30×16	7	30%
PVC	39×18	12	30%
金属、PVC	50×22	18	30%
金属、PVC	60×30	23	30%
金属、PVC	75×50	40	30%
金属、PVC	80×50	50	30%
金属、PVC	100×50	60	30%
金属、PVC	100×80	80	30%
金属、PVC	150×75	100	30%
金属、PVC	200×100	150	30%

常规通用穿线管内布放缆线的最大条数可以按照表6-3选择。

表6-3 穿线管规格型号与容纳的双绞线最大条数

穿线管类型	穿线管规格/mm	容纳双绞线最大条数	截面利用率
PVC、金属	16	2	30%
PVC	20	3	30%
PVC、金属	25	5	30%
PVC、金属	32	7	30%
PVC	40	11	30%
PVC、金属	50	15	30%
PVC、金属	63	23	30%
PVC	80	30	30%
PVC	100	40	30%

槽（管）大小选择的计算方法及槽（管）可放缆线的条数计算如下：

1）缆线截面积计算。网络双绞线按照线芯数量划分，有4对、25对、50对等多种规格，按照用途可分为屏蔽和非屏蔽等规格。但是综合布线系统工程中最常见和应用最多的是4对双绞线，由于不同厂家生产的缆线外径不同，下面按照缆线直径为6mm来计算双绞线的截面积。

$$S = d^2 \times 3.14/4$$
$$= 6^2 \times 3.14/4 \text{ mm}^2$$
$$= 28.26 \text{ mm}^2$$

式中 S——双绞线截面积；

d——双绞线缆线直径。

2）穿线管截面积计算。穿线管规格一般用外径表示，穿线管内布线容积截面积应该按照穿线管的内直径计算。以管径25mm PVC穿线管为例，管壁厚1mm，管内部直径为23mm，其截面积计算如下：

$$S = d^2 \times 3.14/4$$
$$= 23^2 \times 3.14/4 \text{ mm}^2$$
$$= 415.265 \text{ mm}^2$$

式中 S——穿线管截面积；

d——穿线管的内直径。

3）线槽截面积计算。线槽规格一般用外部长度和宽度表示，线槽内布线容积截面积计算按照线槽的内部长和宽计算，以40×20线槽为例，线槽壁厚1mm，线槽内部长38mm，宽18mm，其截面积计算如下：

$$S = L \times W$$
$$= 38 \times 18 \text{ mm}^2$$
$$= 684 \text{ mm}^2$$

式中 S——线槽截面积；

L——线槽内部长度；

W——线槽内部宽度。

4）容纳双绞线最多数量计算。布线标准规定，一般线槽（穿线管）内允许穿线的最大面积为截面积的70%，同时考虑缆线之间的间隙和拐弯等因素，考虑浪费空间40%～50%。因此容纳双绞线根数计算公式如下：

N=槽（管）截面积×70%×（40%～50%）/缆线截面积

式中　N——容纳双绞线最多数量；

70%——布线标准规定允许的空间；

40%～50%——缆线之间浪费的空间。

例1：30×16线槽容纳双绞线最多数量计算。

N =线槽截面积×70%×50%/缆线截面积

=（28×14）×70%×50%/（6^2×3.14/4）

=392×70%×50%/28.26

≈5

说明：上述计算的是使用30×16 PVC线槽铺设网线时，槽内容纳网线的数量为5根。

具体计算分解如下：

30×16线槽的截面积：长×宽=28×14 mm^2=392 mm^2

70%是布线允许的使用空间。

50%是缆线之间的空隙浪费的空间。

缆线的直径D为6mm，它的截面积：$\pi D^2/4=6^2\times3.14/4\ mm^2=28.26mm^2$。

例2：ϕ40 PVC穿线管容纳双绞线最多数量计算。

N =穿线管截面积×70%×40%/缆线截面积

=（36.6×36.6×3.14/4）×70%×40%/（6×6×3.14/4）

=1051.56×70%×40%/28.26

≈10

说明：上述计算的是使用ϕ40 PVC穿线管敷设网线时，管内容纳网线的数量为10根。

具体计算分解如下：

ϕ40 PVC穿线管的截面积：$\pi D^2/4=36.6\times36.6\times3.14/4\ mm^2=1051.56\ mm^2$

70%是布线允许的使用空间。

40%是缆线之间的空隙浪费的空间。

缆线的直径D为6mm，它的截面积：$\pi D^2/4=6^2\times3.14/4\ mm^2=28.26\ mm^2$。

5．布线弯曲半径要求

布线中如果不能满足最小弯曲半径要求，双绞线电缆的缠绕节距会发生变化，严重时，电缆可能会损坏，直接影响电缆的传输性能。例如，在电缆系统中，布线弯曲半径直接影响回波损耗值，严重时会超过标准规定值。在光纤系统中，则可能会导致高衰减。因此在设计布线路径时，尽量避免和减少弯曲，增加电缆的拐弯曲率半径值。

缆线的弯曲半径应符合下列规定（见表6-4）：

1）非屏蔽、屏蔽4对对绞电缆的弯曲半径应至少为电缆外径的4倍。

2）主干对绞电缆的弯曲半径应至少为电缆外径的10倍。

3）2芯或4芯水平光缆的弯曲半径应大于25mm。

4）其他芯数的水平光缆、主干光缆和室外光缆的弯曲半径应至少为光缆外径的10倍。

表6-4　管线敷设允许的弯曲半径

缆线类型	弯曲半径倍
4对非屏蔽、屏蔽电缆	不小于电缆外径的4倍
大对数主干电缆	不小于电缆外径的10倍
2芯或4芯室内光缆	>25mm
其他芯数和主干室内光缆	不小于光缆外径的10倍
室外光缆、电缆	不小于缆线外径的10倍

注：当缆线采用电缆桥架布放时，桥架内侧的弯曲半径不应小于300mm。

6．网络缆线与电力电缆的间距

在水平子系统中，经常出现综合布线电缆与电力电缆平行布线的情况，为了减少电力电缆电磁场对网络系统的影响，综合布线电缆与电力电缆接近布线时，必须保持一定的距离。GB 50311规定的综合布线电缆与电力电缆的间距见表6-5。

表6-5　综合布线电缆与电力电缆的间距

类别	与综合布线系统缆线接近状况	最小间距/mm
380V以下电力电缆<2kV·A	与缆线平行敷设	130
	有一方在接地的金属线槽或钢管中	70
	双方都在接地的金属线槽或钢管中①	10①
380V电力电缆2～5kV·A	与缆线平行敷设	300
	有一方在接地的金属线槽或钢管中	150
	双方都在接地的金属线槽或钢管中②	80
380V电力电缆>5kV·A	与缆线平行敷设	600
	有一方在接地的金属线槽或钢管中	300
	双方都在接地的金属线槽或钢管中②	150

① 当380V电力电缆<2kV·A，双方都在接地的线槽中，且平行长度≤10m时，最小间距可为10mm。
② 双方都在接地的线槽中，系指两个不同的线槽，也可在同一线槽中用金属板隔开。

7．缆线与电气设备的间距

综合布线电缆与附近可能产生高电平电磁干扰的电动机、电力变压器、射频应用设备等电气设备之间应保持必要的间距。为了减少电气设备电磁场对网络系统的影响，综合布线电缆与这些设备接近时，必须保持一定的距离。GB 50311规定的综合布线系统缆线与配电箱、变电室、电梯机房、空调机房之间的最小净距见表6-6。

表6-6　综合布线缆线与电气设备的最小净距

名称	最小净距/m	名称	最小净距/m
配电箱	1	电梯机房	2
变电室	2	空调机房	2

当墙壁电缆敷设高度超过6000mm时，与避雷引下线的交叉间距应按下式计算：

$$S \geqslant 0.05L$$

式中　S——交叉间距（mm）；

L——交叉处避雷引下线距地面的高度（mm）。

8. 缆线与其他管线的间距

墙上敷设的综合布线缆线及管线与其他管线的间距应符合表6-7的规定。

表6-7 综合布线缆线及管线与其他管线的间距

其他管线	平行净距/mm	垂直交叉净距/mm
避雷引下线	1000	300
保护地线	50	20
给水管	150	20
压缩空气管	150	20
热力管（不包封）	500	500
热力管（包封）	300	300
煤气管	300	20

9. 其他电气防护和接地

1）综合布线系统应根据环境条件选用相应的缆线和配线设备或采取防护措施，并应符合下列规定：

① 当综合布线区域内存在的电磁干扰场强低于3V/m时，宜采用非屏蔽电缆和非屏蔽配线设备。

② 当综合布线区域内存在的电磁干扰场强高于3V/m时，或用户对电磁兼容性有较高要求时，可采用屏蔽布线系统和光缆布线系统。

③ 当综合布线路由上存在干扰源，且不能满足最小净距要求时，宜采用金属穿线管进行屏蔽，或采用屏蔽布线系统及光缆布线系统。

2）在电信间、设备间及进线间应设置楼层或局部等电位接地端子板。

3）综合布线系统应采用共用接地的接地系统，如单独设置接地体时，接地电阻不应大于4Ω。如果布线系统的接地系统中存在两个不同的接地体时，其接地电位差不应大于1Vr·m·s。

4）楼层安装的各个配线柜（架、箱）应采用适当截面的绝缘铜导线单独布线至就近的等电位接地装置，也可采用竖井内等电位接地铜排引到建筑物共用接地装置，铜导线的截面应符合设计要求。

5）缆线在雷电防护区交界处，屏蔽电缆屏蔽层的两端应做等电位连接并接地。

6）综合布线的电缆采用金属线槽或钢管敷设时，线槽或钢管应保持连续的电气连接，并应有不少于两点的良好接地。

7）当缆线从建筑物外面进入建筑物时，电缆和光缆的金属护套或金属件应在入口处就近与等电位接地端子板连接。

8）当电缆从建筑物外面进入建筑物时，应选用适配的信号线路浪涌保护器，信号线路浪涌保护器应符合设计要求。

10. 缆线的暗埋设计

在新建筑物设计水平子系统缆线的路径时宜采取暗埋穿线管。暗管的转弯角度应大于90°，在路径上每根暗管的转弯角度不得多于两个，并且不应有S弯出现，有弯头的管段长度超过20m时，应设置管线过线盒装置；在有两个弯时，不超过15m应设置过线盒。

设置在墙面的信息点布线路径宜使用暗埋钢管；对于信息点较少的区域，穿线管可以直接铺设到楼层的设备间机柜内；对于信息点比较多的区域，先将每个信息点的穿线管分别铺设到楼道或者吊顶上，然后集中进入楼道或者吊顶上安装的线槽或者桥架。

新建公共建筑物墙面暗埋管的路径一般有两种做法，第一种做法是从墙面插座向上垂直埋管到横梁，然后在横梁内埋管到楼道本层墙面出口，如图6-2所示。第二种做法是从墙面插座向下垂直埋管到横梁，然后在横梁内埋管到楼道下层墙面出口，如图6-3所示。

如果同一个墙面单面或者两面插座比较多，则水平插座之间串联布管，如图6-2所示。这两种做法管线拐弯少，不会出现U形或者S形路径，土建施工简单。土建中不允许沿墙面斜角布管。

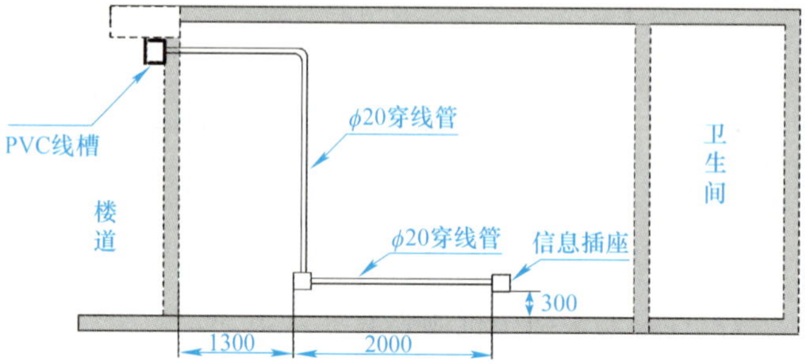

图6-2　同层水平子系统暗埋管

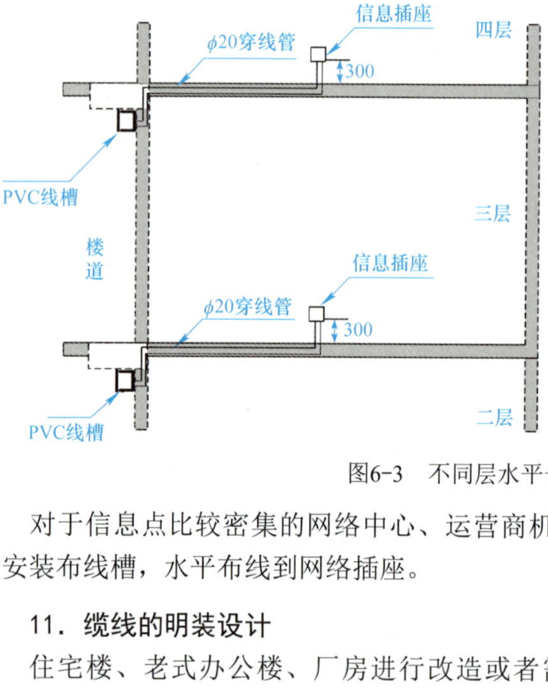

图6-3　不同层水平子系统暗埋管

对于信息点比较密集的网络中心、运营商机房等区域，一般铺设抗静电地板，在地板下安装布线槽，水平布线到网络插座。

11．缆线的明装设计

住宅楼、老式办公楼、厂房进行改造或者需要增加综合布线系统时，一般采取明装布线方式。学生公寓、教学楼、实验楼等信息点比较密集的建筑物一般也采取隔墙暗埋管线、楼道明装线槽或者桥架的方式（工程上也叫暗管明槽方式）。

住宅楼增加综合布线常见的做法是，将机柜安装在每个单元的中间楼层，然后沿墙面安装穿线管或者线槽到每户入户门上方的墙面固定插座，如图6-4所示。

楼道明装布线时，宜选择PVC塑料线槽，线槽盖板边缘最好是直角，特别在北方地区不宜选择斜角盖板，斜角盖板容易落灰，影响美观。

采取暗管明槽方式布线时，每个暗埋管在楼道的出口高度必须相同，这样暗管与明装线槽直接连接，布线方便和美观，如图6-5所示。

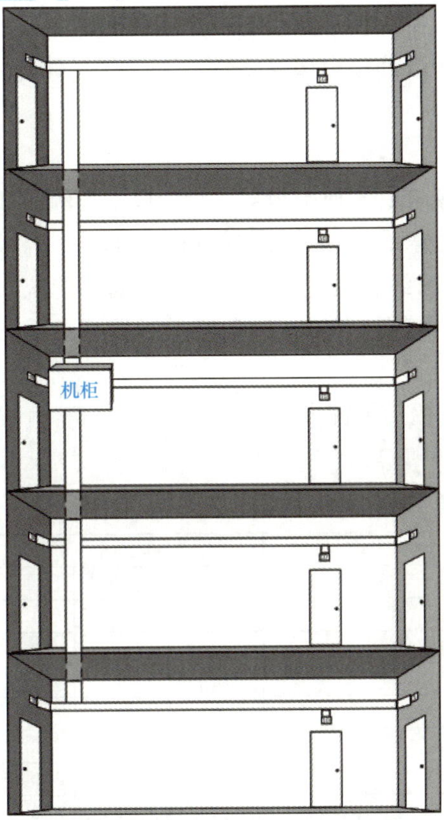

图6-4　住宅楼水平子系统敷设线槽

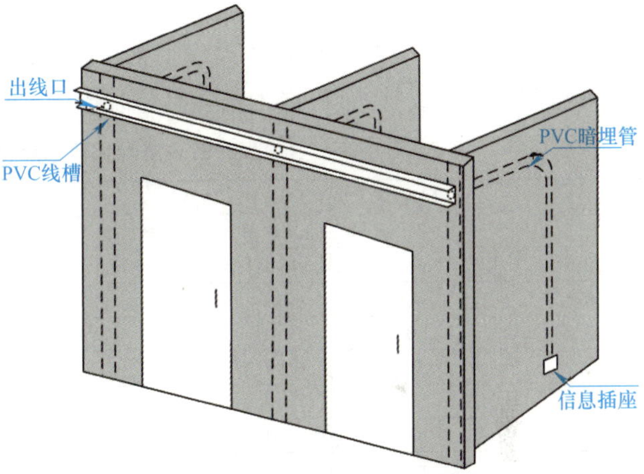

图6-5　楼道内敷设明装PVC线槽

楼道采取金属桥架时，桥架应该紧靠墙面，高度低于墙面暗埋管口，直接将墙面出来的缆线引入桥架，如图6-6所示。

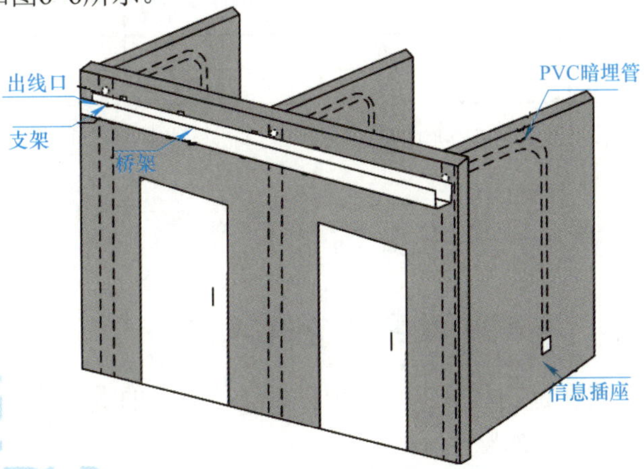

图6-6　楼道安装桥架布线

6.2.6　制作设计图

随着GB 50311国家标准的正式实施，新建建筑物必须设计综合布线系统，因此建筑物的原始设计图中有完整的初步设计方案和网络系统图。必须认真研究和读懂设计图，特别是与弱电有关的网络系统图、通信系统图、电气图等，同时虚心向项目经理或设计院咨询。

如果土建工程已经开始或者封顶，则必须到现场实际勘测，并且与设计图对比。

新建建筑物的水平管线宜暗埋在建筑物的墙面，一般使用金属穿线管。

6.2.7　材料概算和统计表制作

综合布线水平子系统材料的概算是指根据施工图核算材料使用数量，然后根据定额计算出造价，这就要求用户熟悉施工图，掌握定额。本节主要介绍如何对材料进行计算。

对于水平子系统材料的计算，首先确定施工使用布线材料类型，列出一个简单的统计表，统计表主要是针对某个项目分别列出各层使用的材料的名称，对数量进行统计，避免计算材料时漏项，从而方便材料的核算。

例如，某6层办公楼网络布线水平子系统施工，线槽明装铺设。水平布线主要材料有线槽、线槽配件、缆线等。以1层为例，具体统计表见表6-8。

表6-8　1层网络信息点材料统计

信息点	4-UTP双绞线/m	PVC线槽/m		20×10/个			60×22/个		
		20×10	60×22	阴角	阳角	直角	阴角	阳角	堵头
101-1	64	4	60	1	0	0	0	0	1
101-2	60	4	0	0	0	1	0	0	0
102-1	60	0	0	0	0	0	0	0	0
102-2	56	4	0	0	1	0	0	0	0
103	52	4	0	0	0	1	2	2	0
104	48	4	0	1	0	0	0	0	0
105	44	4	0	1	0	0	0	0	0
106-1	44	0	0	0	0	0	0	0	0
106-2	40	4	0	1	1	0	0	0	0
107	36	4	0	0	0	1	2	2	0
108	32	4	0	1	0	0	0	0	0
109	28	4	0	0	0	1	0	0	0
110	24	4	0	0	0	1	0	0	0
合计	588	44	60	5	2	5	4	4	1

根据表6-8逐个列出2～6层布线统计表，然后合计计算出整栋楼的水平布线数量。

6.3　水平子系统的设计实例

6.3.1　设计实例1　墙面暗埋穿线管施工图

在设计水平子系统的埋管图时，一定要根据设计信息点的数量确定埋管规格，如图6-7所示。每个房间安装两个信息插座。

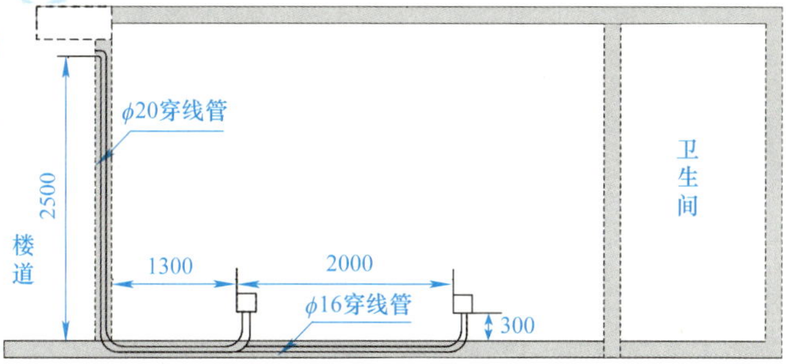

图6-7　墙面暗埋管线施工图

注意： 预埋在墙体中间暗管的最大管外径不宜超过50mm，楼板中暗管的最大管外径不宜超过25mm，室外管道进入建筑物的最大管外径不宜超过100mm。

6.3.2　设计实例2　墙面明装线槽施工图

水平子系统明装线槽安装时要保持线槽水平，必须确定统一的高度，如图6-8所示。

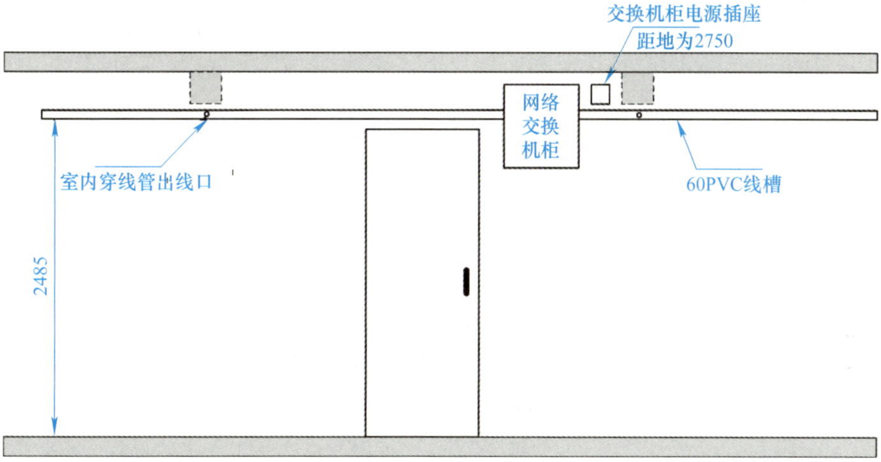

图6-8　墙面明装线槽施工图

6.3.3　设计实例3　地面线槽敷设施工图

地面线槽敷设就是从楼层管理间引出的缆线进入地面线槽到地面出线盒或由分线盒引出的支管到墙上的信息出口，如图6-9所示。由于地面出线盒或分线盒不依赖于墙或柱体，直接走地面垫层，因此这种布线方式适用于大开间或需要隔断的场合。

在地面线槽敷设布线方式中，每隔4～8m设置一个过线盒或出线盒，直到信息出口的接线盒。分线盒与过线盒有两槽和三槽两类，均为正方形，每面可接两根或三根地面线槽，这样分线盒与过线盒能起到将2或3路分支缆线汇成一个主路的功能或起到90°转弯的功能。

要注意的是，地面线槽布线方式不适合楼板较薄或楼板为石质地面或楼层中信息点特别多的场合。一般来说，地面线槽布线方式的造价比吊顶内线槽布线方式要贵3～5倍，目前主要应用在高档会议室等建筑物中。

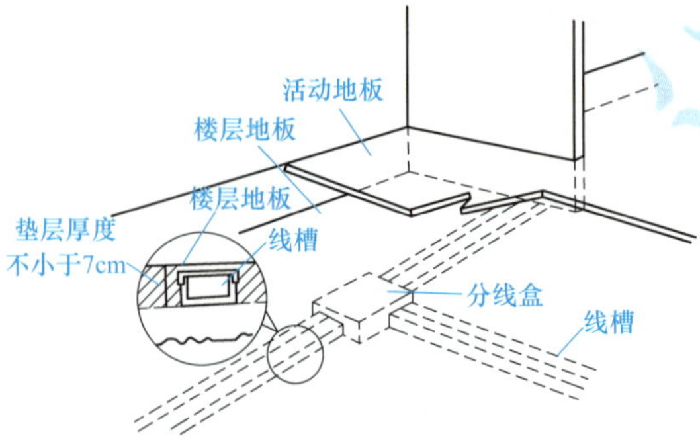

图6-9　地面线槽敷设

注意：在活动地板下敷设缆线时，地板内净空应为150～300mm。若空调采用下送风方式则地板内净高应为300～500mm。

6.3.4　设计实例4　吊顶上架空线槽布线施工图

吊顶上架空线槽布线是指由楼层管理间引出来的缆线先进入吊顶内的线槽，到各房间后，经分支线槽从槽梁式电缆管道分叉后将电缆穿过一段支管引向墙壁，沿墙而下到房内信息插座的布线方式，如图6-10所示。

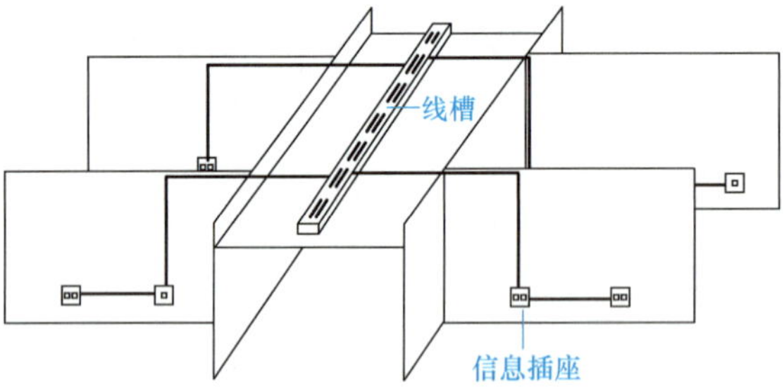

图6-10　吊顶上架空线槽布线施工图

6.3.5　设计实例5　楼道桥架布线示意图

楼道桥架布线如图6-11所示，主要应用于楼间距离较短且要求采用架空的方式布放干线缆线的场合。

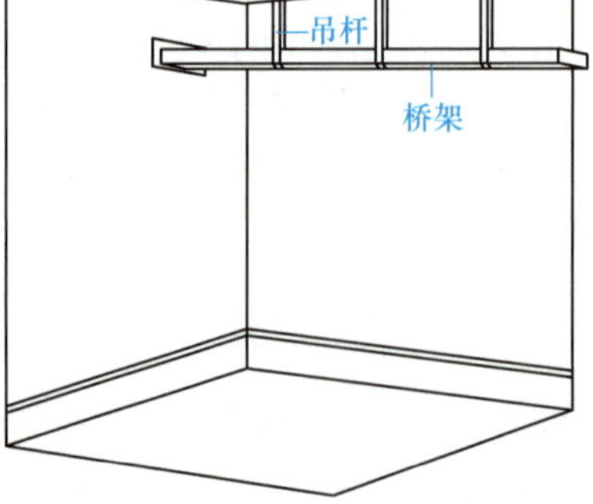

图6-11　楼道桥架布线示意图

6.4 水平子系统的工程技术

6.4.1 水平子系统的标准要求

GB 50311《综合布线系统工程设计规范》的第7章对水平子系统布线的安装工艺提出了具体要求。水平子系统缆线宜采用在吊顶、墙体内穿管或设置金属密封线槽及开放式（电缆桥架、吊挂环等）敷设，当缆线在地面布放时，应根据环境条件选用地板下线槽、网络地板、高架（活动）地板布线等安装方式。

6.4.2 水平子系统的布线距离的计算

在GB 50311中规定，水平布线系统永久链路的长度不能超过90m，只有个别信息点的布线长度会接近这个最大长度，一般设计的平均长度都在60m左右。在实际工程应用中，因为拐弯、中间预留、缆线缠绕、与强电避让等原因，实际布线的长度往往会超过设计长度。因此在计算工程用线总长度时，要考虑一定的余量。

确定电缆的长度：

要计算整座楼宇的水平布线用线量，首先要计算出每个楼层的用线量，然后对各楼层用线量进行汇总即可。每个楼层用线量的计算公式如下：

$$C=[0.55（F+N）+6]\times M$$

式中 C——每个楼层的用线量；

F——最远的信息插座离楼层管理间的距离；

N——最近的信息插座离楼层管理间的距离；

M——每个楼层信息插座的数量；

6——端对容差（主要考虑施工时缆线的损耗、缆线布设长度误差等因素）。

整座楼的用线量：

$$S=\Sigma MC$$

式中 M——楼层数；

C——每个楼层的用线量。

例：已知某一楼宇共有6层，每层信息点数为20个，每个楼层的最远信息插座离楼层管理间的距离均为60m，每个楼层的最近信息插座离楼层管理间的距离均为10m，请估算出整座楼宇的用线量。

解答：根据题目要求知道：

楼层数M=20

最远点信息插座距管理间的距离F=60 m

最近点信息插座距管理间的距离N=10 m

因此，每层楼用线量C=[0.55（60+10）+6]×20 m=890 m

整座楼共6层，因此整座楼的用线量S=890×6 m=5340 m

6.4.3 水平子系统的布线弯曲半径

在布线施工中，布线弯曲半径直接影响永久链路的测试指标，多次的实验和工程测试经验表明，如果布线弯曲半径小于表6-4中的规定，则永久链路测试不合格，特别是在6类布线系统中，弯曲半径对测试指标影响非常大。

布线施工中穿线和拉线时缆线拐弯曲半径往往是最小的，一个不符合弯曲半径的拐弯经常会破坏整段缆线的内部物理结构，甚至严重影响永久链路的传输性能，在竣工测试中，永久链路会有多项测试指标不合格，而且这种影响经常是永久性的、无法恢复的。

在布线施工拉线过程中，缆线宜与管的中心线尽量相同，如图6-12所示。以现场允许的最小角度按照A方向或者B方向拉线，保证缆线没有拐弯，保持整段缆线的弯曲半径比较大，这样不但施工轻松，而且能够避免缆线护套和内部结构的破坏。

在布线施工拉线过程中，缆线不要与管口形成90°拉线，如图6-13所示。这样就在管口形成了1个90°直角的拐弯，不仅施工拉线困难费力，还容易造成缆线护套和内部结构的破坏。

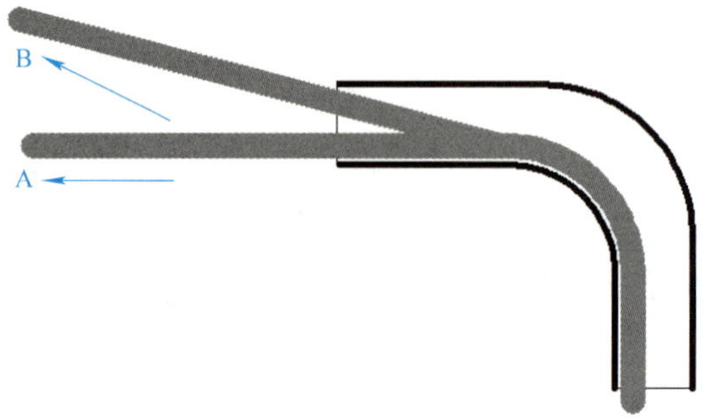

图6-12　正确拉线

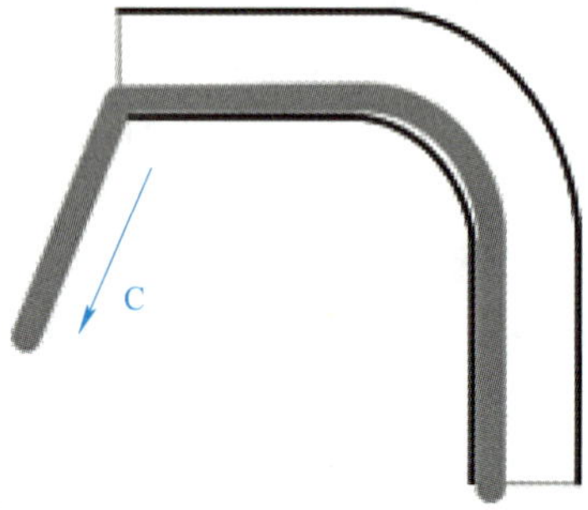

图6-13　不正确拉线

在布线施工拉线过程中，必须坚持直接手持拉线，不允许将缆线缠绕在手中或者工具上拉线，也不允许用钳子夹住缆线拉线，这样操作时缠绕部分的弯曲半径会非常小，夹持部分结构变形，直接破坏缆线内部结构或者护套。

如果遇到缆线距离很长或拐弯很多，手持拉线非常困难，则可以将缆线的端头捆扎在穿线器端头或铁丝上，用力拉穿线器或铁丝。缆线穿好后将受过捆扎部分的缆线剪掉。

穿线时，一般从信息点向楼道或楼层机柜穿线，一端拉线，另一端必须有专人放线和护线，保持缆线在管入口处的弯曲半径比较大，避免缆线在入口或者箱内弯折形成死结或者弯曲半径很小。

6.4.4　水平子系统暗埋缆线的安装和施工

水平子系统暗埋缆线施工程序一般如下：

土建埋管→穿钢丝→安装底盒→穿线→标记→压接模块→标记。

墙内暗埋管一般使用ϕ16或ϕ20的穿线管，ϕ16管内最多穿2条网络双绞线，ϕ20管内最多穿3条网络双绞线。

金属管一般使用专门的弯管器成型，拐弯半径比较大，能够满足双绞线对弯曲半径的要求。在钢管现场截断和安装施工中，必须清理干净截断时出现的毛刺，保持截断端面的光滑，两根钢管对接时必须保持接口整齐、没有错位，焊接时不要焊透管壁，避免在管内形成焊渣。金属管内的毛刺、错口、焊渣、垃圾等都会影响穿线，甚至损伤缆线的护套或内部结构。

墙内暗埋ϕ16、ϕ20穿线管时，要特别注意拐弯处的弯曲半径。宜用弯管器现场制作大拐弯的弯头连接，这样既保证了缆线的弯曲半径，又方便轻松拉线，降低布线成本，保护缆线结构。

图6-14以在直径20mm的PVC管内穿线为例进行计算和说明弯曲半径的重要性。按照GB 50311国家标准的规定，非屏蔽双绞线的弯曲半径不小于电缆外径的4倍。电缆外径按照6mm计算，拐弯半径必须大于24mm。

拐弯连接处不宜使用市场上购买的弯头。目前，市场上没有适合综合布线使用的大拐弯PVC弯头，只有适合电气和水管使用的90° 弯头，因为塑料件注塑脱模原因，无法生产大拐弯的PVC塑料弯头，图6-15表示了市场购买的ϕ20电气穿线管弯头在拐弯处的弯曲半径，拐弯半径只有5mm，只有5/6≈0.83倍，低于标准规定的4倍。

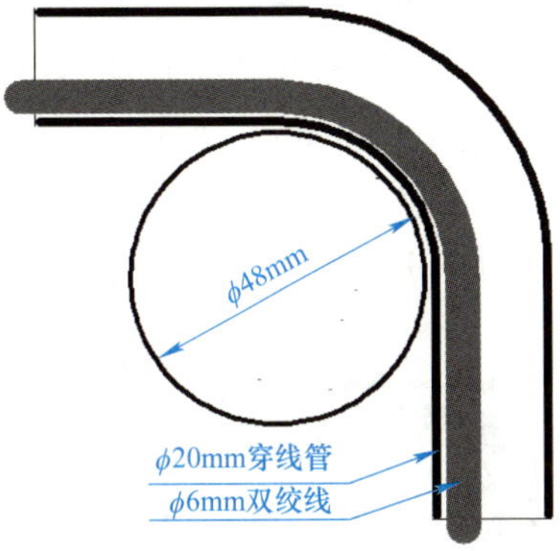

图6-14　穿线管内穿线

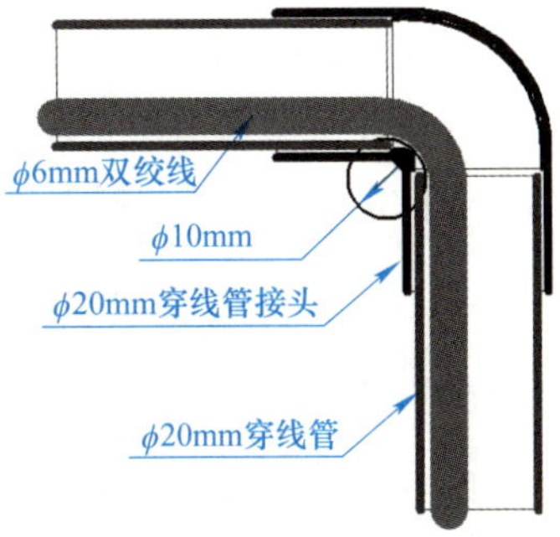

图6-15　弯曲半径

6.4.5　水平子系统明装线槽布线的施工

水平子系统明装线槽布线施工一般从安装信息插座底盒开始，程序如下：

安装底盒→钉线槽→布线→装线槽盖板→压接模块→标记。

墙面明装布线时宜使用PVC线槽，拐弯处弯曲半径容易保证，如图6-16所示。图6-16中以宽度20mm的PVC线槽为例，说明单根直径6mm的双绞线缆线在线槽中最大弯曲情况和布线最大弯曲半径值为45mm（直径90mm），布线弯曲半径与双绞线外径的最大倍数为45/6=7.5倍。

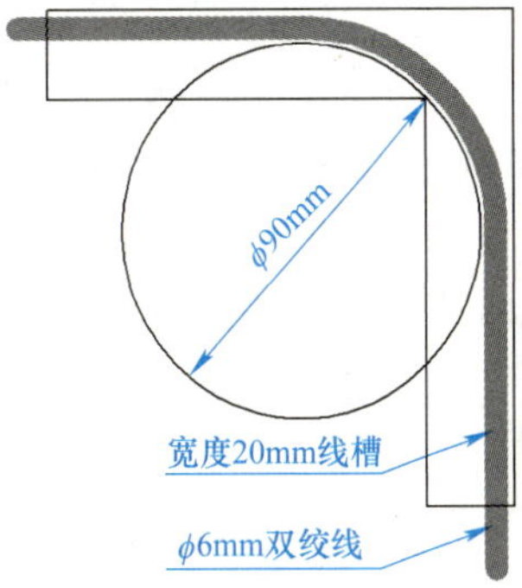

图6-16　布线弯曲半径示意图

安装线槽时，首先在墙面测量并且标出线槽的位置，在建工程以1m线为基准，保证水平安装的线槽与地面或楼板平行，垂直安装的线槽与地面或楼板垂直，没有可见的偏差。

拐弯处宜使用90° 弯头或者三通，线槽端头安装专门的堵头。

线槽布线时，先将缆线布放到线槽中，边布线边装盖板，在拐弯处保持缆线有比较大的弯曲半径。完成安装盖板后，不要再拉线，如果拉线力量过大则会改变线槽拐弯处的缆线弯曲半径。

安装线槽时，用水泥钉或者自攻螺钉把线槽固定在墙面上，固定距离为300mm左右，必须保证长期牢固。两根线槽之间的接缝必须小于1mm，盖板接缝宜与线槽接缝错开。

6.4.6 水平子系统桥架布线施工

水平子系统桥架布线施工一般用在楼道或者吊顶上，程序如下：

画线确定位置→装支架（吊竿）→装桥架→布线→装桥架盖板→压接模块→标记。

水平子系统在楼道墙面宜安装比较大的塑料线槽，例如，宽度60mm、100mm、150mm白色PVC塑料线槽，具体线槽高度必须按照需要容纳双绞线的数量来确定，选择常用的标准线槽规格，不要选择非标准规格。安装方法是首先根据各个房间信息点出线管口在楼道内的高度确定楼道大线槽安装高度并且画线，其次按照2或3处/m将线槽固定在墙面，楼道线槽的高度宜遮盖墙面管出口，并且在线槽遮盖的管出口处开孔，如图6-17所示。

如果各个信息点管出口在楼道高度偏差太大，则宜将线槽安装在管出口的下边，将双绞线通过弯头引入线槽，这样施工方便，外形美观，如图6-18所示。

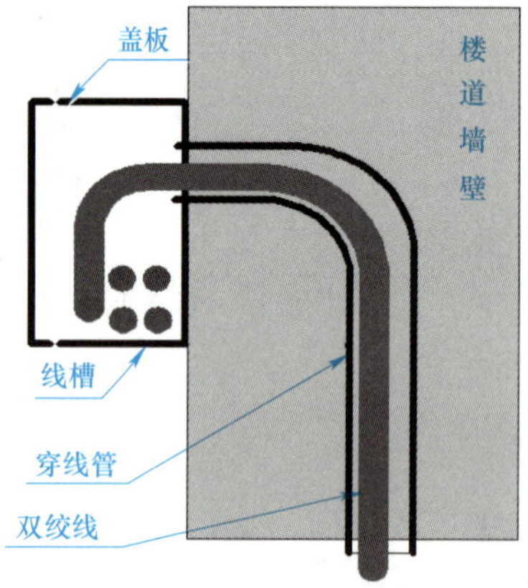

图6-17　线槽安装一

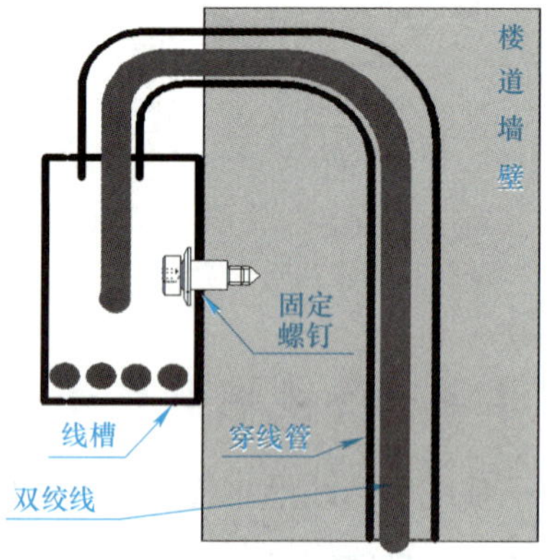

图6-18　线槽安装二

将楼道全部线槽固定好以后，再将各个管口的出线逐一放入线槽，边放线边盖板，放线时注意拐弯处保持比较大的弯曲半径。

在楼道墙面安装金属桥架时，安装方法也是首先根据各个房间信息点出线管口在楼道内的高度，确定楼道桥架安装高度并且画线，其次按照2或3个/m安装L形支架或者三角形支架。支架安装完毕后，用螺栓将桥架固定在每个支架上，并且在桥架对应的管出口处开孔，如图6-19所示。

如果各个信息点管出口在楼道内的高度偏差太大，则也可以将桥架安装在管出口的下边，将双绞线通过弯头引入桥架，这样施工方便，外形美观。

在楼板吊装桥架时，首先确定桥架安装高度和位置，并且安装膨胀螺栓和吊杆，其次安装挂板和桥架，同时将桥架固定在挂板上，最后在桥架开孔和布线，如图6-20所示。

缆线引入桥架时，必须穿保护管，并且保持比较大的弯曲半径。

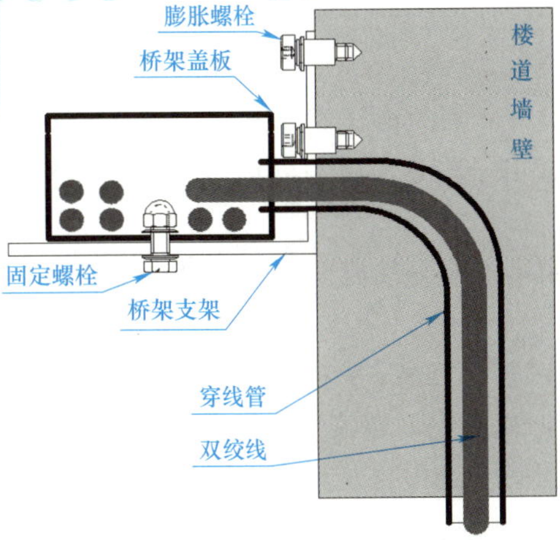

图6-19　在楼道墙面安装桥架

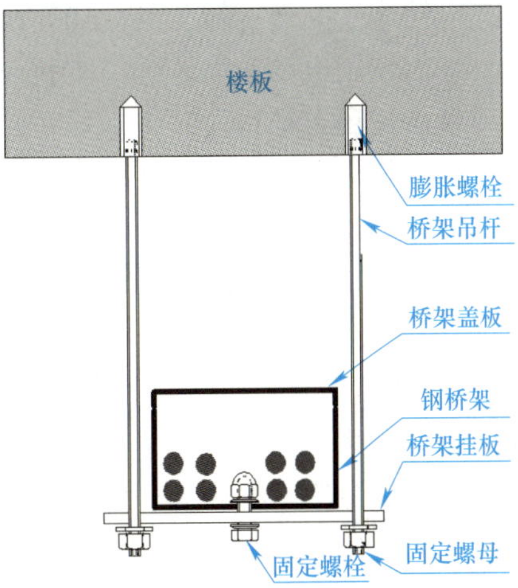

图6-20　在楼板吊装桥架

6.4.7　布线拉力

从理论上讲，线的直径越小，拉线的速度越快。但是，有经验的安装者一般会采取慢且平稳的拉线速度，而不是快速地拉线，因为快速拉线通常会造成缠绕或被绊住。

拉力过大，缆线变形，会破坏电缆对绞的匀称性，将引起缆线传输性能下降。

拉力过大还会使缆线内的扭绞线对层数发生变化，严重影响缆线抗噪声（NEXT、FEXT等）的能力，从而导致线对扭绞松开，甚至可能对导体造成破坏。

缆线最大允许的拉力如下：

1根4对线电缆，拉力为100N。

2根4对线电缆，拉力为150N。

3根4对线电缆，拉力为200N。

n根4对线电缆，拉力为（n×50+50）N；不管多少根线对电缆，最大拉力不能超过400N。

6.4.8　施工安全

安全是施工过程的重中之重。施工现场工作人员必须严格按照安全生产、文明施工的要求，积极推行施工现场的标准化管理，按施工组织设计，科学组织施工。施工现场全体人员必须严格执行《建筑安装工程安全技术规程》和《建筑安装工人安全技术操作规程》。

使用电气设备、电动工具应有可靠保护接地，随身携带和使用的工具应搁置于顺手稳妥的地方，以防发生事故伤人。

在综合布线施工过程中，使用电动工具的情况比较多，如使用电锤打过墙洞、开孔安装线槽等。在使用电锤前必须先检查一下工具的情况，在施工过程中不能用身体顶住电锤。在打过墙洞或开孔时，一定先确定梁位置，并且错过梁，否则打不通，导致延误工期。同时确定墙面内是否有其他线路，如强电线路等。

使用充电式电钻/起子的注意事项：

1）电钻属于高速旋转工具，600r/min，必须谨慎使用，保护人身的安全。

2）禁止使用电钻在工作台、实验设备上打孔。

3）禁止使用电钻玩耍。

4）首次使用电钻时，必须阅读说明书，并且在老师的指导下进行。

5）装卸劈头或者钻头时，必须注意旋转方向开关。逆时针方向旋转卸钻头，顺时针方向旋转拧紧钻头或者劈头。

将钻头装进卡盘时，请适当地旋紧套筒。如果不将套筒旋紧，钻头则会滑动或脱落，而引起人体受伤事故。

6）请勿连续使用充电器。每充完一次电后，需等15min左右让电池降低温度后再进行第2次充电。每个电钻配有2块电池，一块使用，一块充电，轮流使用。

7）电池充电不可超过1h。大约1h，电池即可完全充电。观察充电器指示灯，红灯表示正在充电。绿灯时，应立即将充电器电源插头从交流电插座中拔出。

8）切勿使电池短路。电池短路时，会造成很大的电流和热量，从而烧坏电池。

9）在墙壁、地板或天花板上钻孔时，请检查这些地方，确认没有暗埋的电线和钢管等。

10）常见规格和技术参数，见表6-9。

表6-9 常见规格和技术参数

无负荷状态下的速度			600r/min
能力	钻孔	木材	10mm
		金属	钢、铝：10mm
	驱动	木螺钉	4.5mm（直径）20mm（长）

在施工中使用的高凳、梯子、人字梯、高架车等，在使用前必须认真检查其牢固性。梯外端应采取防滑措施，并且不得垫高使用。在通道处使用梯子，应有人监护或设围栏。人字梯距梯脚40～60cm处要设拉绳，施工时，不能站在梯子最上一层工作，且严禁在这上面放工具和材料。

当发生安全事故时，由安全员负责调查原因，提出改进措施，上报项目经理，由项目经理与有关方面协商处理；发生重大安全事故时，公司应立即报告有关部门和业主，按政府有关规定处理，做到四不放过，即事故原因不明不放过，事故不查清责任不放过，事故不吸取教训不放过，事故不采取措施不放过。

安全生产领导小组负责现场施工技术安全的检查和督促工作，并做好记录。

6.5 水平子系统的工程技术实训项目

6.5.1 实训项目1 PVC穿线管的布线工程技术实训

【实训目的】

1）通过水平子系统布线路径和距离的设计，熟练掌握水平子系统的设计流程。

2）通过线管的安装和穿线等，熟练掌握水平子系统的施工方法。

3）通过使用弯管器制作弯头，熟练掌握弯管器的使用方法和布线弯曲半径的要求。

4）通过核算、列表、领取材料和工具，训练规范施工的能力。

【实训要求】

1）设计一种水平子系统的布线路径和方式，并且绘制设计图。

2）按照设计图，核算实训材料规格和数量，掌握工程材料核算方法，列出材料清单。

3）按照设计图，准备实训工具，列出实训工具清单，独立领取实训材料和工具。

4）独立完成水平子系统线管安装和布线方法，掌握PVC管卡、穿线管的安装方法和技巧，掌握穿线管弯头的制作。

【实训材料和工具】

1）ϕ20穿线管、管接头、管卡若干。

2）弯管器、穿线器、十字螺丝刀、M6×12十字螺钉。

3）钢锯、线槽剪、登高梯子、编号标签。

【实训设备】

推荐实训设备：ICT工程技术实训平台，产品型号：XYICT—443。该实训平台是国家专利产品，由全钢的4个模块组成“十”字形结构，构成4个角区域，能够满足4组学生同时进行4个子系统的实训。实训平台上预制有螺孔，能够进行万次以上的实训，该产品配套有磁吸知识牌12个，如图6-21所示。

该产品为全国综合布线技能大赛专用产品和全国职业院校信息化教学大赛中等职业教育组信息化实训教学“配线子系统的设计、安装与检测”竞赛项目指定产品。

图6-21　ICT工程技术实训平台（见彩图）

【实训步骤】

1）使用穿线管设计一种从信息点到楼层机柜的水平子系统，并且绘制施工图，如图6-22所示。

3或4人成立一个项目组，选举项目负责人，每人设计一种水平子系统布线图，并且绘制图样。项目负责人指定1种设计方案进行实训。

2）按照设计图，核算实训材料规格和数量，掌握工程材料核算方法，列出材料清单。

3）按照设计图需要，列出实训工具清单，领取实训材料和工具。

4）在需要的位置安装管卡。然后安装穿线管，在两根穿线管连接处使用管接头，拐弯处必须使用弯管器制作大拐弯的弯头连接。

5）明装布线实训时，边布管边穿线。暗装布线时，先把全部穿线管和接头安装到位，并且固定好，然后从一端向另外一端穿线。

6）布管和穿线后，必须做好线标。

在实训中请扫描“307知识牌”二维码，掌握穿线管安装关键技术技能。

307知识牌

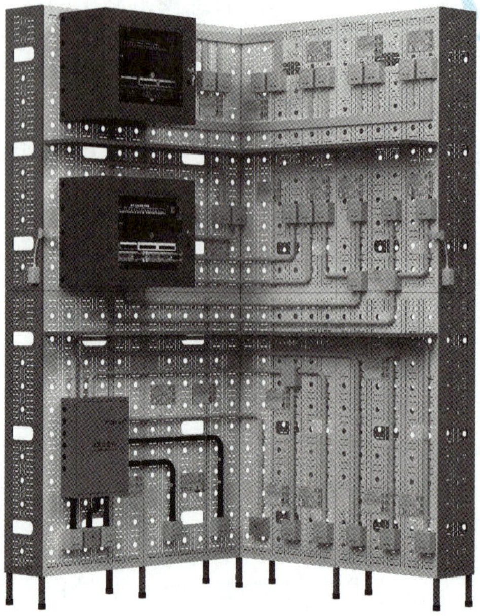

图6-22　布线施工图

扫码看彩图

【实训分组】

为了满足全班40～50人同时实训和充分利用实训设备，实训前必须进行合理的分组，保证每组的实训内容相同，难易程度相同。分组要求从机柜到信息点完成一个永久链路的水平布线实训，以不同机柜、不同布线高度、不同布线拐弯分别组合成多种布线路径实训，每个小组分配一种布线路径实训，如图6-23所示。以ICT工程技术实训平台为例进行分组，具体可以按照实训平台规格和实训人数设计。

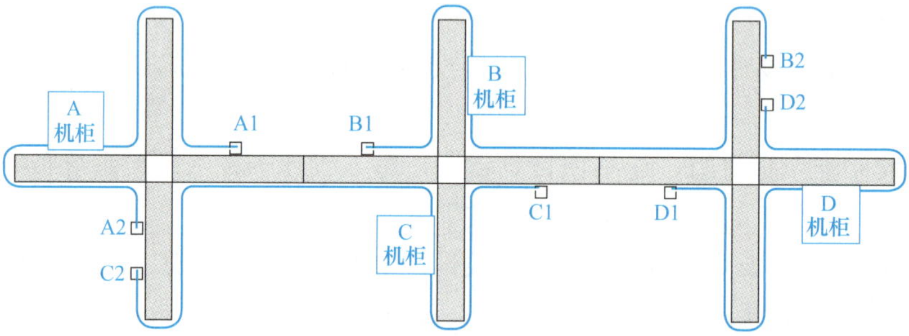

图6-23　分组布线路由

第一组布线路径：A机柜→A1信息点，高2.35m，2个阳角，2个阴角，1个拐弯。

第二组布线路径：A机柜→A2信息点，高1.85m，2个阳角，1个阴角，1个拐弯。

第三组布线路径：B机柜→B1信息点，高2.35m，2个阳角，1个阴角，1个拐弯。

第四组布线路径：B机柜→B2信息点，高1.85m，2个阳角，2个阴角，1个拐弯。

第五组布线路径：C机柜→C1信息点，高2.35m，2个阳角，1个阴角，1个拐弯。

第六组布线路径：C机柜→C2信息点，高1.85m，2个阳角，2个阴角，1个拐弯。

第七组布线路径：D机柜→D1信息点，高2.35m，2个阳角，2个阴角，1个拐弯。

第八组布线路径：D机柜→D2信息点，高1.85m，2个阳角，1个阴角，1个拐弯。

【实训报告】

1）设计一种水平布线子系统施工图。

2）列出实训材料规格、型号、数量清单表。

3）列出实训工具规格、型号、数量清单表。

4）使用弯管器制作大拐弯接头的方法和经验。

5）水平子系统布线施工步骤和要求。

6）总结使用工具的体会和技巧。

扫描二维码观看《综合布线工程技术实训教学片》视频。

扫码看视频

6.5.2 实训项目2 PVC线槽的布线工程技术实训

【实训目的】

1）通过水平子系统布线路径和距离的设计，熟练掌握水平子系统的设计。

2）通过线槽的安装和穿线等，熟练掌握水平子系统的施工方法。

3）通过核算、列表、领取材料和工具，训练规范施工的能力。

【实训要求】

1）设计一种水平子系统的布线路径和方式，并绘制施工图。

2）按照施工图，核算实训材料规格和数量，掌握工程材料核算方法，列出材料清单。

3）按照施工图，准备实训工具，列出实训工具清单，独立领取实训材料和工具。

4）独立完成水平子系统线槽安装和布线方法，掌握PVC线槽、盖板、阴角、阳角、三通的安装方法和技巧。

【实训材料和工具】

1）宽度20mm或者40mmPVC线槽、盖板、阴角、阳角、三通若干。

2）电动螺丝刀、十字螺丝刀、M6×12十字螺钉。

3）登高梯子、编号标签。

【实训设备】

ICT工程技术实训平台，型号：XYICT—443，数量应满足实训人数要求。

【实训步骤】

1）使用PVC线槽设计一种从信息点到楼层机柜的水平子系统，并且绘制施工图。

3或4人成立一个项目组，选举项目负责人，每人设计一种水平子系统布线图，并且绘制图样。项目负责人指定1种设计方案进行实训。

2）按照设计图，核算实训材料规格和数量，掌握工程材料核算方法，列出材料清单。

3）按照设计图需要，列出实训工具清单，领取实训材料和工具。

4）首先量好线槽的长度，再使用电动螺丝刀在线槽上开8mm孔，如图6-24所示。孔位置必须与实训装置安装孔对应，每段线槽至少开两个安装孔。

5）用M6×12螺钉把线槽固定在实训装置上，如图6-25所示。拐弯处必须使用专用接头，例如，阴角、阳角、弯头、三通等。不宜用线槽制作。

6）在线槽布线时，边布线边装盖板。

7）布线和盖板后，必须做好线标。

在实训中请扫描“308知识牌”二维码，掌握穿线管安装关键技术技能。

308知识牌

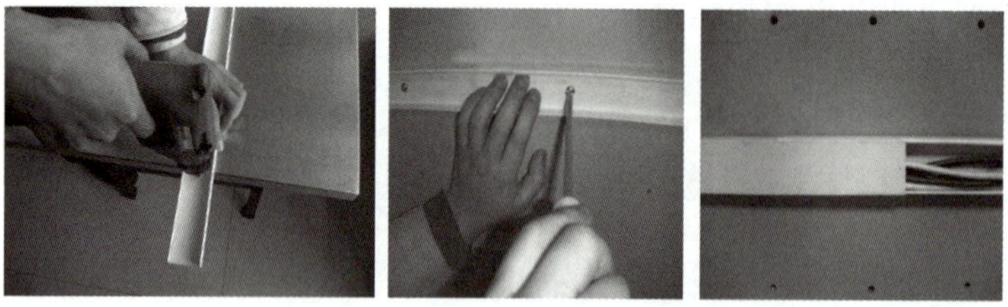

图6-24 线槽开孔

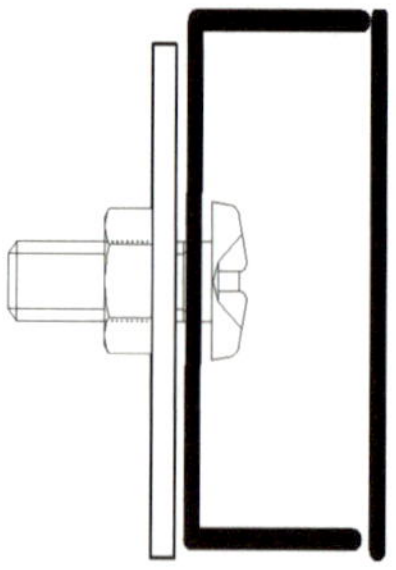

图6-25 固定线槽

【实训分组】

为了满足全班40人同时实训，必须进行合理的分组，保证每组的实训内容相同，难易程度相同。分组要求从机柜到信息点完成一个永久链路的水平布线实训，以不同机柜、不同布线高度、不同布线拐弯分别组合成多种布线路径实训，每个小组分配一种布线路径实训。如图6-26所示，以ICT工程技术实训平台为例进行分组，具体按照实训人数设计。

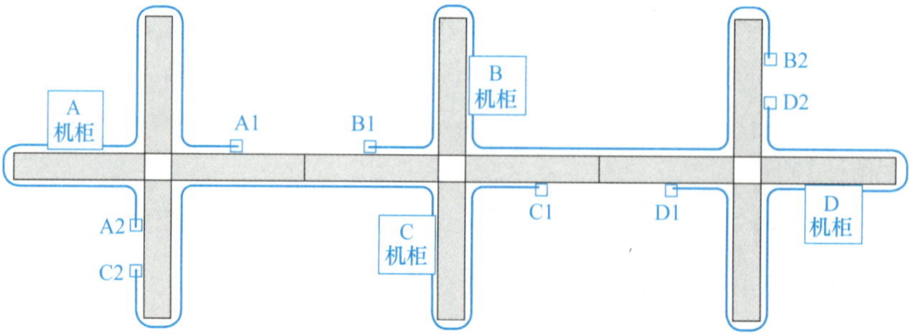

图6-26 分组布线路由

第一组布线路径：A机柜→A1信息点，高2.35m，2个阳角，2个阴角，1个拐弯。

第二组布线路径：A机柜→A2信息点，高1.85m，2个阳角，1个阴角，1个拐弯。

第三组布线路径：B机柜→B1信息点，高2.35m，2个阳角，1个阴角，1个拐弯。

第四组布线路径：B机柜→B2信息点，高1.85m，2个阳角，2个阴角，1个拐弯。

第五组布线路径：C机柜→C1信息点，高2.35m，2个阳角，1个阴角，1个拐弯。

第六组布线路径：C机柜→C2信息点，高1.85m，2个阳角，2个阴角，1个拐弯。

第七组布线路径：D机柜→D1信息点，高2.35m，2个阳角，2个阴角，1个拐弯。

第八组布线路径：D机柜→D2信息点，高1.85m，2个阳角，1个阴角，1个拐弯。

图6-27表示了部分永久链路水平布线路径立体图。

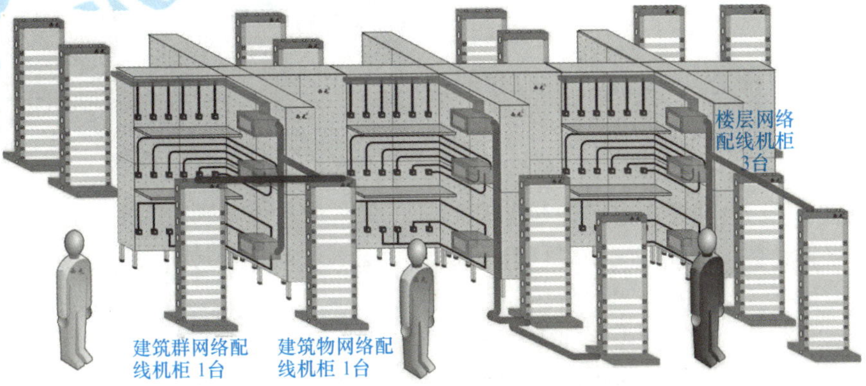

图6-27　部分永久链路水平布线路径立体图

【实训报告】

1）设计一种全部使用线槽布线的水平子系统施工图。

2）列出实训材料规格、型号、数量清单表。

3）列出实训工具规格、型号、数量清单表。

4）总结安装弯头、阴角、阳角、三通等线槽配件的方法和经验。

5）简述水平子系统布线施工步骤和要求。

6）简述使用工具的体会和技巧。

扫描二维码观看《综合布线工程技术实训教学片》视频。

扫码看视频

6.5.3　实训项目3　桥架安装和布线工程技术实训

【实训目的】

1）掌握桥架在水平子系统中的应用。

2）掌握支架、桥架、弯头、三通等的安装方法。

3）通过核算、列表、领取材料和工具，训练规范施工的能力。

【实训要求】

1）设计一种桥架布线路径和方式，并且绘制施工图。

2）按照施工图，核算实训材料规格和数量，列出材料清单。

3）准备实训工具，列出实训工具清单，独立领取实训材料和工具。

4）独立完成桥架安装和布线。

【实训材料和工具】

1）宽度100mm的金属桥架、弯头、三通、三角支架、固定螺钉、网线若干。

2）电动螺丝刀、十字螺丝刀、M6×12十字螺钉、登高梯子、卷尺。

【实训设备】

ICT工程技术实训平台，产品型号：XYICT—443，数量应满足实训人数要求。

桥架安装如图6-28所示。

【实训步骤】

1）设计一种桥架布线路径，并且绘制施工图。

3或4人成立一个项目组，选举项目负责人，项目负责人指定1种设计方案进行实训。

2）按照设计图，核算实训材料规格和数量，掌握工程材料核算方法，列出材料清单。

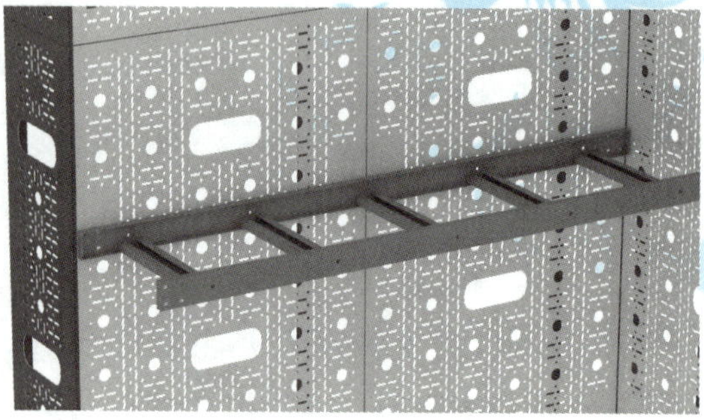

图6-28 桥架安装

3）按照设计图需要，列出实训工具清单，领取实训材料和工具。

4）固定支架安装。用M6×12螺钉把支架固定在实训装置上。

5）桥架部件组装和安装。用M6×12螺钉把桥架固定在三角支架上。

6）在桥架内布线，边布线边装盖板。

【实训分组】

按照前面几个实训项目进行分组实训。

【实训报告】

1）设计一种全部使用桥架布线的水平子系统施工图。

2）列出实训材料规格、型号、数量清单表。

3）列出实训工具规格、型号、数量清单表。

4）总结安装支架、桥架、弯头、三通等线槽配件的方法和经验。

6.6 工程经验

1. 工程经验一 线槽/线管的铺设

水平子系统主干线槽铺设一般都是明装在建筑物过道的两侧或吊顶之上，这样便于施工和检修。而入户部分有暗埋和明装两种，暗埋时多为PVC穿线管或钢管，明装时使用PVC线管或线槽。

在过道墙面铺设线槽时，为了线槽保持水平，一般先用墨斗放线，然后用电锤打眼安装木楔子之后才开始安装明装线槽。

在吊顶上安装线槽或桥架，必须在吊顶之前完成安装吊杆或支架以及布线工作。

2. 工程经验二 布线时携带的工具

水平子系统布线时，一般在楼道内铺设高度比较高，需要携带梯子。

在入户时，暗管内土建方都留有牵引钢丝，但是有时拉牵引钢丝会难以拉出或牵引钢丝留的太短拉不住，这样就需要携带老虎钳，用老虎钳夹住牵引钢丝将线拉出。

3. 工程经验三 布线拉线速度和拉力

水平子系统布线时，拉缆线的速度从理论上讲，线的直径越小，拉线的速度越快。但是，有经验的安装者一般会采取慢而平稳的拉线速度，而不是快速拉线，因为快速拉线通常会造成线的缠绕或被绊住，使施工进度缓慢。在从卷轴上拉出缆线时，要注意电缆可能会打结。缆线打结就应视为损坏，应更换缆线。

拉力过大，缆线变形，会破坏电缆对绞的匀称性，将引起缆线传输性能下降。

4. 工程经验四　阴角、阳角、堵头的使用

在完成水平子系统布线后，扣线槽盖板时，在铺设线槽有拐弯的地方需要使用相应规格的阴角、阳角，线槽两端需要使用堵头，使其美观。

5. 工程经验五　信息插座安装在户外

信息插座安装在户外主要是针对旧住宅楼增加信息点的情况。由于住户各家的装修不同家具摆放位置也有所不同，信息点入户施工会对住户带来不必要的麻烦，例如，破坏装修、搬移家具等。所以将信息插座安装在楼道住户门口，入户时由户主自己处理。

6.7　全国职业院校技能大赛中职组“网络综合布线技术”竞赛分析

1. 材料统计表设计

根据图6-29综合布线工程示意图完成材料统计表，要求材料名称正确、规格齐全、数量正确、辅料合适。材料统计表按照表6-10的格式编制。

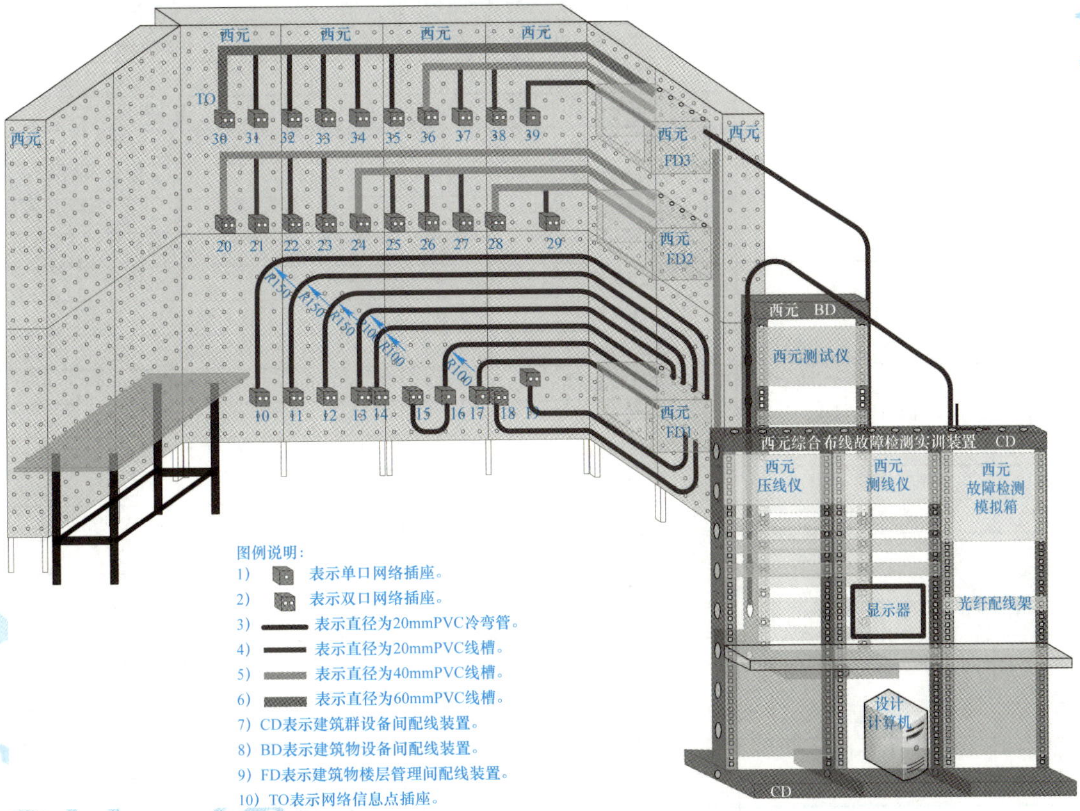

图6-29　综合布线工程示意图

表6-10　材料统计表格式

项目名称：

序号	材料名称	材料规格/型号	数量	单位	用途简述
1					
2					

编制人：（只能填写竞赛组号）　　　　　　　　　　时间：

评判要点：

1）材料名称、规格型号正确。

2）数量合理。

3）用途说明完整。

4）编制人、日期完整。

参考答案见表6-11。

表6-11　××项目材料统计表

序号	材料名称	材料规格/型号	数量	单位	用途说明
1	网络机柜	19英寸 6U	3	台	楼层管理间
2	网络配线架	19英寸1U 24口	3	台	网络配线
3	理线架	19英寸1U	3	个	理线
4	明装底盒	86型	30	个	信息插座用
5	网络面板	双口	30	个	信息插座用
6	网络模块	超5类 RJ-45	57	个	信息插座用
7	网络双绞线	超5类，4-UTP	300	m	网络布线
8		屏蔽超5类	2	m	制作跳线
9		非屏蔽6类	2	m	制作跳线
10	PVC线槽/配件	60×22线槽	4	m	垂直布线用
11		39×18线槽	11	m	水平布线用
12		39×18线槽堵头	2	个	
13		20×10线槽	4	m	水平布线用
14	PVC线管/配件	ϕ20穿线管	30	m	布线用
15		ϕ20直接头	30	个	连接穿线管
16		ϕ20塑料管卡	60	个	固定穿线管
17	RJ-45水晶头	非屏蔽超5类	26	个	制作跳线
18		屏蔽超5类	4	个	制作跳线
19		非屏蔽6类	8	个	制作跳线
20	螺钉+螺母+垫片	M6×16	200	个	固定用
21	光纤配线架	19英寸1U组合式8+8	2	个	BD、CD配线设备
22	光纤耦合器	ST口	16	个	安装在配线架上
23		SC口	16	个	安装在配线架
24	室内光缆	4芯，多模	5	m	BD-CD之间布线用
25		4芯，单模	5	m	BD-CD之间布线用
26	光缆跳线	3m，单模ST-ST	8	条	熔接光纤使用
27		3m，多模SC-SC	8	条	熔接光纤使用
28	光纤保护套管	单芯	32	个	熔接光纤使用
29	L形支架		1	个	固定穿线管
30	线扎		1	包	

编制人：××机位号　　　　　　　　　　时间：××××年××月××日

2. 配线子系统的线槽、线管安装

按照图6-29综合布线工程示意图所示位置和要求，完成FD1、FD2、FD3三个楼层配线子系统的线槽、线管安装和布线端接。

（1）FD1配线子系统布线安装（线管布线安装）

完成FD1配线子系统线管安装和布线，管理间FD1机柜内配线架、理线环安装和网线端接。

要求线管安装位置正确，横平竖直，现场自制弯头，接缝间隙必须小于1mm，布线施工规范合理。

（2）FD2配线子系统布线安装（线槽布线安装）

完成FD2配线子系统线槽安装和布线，管理间FD2机柜内配线架、理线环安装和网线端接。

要求线槽安装位置正确，横平竖直，现场自制弯头，接缝间隙必须小于1mm，布线施工规范合理。

（3）FD3配线子系统布线安装（线槽/管组合）

完成FD3配线子系统线槽/管的安装和布线，管理间FD3机柜内配线架、理线环安装和网线端接。

要求线槽/线管安装位置正确，横平竖直，现场自制弯头，接缝间隙必须小于1mm，布线施工规范合理。

评判要点：

1）材料使用正确。

2）线槽、穿线管安装位置正确、横平竖直。

3）按照要求自制弯头。

4）接缝小于1mm。

5）信息插座模块端接正确。

6）有线标。

竞赛作品如图6-30所示。

图6-30　竞赛作品

6.8　全国中等职业教育组信息化实训教学竞赛项目简介

该大赛旨在推动职业院校改革创新教育教学模式，提高教师信息化教学能力，展示职业院校信息化教学取得的新成果，交流信息化教学新经验，促进信息技术与教育教学深度融合，提高技术技能人才培养质量。

大赛分中等职业教育组、高等职业教育组和军事职业组，分别下设信息化教学设计、信息化课堂教学、信息化实训教学3个赛项，如图6-31所示。覆盖了中、高职全部公共基础课程和专业门类，并进一步聚焦了配线子系统设计、安装与检测，水平角测量，简易数字电压表的装配与调试等实践性教学内容，重点考察教师运用信息技术、数字资源和信息化教学环境，实施教学、解决难点、达成目标的能力。

图6-31　竞赛作品

习　　题

请扫描二维码下载第6章习题，按照教师安排按时完成。

习题

第7章
管理间子系统工程技术

管理间子系统一般设置在每个楼层的中间位置，是楼层专门配线的房间，是水平子系统电缆端接的场所。本章将详细介绍综合布线系统工程中管理间子系统的基本概念、设计原则与工程技术，并给出管理间子系统的设计实例。

知识目标：熟悉管理间子系统的基本概念和设计原则等知识，掌握管理间数量、面积、环境要求和常用连接器件等知识。

技能目标：通过实训了解机柜的规格和性能、布置原则、安装方法和使用要求，掌握网络机柜和配线设备的安装方法和技巧。

素养目标：培养团结协作的精神，养成精工细作、精雕细琢的职业习惯。

7.1 管理间子系统的基本概念

7.1.1 什么是管理间子系统

管理间子系统（Administration Subsystem）由交连、互联和I/O（输入/输出）组成。管理间是连接垂直子系统和水平子系统的设备，其主要设备是配线架、交换机、机柜和电源等。管理间子系统示意图如图7-1所示。

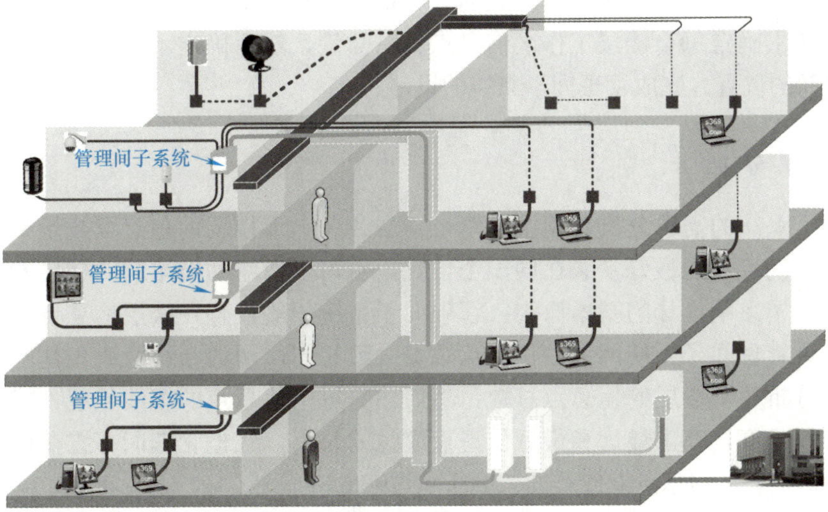

图7-1 管理间子系统示意图

在综合布线系统中，管理间子系统包括楼层配线间、二级交接间、建筑物设备间的缆线、配线架及相关接插跳线等。通过综合布线系统的管理间子系统，可以直接管理整个应用系统终端设备，从而实现综合布线的灵活性、开放性和扩展性。

7.1.2 管理间子系统的划分原则

管理间主要是楼层安装配线设备、网络交换机和路由器等设备的场地，必须考虑在该场地设置缆线竖井、等电位接地体、电源插座、UPS、配电箱等基础设施。配线设备主要有网络配线架、通信跳线架、理线架等，这些设备必须安装在机柜机架或机箱中，通过桥架进线和出线。在场地面积允许的情况下，也可设置建筑物安防、消防、建筑设备监控系统、无线信号等系统的线槽和功能模块等。管理间有时也称为电信间，如果综合布线系统与弱电系统设备合并设置在同一场地，从建筑的角度来说，一般也称为弱电间。

现在，大楼的综合布线系统在设计时，通常在每一楼层都设立一个管理间，用来管理该楼层的信息点，改变了以往几层共享一个管理间子系统的做法，这也是综合布线的发展趋势。

管理间子系统也是楼层专门配线的房间，是水平子系统电缆端接的场所。它由大楼主配线架、楼层分配线架、跳线等组成。用户可以在管理间子系统中更改、增加、交接、扩展缆线，从而改变缆线的路由。

管理间子系统中以配线架为主要设备，配线设备可直接安装在19英寸机架或者机柜上。

管理间房间面积的大小一般根据信息点的多少安排和确定，如果信息点多，则考虑使用一个单独的房间来放置；如果信息点很少，则采取在墙面安装机柜的方式。当局部区域信息点比较密集时，也可以设置多个分管理间。

7.2 管理间子系统的设计原则

7.2.1 设计步骤

管理间子系统一般根据楼层信息点的总数量和分布密度情况设计，首先按照各个工作区子系统的需求确定每个楼层工作区信息点的总数量，然后确定水平子系统缆线长度，最后确定管理间的位置，完成管理间子系统的设计。

7.2.2 需求分析

管理间子系统的需求分析必须围绕单个楼层或者上下楼层的信息点数量和布线距离进行，各个楼层的管理间最好安装在同一个位置，也可以考虑功能不同的楼层安装在不同的位置。管理间子系统设计的基本原则：管理间子系统一般设置在楼层信息点总数的中间位置，也就是说管理间子系统两边的信息点数量大致相同，两边布线距离也基本相近。根据点数统计表分析每个楼层的信息点总数，然后估算每个信息点的缆线长度，特别注意最远信息点的缆线长度，列出最远和最近信息点缆线的长度，宜把管理间布置在信息点的中间位置，同时保证各个信息点双绞线的长度不超过90m。

7.2.3 技术交流

在进行需求分析后，要与用户进行技术交流，在交流中要重点了解拟规划管理间子系统附近的电源插座、电力电缆、电气设备等情况。

7.2.4 阅读建筑物图纸和管理间编号

在确定管理间位置前，索取和认真阅读建筑物图纸是必要的。通过阅读建筑物图纸掌握建筑物的土建结构、强电路径、弱电路径，特别是主要电气设备和电源插座的安装位置，重点掌握管理间附近的电气设备、电源插座、暗埋管线等。

在阅读图纸时，进行记录或者标记，这有助于将网络和电话等插座设计在合适的位置，避免强电或者电气设备对网络综合布线系统的影响。

管理间的命名和编号也是非常重要的一项工作，直接涉及每条缆线的命名，因此管理间命名首先必须准确表达清楚该管理间的位置或者用途，这个名称从项目设计开始到竣工验收及后续维护必须保持一致。如果出现项目投入使用后用户改变名称或者编号的情况，则必须及时制作名称变更对应表，作为竣工资料保存。

管理间子系统必须使用彩色标签，清楚标明配线设备的性质，标明电缆端接区域、物理位置、编号、容量、规格等，以便维护人员在现场一目了然地加以识别。综合布线系统一般采用电缆标记、位置标记、进出线标记等。电缆和光缆的两端应采用不易脱落和磨损的不干胶条标明相同的编号。

管理间子系统的标记或者标识编制，应按下列原则进行：

1）规模较大的综合布线系统应采用计算机进行标识管理，简单的综合布线系统应按图样资料进行管理，并应做到记录准确、及时更新、便于查阅。

2）综合布线系统的每条电缆、光缆、配线设备、端接点、安装通道和安装空间均应给定唯一的标识。标识中应包括名称、颜色、编号、字符串或其他组合。

3）配线设备、缆线、信息插座等硬件均应设置不易脱落和磨损的标识，并应有详细的书面记录和图样资料。

4）同一条缆线或者永久链路的两端编号必须相同。

5）设备间、管理间的配线设备宜采用统一的色标，以区别各类用途的配线区。

7.2.5 设计原则

1. 管理间数量的确定

每个楼层一般宜至少设置1个管理间。在特殊情况下，每层信息点数量较少，且水平缆线长度不大于90m，则可以几个楼层合设一个管理间。管理间数量的设置宜按照以下原则：

如果该层信息点数量不大于400个，水平缆线长度在90m范围以内，则宜设置一个管理间，当超出这个范围时宜设两个或多个管理间。

在实际工程应用中，为了方便管理和保证网络传输速度或者节约布线成本（如学生公寓，信息点密集、使用时间集中、楼道很长），也可以按照100～200个信息点设置一个管理间的原则，将管理间机柜明装在楼道。

2. 管理间的面积

GB 50311中规定管理间的使用面积不应小于5m^2，也可根据工程中配线管理和网络管理的容量进行调整。一般新建楼房都有专门的垂直竖井，楼层的管理间基本都设计在建筑物竖井位置，面积在$3m^2$左右。在一般小型网络综合布线系统工程中管理间也可能只是一个网络机柜。

一般旧楼增加网络综合布线系统时，可以将管理间选择在楼道中间位置的办公室，也可以采取壁挂式机柜直接明装在楼道，作为楼层管理间。

管理间安装落地式机柜时，机柜前面的净空不应小于800mm，后面的净空不应小于600mm，方便施工和维修。安装壁挂式机柜时，一般在楼道的安装高度不小于1.8m。

3. 管理间电源的要求

管理间应提供不少于两个220V带保护接地的单相电源插座。管理间如果安装电信管理或其他信息网络管理设备时，则管理间的供电应符合相应的设计要求。

4. 管理间门的要求

管理间应采用外开防火门，门宽不小于0.9m。

5. 管理间环境的要求

管理间内温度应为10～35℃，相对湿度宜为20%～80%。一般应该考虑网络交换机等设备发热对管理间温度的影响，在夏季必须保持管理间温度不超过35℃。

7.2.6 管理间子系统连接器件

管理间子系统的管理器件分为两大类，即电缆管理器件和光纤器件。这些管理器件用于配线间和设备间的缆线端接，构成一个完整的综合布线系统。

1. 电缆管理器件

电缆管理器件主要有配线架、理线环、机柜等。配线架主要有110系列跳线架、RJ-45模块化配线架、直通式配线架和卡装式RJ-45屏蔽配线架。

（1）110系列跳线架

110系列跳线架主要用于电话语音系统和网络综合布线系统，规格和种类也很多，但是不同品牌的产品结构和功能基本相似。有些厂家还根据应用特点不同细分为不同类型的产品。图7-2为110A型跳线架，图7-3为配套的4对和5对卡接模块。

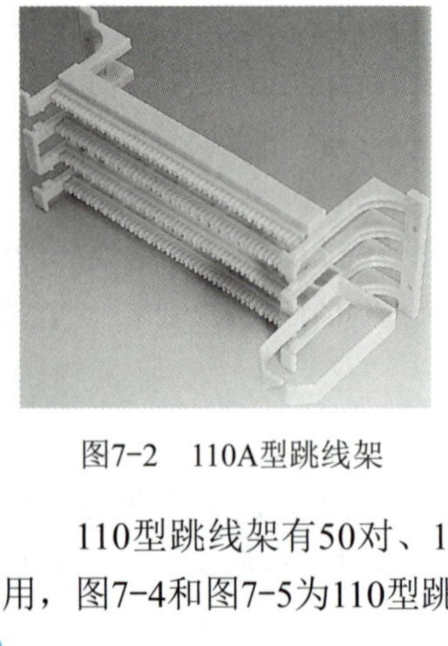

图7-2　110A型跳线架

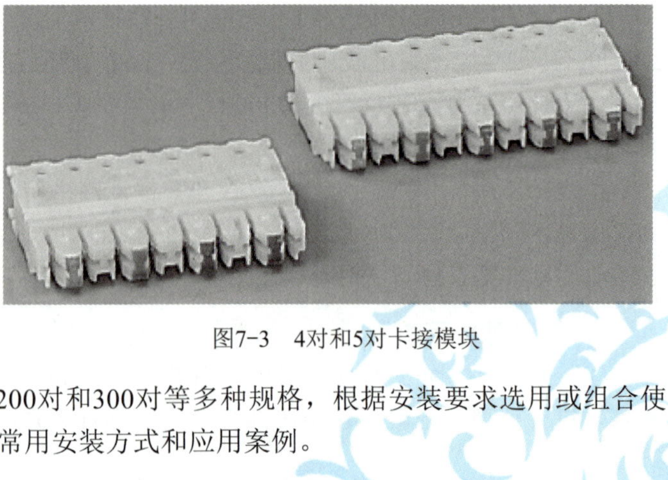

图7-3　4对和5对卡接模块

110型跳线架有50对、100对、200对和300对等多种规格，根据安装要求选用或组合使用，图7-4和图7-5为110型跳线架及常用安装方式和应用案例。

110型跳线架一般由下列部件组成：

1）50对、100对等接线块。

2）4对或5对卡接模块。

3）底板。

4）理线环。

5）跳插软线。

6）标签条。

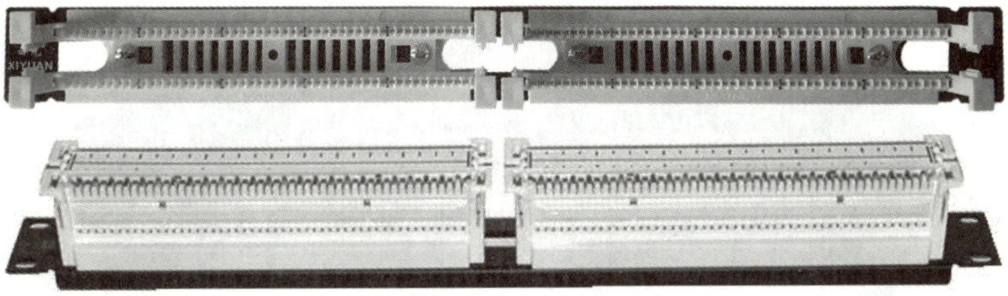

图7-4　110型跳线架

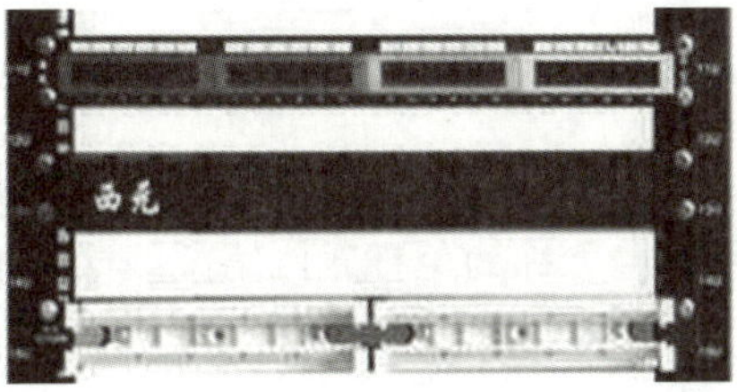

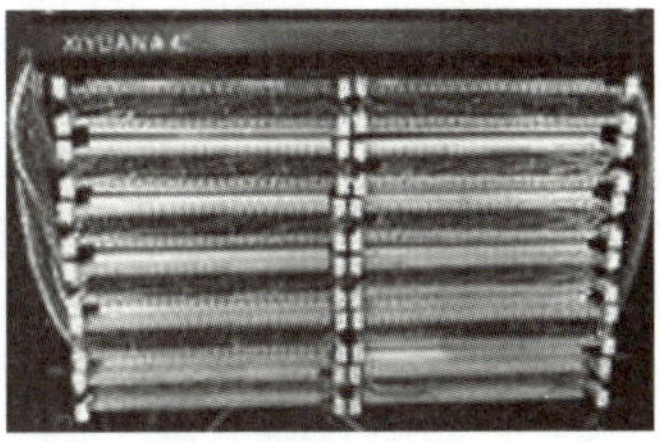

图7-5　110型跳线架常用安装方式和应用案例

（2）RJ-45模块化配线架

RJ-45模块化配线架主要用于网络综合布线系统，根据传输性能的要求分为5类、超5类、6类等。配线架前端面板为RJ-45接口，可通过RJ-45—RJ-45软跳线连接到计算机或交换机等网络设备，配线架后端为110型连接器，可以端接水平子系统电缆或干线电缆。配线架一般宽度为465mm（19英寸），高度为1U～4U，主要安装在19英寸机柜内。图7-6为模块化网络配线架的前端面板和背后结构照片，规格为19英寸、1U、 24口、RJ-45型，基本单元为6个RJ-45口组合模块，将4个这样的组合模块安装在19英寸1U的面板上，就组成了24口配线架。如果将8个这样的模块安装在19英寸2U的面板上，就能组成48口配线架。请扫描“303知识牌”，学习网络配线架端接关键技术技能。

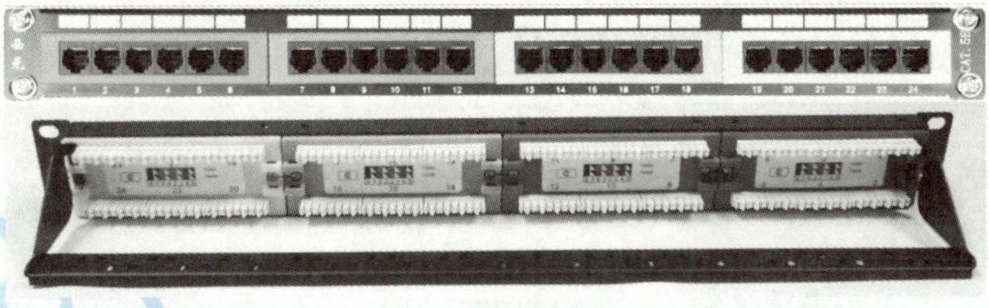

303知识牌

图7-6　模块化网络配线架的前端面板和背后结构照片

配线架前端面板可以安装相应标签以区分各个端口的用途，方便电缆管理。配线架后端的连接器都有清晰的色标，方便按色标顺序端接。

（3）直通式配线架

直通式配线架是一种新型网络配线架，它由直通模块和支架组成。直通模块前后均为RJ-45口，支架为钢板喷塑材质，后部设计有弹性理线锁，适合电缆快速放入、理线和固定。主要用于网络综合布线系统，分为超5类、6类、7类等，根据接口数量分为24口、48口等。图7-7为19寸1U24口直通式配线架前面板和背后结构，直接安装在标准19英寸通信集装架内。

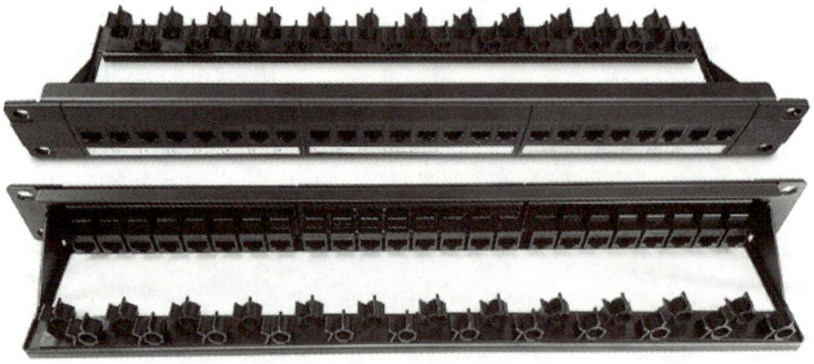

图7-7　直通式配线架结构

直通式配线架可以安装工厂批量标准化生产的跳线，能够即插即用，只需将跳线插入直通模块的前后端口，即可完成连接，因此也可称为免打式网络配线架。安装与电缆管理、更换与维护方便快捷，也适用于高密度布线环境或需要快速布线的场所。

这种快速简单的连接方式大大提高了工作效率，减少了连接时间和人力成本。随着人力成本与管理成本的持续增高，以及工期较短项目需要，直通式配线架将普遍使用。

（4）卡装式RJ-45屏蔽配线架

卡装式RJ-45屏蔽配线架比较复杂，一般应用在屏蔽布线系统中。每个模块都是屏蔽式结构，能够快速拆卸和安装，外壳为钢或者铝合金等导电金属。端接时将模块拆卸下来，完成端接时再卡装好，方便配线端接和理线。

屏蔽配线架根据传输性能的要求分为5类、6类等。一般24个屏蔽模块并排安装在1个面板上，组成24口配线架。图7-8为卡装式RJ-45屏蔽配线架的前端面板和背后结构照片，规格为19英寸、1U、24口、RJ-45型。图7-9为卡装式RJ-45屏蔽模块的结构和零部件照片。

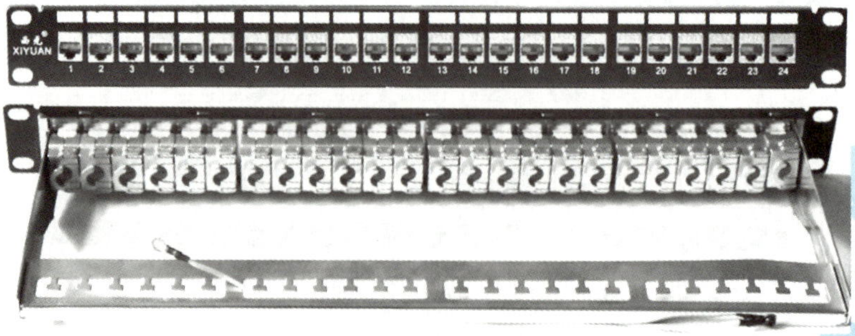

图7-8　卡装式RJ-45屏蔽配线架的前端面板和背后结构照片

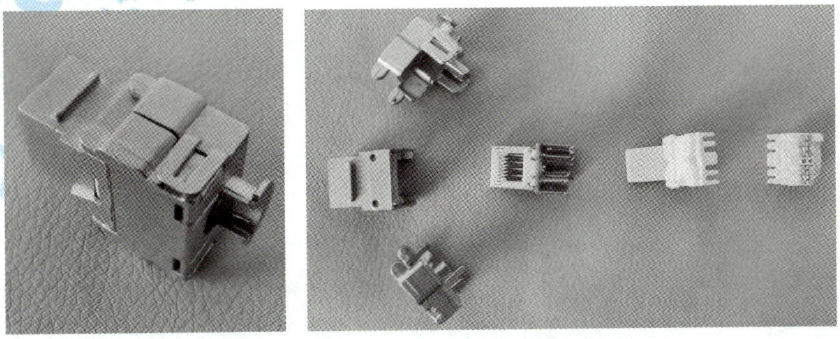

图7-9　卡装式RJ-45屏蔽模块的结构和零部件照片

扫描二维码观看《6类屏蔽配线架和卡装式免打模块端接方法》视频，建议至少看3遍。

扫码看视频

2．光纤器件

光纤器件的规格和种类很多，一般常用的有光纤接续盒、接线箱和光纤配线架，内部安装有光纤终接单元（俗称盘纤盒）。光纤配线架接口为光纤适配器（也称耦合器），通过光纤跳线与交换机连接或者互联。下面介绍几种常用光纤器材。

（1）光纤接续盒

光纤接续盒适合于数量较少的光纤接续或者互联使用，图7-10a为室内光纤接续盒，适合安装在室内，图7-10b为室外光纤接续盒，具有防水、防尘等功能，适合安装在室外墙面或者架空，也适合安装在地下管沟或者城市地下管廊内。

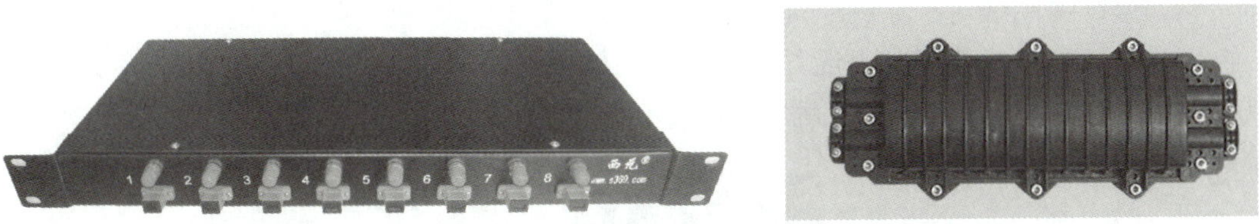

a）　　b）

图7-10　光纤接续盒

a）室内光纤接续盒　b）室外光纤接续盒

（2）光纤接线箱

光纤接线箱适合于数量较多的光纤接续或者连接的场合，一般直接安装在墙面或者专门的通信机柜内，如图7-11所示。

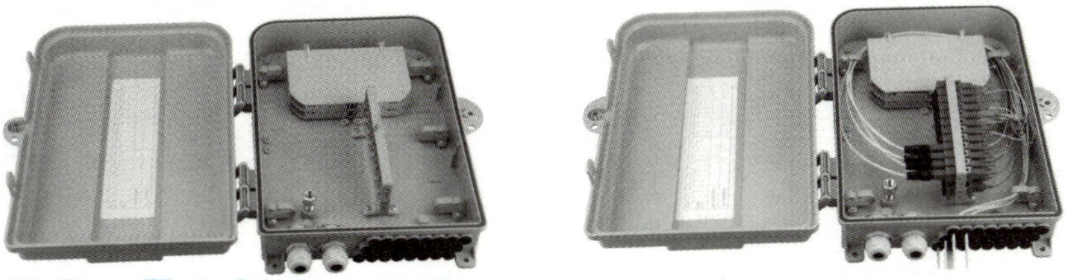

图7-11　光纤接线箱和应用示意图

（3）光纤配线架

光纤配线架一般为机架式，适合直接安装在19英寸机柜内，在建筑物的综合布线系统中安装在设备间和管理间的机柜内。常用光纤配线架的规格一般为8口、12口、16口、24口、48口等多种，接口又分为SC口、ST口等规格。

图7-12为19英寸1U机架式16口光纤配线架，上排为8个ST口，下排为8个SC口。图7-13为19英寸4U机架式48口光纤配线架，共有4层，每层12个SC口，安装时，可以将每层抽出来。

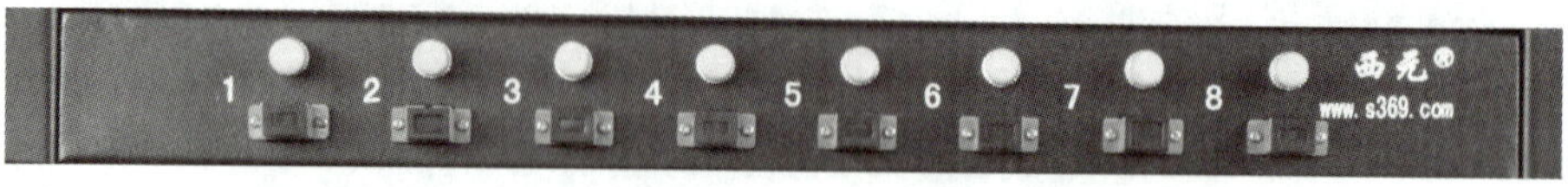

图7-12　19英寸1U机架式16口光纤配线架（8口ST +8口SC）

图7-13　19英寸4U机架式48口光纤配线架（4层×12口SC）

（4）光纤终接单元

光纤接续盒和配线架内一般都设计有专门的光纤终接单元，用于固定和保护光纤熔接点和存放多余光纤。图7-14为几种常用的光纤终接单元。

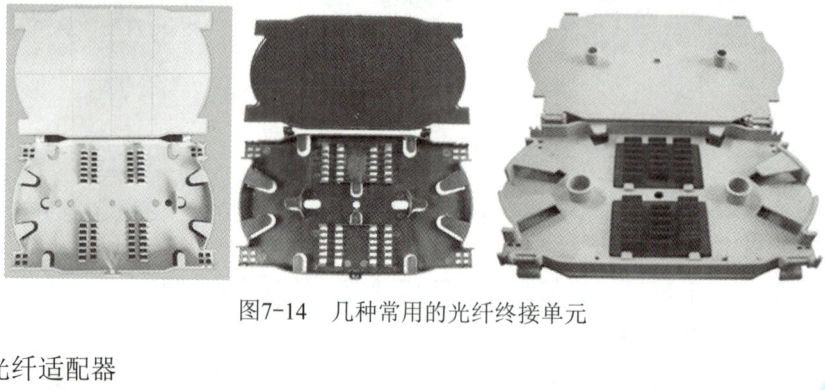

图7-14　几种常用的光纤终接单元

（5）光纤适配器

光纤通信设备和光纤配线架的正面一般都安装有光纤适配器，两端都可以插入光纤插头，两个光纤插头可以在适配器内准确对接，实现两根光纤的光路准确连通，实现光通信。一个光纤适配器只能插接一路光纤。

在计算机网络系统中，一般在光纤配线架内部，插接已经与光缆连接的尾纤，外部插接光纤跳线，实现与交换机或者终端设备的通信，也可以实现光纤之间的互连。

光纤适配器的型号较多，有SC—SC、SC—ST、SC—FC、SC—LC；ST—ST、ST—FC、ST—LC；FC—FC、FC—LC；LC—LC等，在综合布线系统中常用SC—SC、SC—ST、ST—ST等型号。SC型两端都为方口，在计算机网络系统中比较常用。ST型两端都为圆形卡接式，视频监控系统常用。FC型两端都为圆形螺纹扣式，一般用螺纹固定在机箱上。LC型为小方口，一般微型化设备使用较多。图7-15为光纤适配器和应用案例照片。

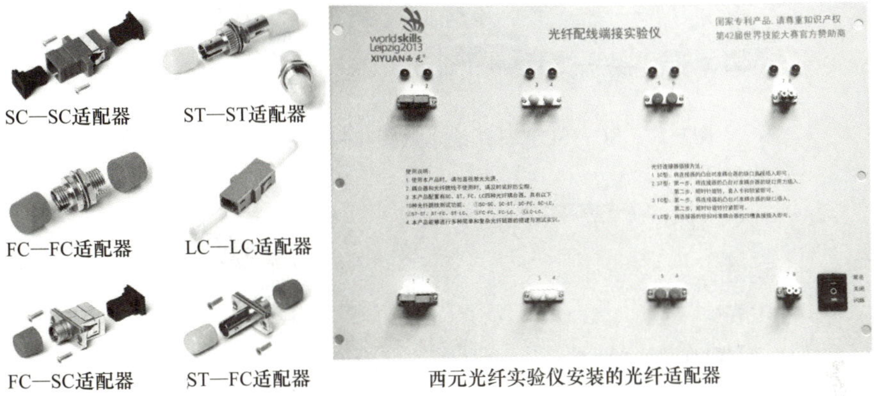

图7-15　光纤适配器和应用案例

掌握光纤适配器的种类和结构非常重要，有些使用M2螺钉安装，有些采用旋转卡装方式，安装和拆卸有特殊的方法和技巧，必须达到熟练程度，这也是教学实训的难点，因此建议使用图7-16所示的光纤端接测试实训装置（产品型号为KYPXZ—02—07）进行教学与实训，快速掌握光纤适配器的规格和安装方法与技巧。

扫描二维码观看《光纤端接测试实训装置》视频，建议至少看3遍。

扫码看视频

（6）光纤跳线

在计算机网络系统和通信系统大量使用光纤跳线，各种设备有不同的光纤接口，必须安装规定的光纤跳线。光纤跳线必须在工厂专门的洁净车间中进行生产，保证没有灰尘等杂物污染。

光纤跳线根据应用需求分为多种，一般按照接口形状、长度、通信模式等来进行分类。按照光纤跳线的长度分为1m、2m、3m、5m等规格，一般常用1m和3m。按照通信模式分为多模和单模，国际电信联盟规定，多模光纤跳线的外护套为橙色，单模光纤跳线的外护套为黄色。

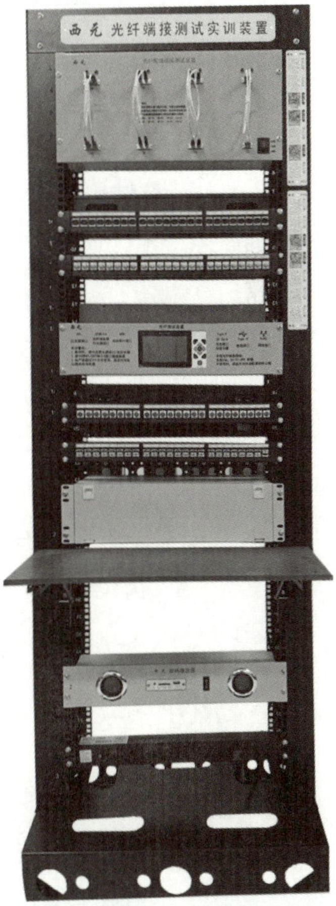

图7-16　光纤端接测试实训装置（见彩图）

下面采用光纤跳线示意图和两端插头实物照片直观展示这些光纤照片，如图7-17～图7-26所示。

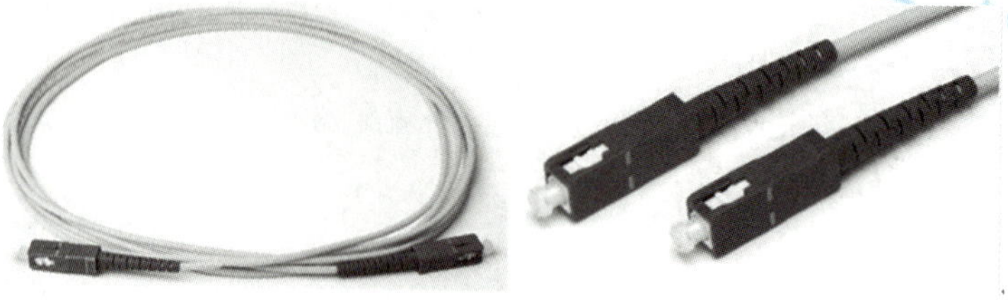

图7-17　SC—SC光纤跳线示意图和两端插头实物照片

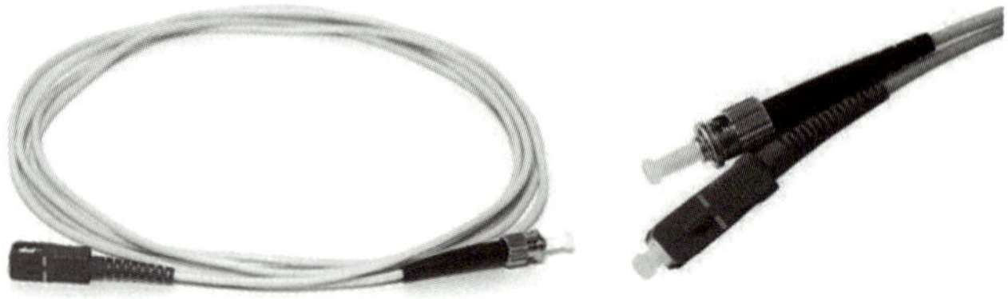

图7-18　SC—ST光纤跳线示意图和两端插头实物照片

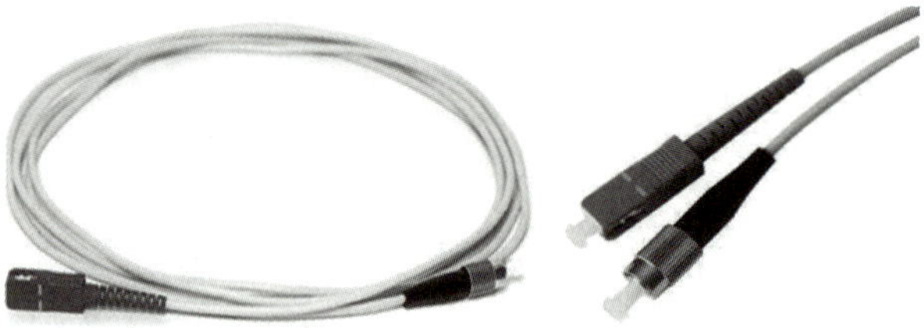

图7-19　SC—FC光纤跳线示意图和两端插头实物照片

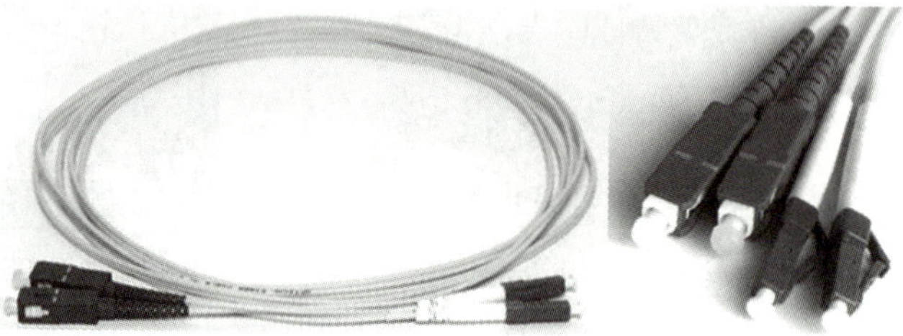

图7-20　SC—LC光纤跳线示意图和两端插头实物照片

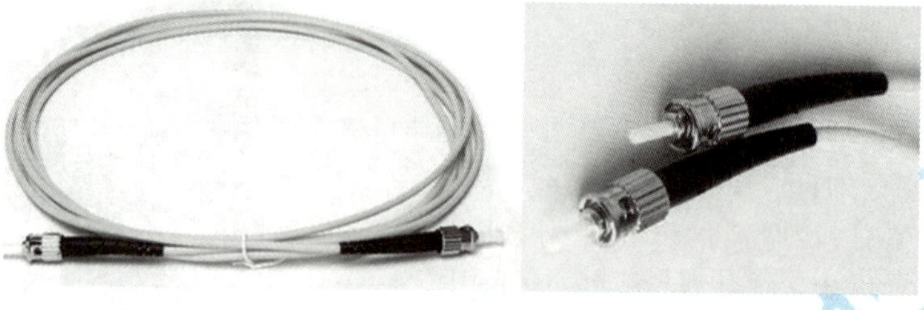

图7-21　ST—ST光纤跳线示意图和两端插头实物照片

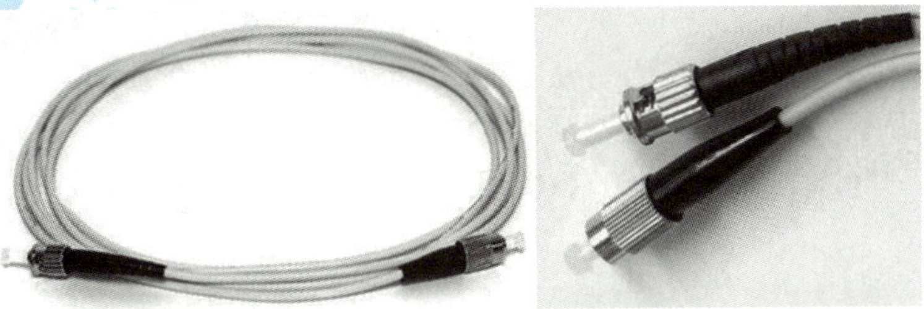

图7-22 ST—FC光纤跳线示意图和两端插头实物照片

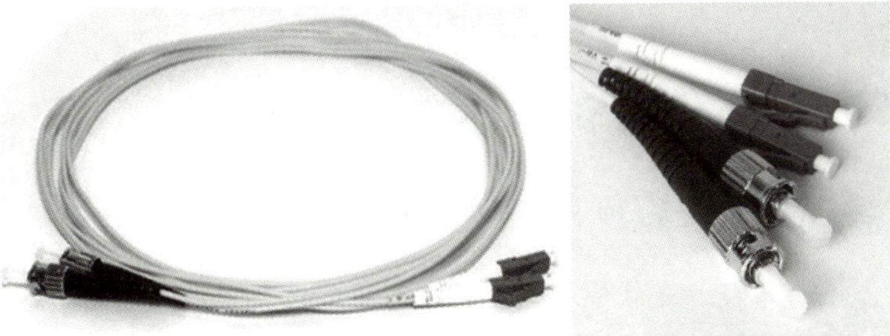

图7-23 ST—LC光纤跳线示意图和两端插头实物照片

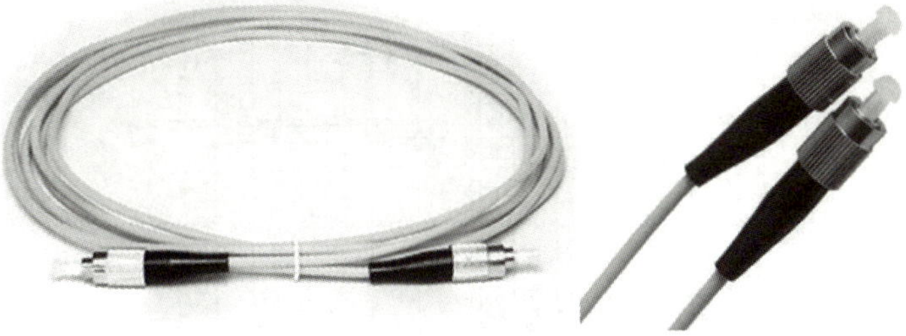

图7-24 FC—FC光纤跳线示意图和两端插头实物照片

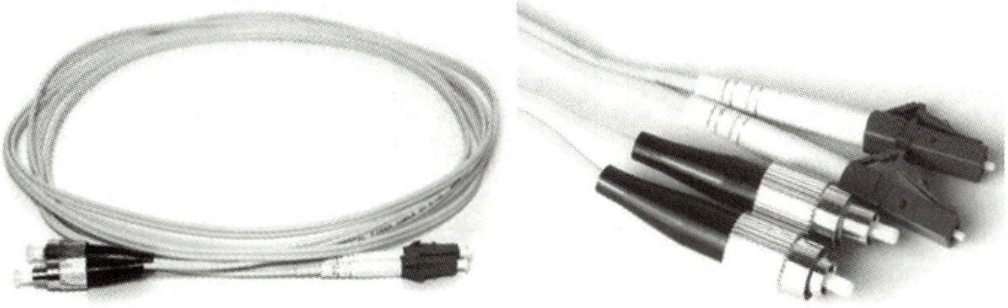

图7-25 FC—LC光纤跳线示意图和两端插头实物照片

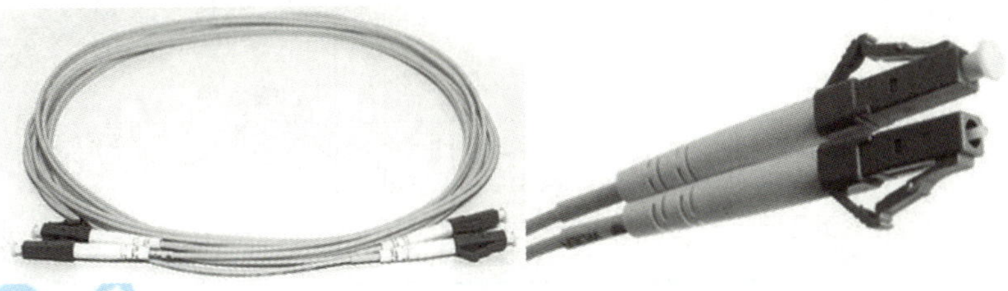

图7-26 LC—LC光纤跳线示意图和两端插头实物照片

在综合布线系统工程的设计、安装与维护中，需要经常和大量使用各种光纤跳线。不同的光纤跳线有不同的安装、拆卸方法与技巧，因此必须熟练掌握常用光纤跳线的规格和安装方法，必须达到熟练程度，这也是教学实训的难点。建议使用图7-16所示的光纤端接测试实训装置（型号KYPXZ—02—07）和光缆器材展示柜（型号KYSYZ—01—12—2）进行教学与实训。

扫描二维码观看《光纤连接器和光纤跳线的认识与安装测试方法》《光纤测试链路的搭建》《光纤复杂链路的搭建》视频，建议至少看3遍。

扫码看视频　扫码看视频　扫码看视频

7.3　管理间子系统的设计实例

7.3.1　设计实例1　建筑物竖井内安装方式

随着网络的发展和普及，在新建的建筑物中每层都设置管理间，并给网络等留有弱电竖井，便于安装网络机柜等管理设备。建筑物竖井管理间安装网络机柜示意如图7-27所示。这样方便设备的统一维修和管理。管理间网络机柜设备安装示意如图7-28所示。

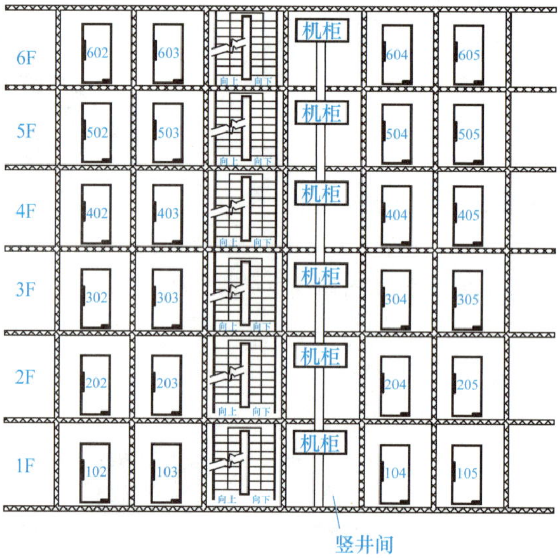

图7-27　建筑物竖井管理间安装网络机柜示意图

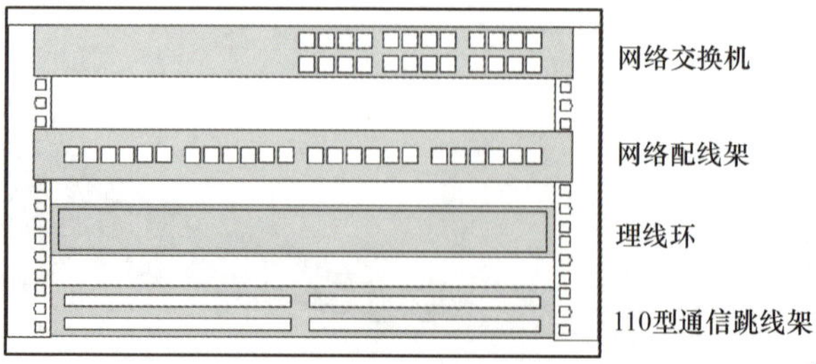

图7-28　管理间网络机柜设备安装示意图

7.3.2 设计实例2 建筑物楼道明装方式

在学校宿舍信息点比较集中、数量相对多的情况下，考虑将网络机柜安装在楼道的两侧，如图7-29所示。这样可以减少水平布线的距离，同时也方便网络布线施工的进行。

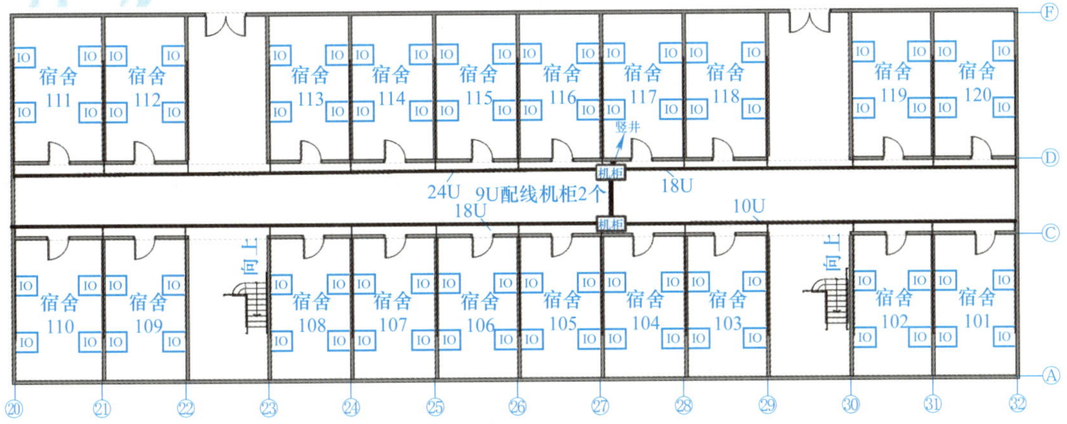

图7-29 楼道明装网络机柜示意图

7.3.3 设计实例3 住宅楼改造增加综合布线系统

在已有住宅楼中需要增加网络综合布线系统时，一般每个住户考虑1个信息点，这样每个单元的信息点数量比较少，一般将一个单元作为一个管理间，往往把网络管理间机柜设计安装在该单元的中间楼层，如图7-30所示。

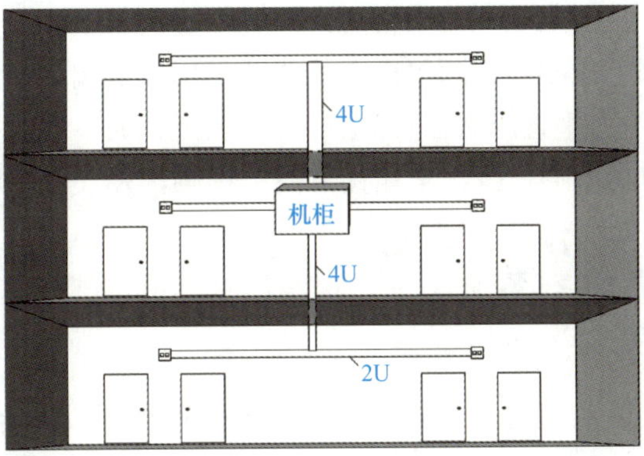

图7-30 旧住宅楼安装网络机柜示意图

7.4 管理间子系统的工程技术

7.4.1 机柜安装要求

GB 50311《综合布线系统工程设计规范》的第7章对机柜的安装有如下要求。

一般情况下，综合布线系统的配线设备和计算机网络设备采用19英寸标准机柜安装。

机柜尺寸通常为600mm（宽）×600mm（深）×2000mm（高），共有42U的安装空间。机柜内可安装光纤配线架、RJ-45电缆配线架、110型通信跳线架、理线架、理线环、网络交换机等设备。19英寸立式机柜必须落地安装，四周预留规定的检修空间。

对于管理间子系统来说，多数情况下采用6～12U壁挂式机柜。一般安装在每个楼层的竖井内或者楼道中间位置，采取三角支架或者膨胀螺栓固定机柜。

7.4.2 电源安装要求

管理间的电源一般安装在网络机柜的旁边，安装220V（三孔）电源插座。如果是新建建筑，一般要求在土建施工过程中按照弱电施工图上标注的位置安装到位。

7.4.3 通信跳线架的安装

安装通信跳线架是为了满足任何1个信息点都能实现计算机数据高速传输的需求。首先用5对卡接模块将工作区信息点过来的全部电缆端接在110型通信跳线架的下层。如果该信息点为语音，则上层再端接到语音跳线架，然后用跳线连接语音交换机。如果该信息点为计算机数据，则上层再端接到网络配线架，然后用跳线连接网络交换机。如果需要将语音或者数据信息点改变，则在110型跳线架的上层重新进行端接即可。

安装步骤如下：

1）取出110型跳线架和附带的螺钉。

2）利用十字螺丝刀把110型跳线架用螺钉直接固定在网络机柜的立柱上。

3）理线。

4）按打线标准把每个线芯按照顺序压在跳线架下层模块端接口中。

5）把5对卡接模块用力垂直压接在110型跳线架上，完成下层端接。

扫描二维码观看《110型通信跳线架端接方法》视频，建议至少看3遍。

扫码看视频

7.4.4 网络配线架的安装

网络配线架安装要求：

1）在机柜内部安装配线架前，首先要进行设备位置规划或确定设计图规定位置，统一考虑机柜内部的跳线架、配线架、理线环、交换机等设备。同时考虑配线架与交换机之间跳线方便。

2）当电缆采用地面出线方式时，一般从机柜底部穿入机柜内部，配线架宜安装在机柜下部。当电缆采取顶部桥架进线方式时，一般从机柜顶部穿入机柜内部，配线架宜安装在机柜上部。当电缆采取从机柜侧面穿入机柜内部时，配线架宜安装在机柜中部。

3）配线架应该安装在左右对应的孔中，水平误差不大于2mm，更不允许左右孔错位安装。

网络配线架的安装步骤如下：

1）检查配线架和配件是否完整。

2）将配线架安装在机柜设计位置的立柱上。

3）理线。

4）端接打线。

5）做好标记，安装标签条。

7.4.5 交换机安装

在交换机安装前首先检查产品外包装是否完整并开箱检查产品，收集和保存配套资料。一般包括交换机、2个支架、4个橡皮脚垫、4个螺钉、1根电源线、1个电缆跳线。然后准备安装交换机，一般步骤如下：

1）从包装箱内取出交换机设备。

2）给交换机安装两个支架，安装时要注意支架方向。

3）将交换机放到机柜中提前设计好的位置，用螺钉固定到机柜立柱上，一般交换机上下要留一些空间用于空气流通和设备散热。

4）将交换机外壳接地，将电源线拿出来插在交换机后面的电源接口上。

5）完成上面几步操作后就可以打开交换机电源了，开启状态下查看交换机是否出现抖动现象，如果出现则检查脚垫高低或机柜上的固定螺钉松紧情况。

注意：拧取这些螺钉的时候不要过于紧，否则会让交换机倾斜，也不能过于松垮，这样交换机在运行时不会稳定，工作状态下设备会抖动。

7.4.6 理线环的安装

理线环的安装步骤如下：

1）取出理线环和所带的配件——螺钉包。

2）将理线环安装在网络机柜的立柱上。

注意：在机柜内设备之间的安装距离至少留1U的空间，便于设备散热。

7.4.7 编号和标记

管理间子系统一般都安装了大量的缆线、管理器材及跳线。为了方便以后线路的管理工作，管理间子系统的缆线、管理器材及跳线都必须做好标记，标明位置、用途等信息。完整的标记应包含以下信息：建筑物名称、位置、区号、起始点和功能。

综合布线系统一般常用3种标记：电缆标记、场标记和插入标记，其中插入标记用途最广。

1．电缆标记

电缆标记主要用来标明电缆来源和去处，在电缆的起始端和终端都应做好电缆标记。电缆标记由背面为不干胶的白色材料制成，可以直接贴到各种电缆表面上．其规格尺寸和形状根据需要而定。例如，1根电缆从三楼311房间的第1个计算机网络信息点布线至楼层管理间，则该电缆的两端应标记上“311—D1”的标记，其中“D”表示数据信息点。

2. 场标记

场标记又称为区域标记，一般用于设备间、配线间和二级交接间的管理器材之上，以区别管理器件连接缆线的区域范围。它也是由背面为不干胶的材料制成，可贴在设备醒目的平整表面上。

3. 插入标记

插入标记一般用在管理器材上，如110型跳线架、网络配线架等。插入标记是硬纸片，可以插在1.27cm×20.32cm的透明塑料夹里。每个插入标记都用彩色标签来指明所连接电缆的来源位置。对于插入标记的色标，综合布线系统有较为统一的规定，见表7-1。

表7-1 综合布线色标规定

色别	设备间	配线间	二级交接间
蓝	设备间至工作区或用户终端的线路	连接配线间与工作区的线路	来自交换间连接工作区的线路
橙	网络接口、多路复用器引来的线路	来自配线间多路复用器的输出线路	来自配线间多路复用器的输出线路
绿	来自电信局的输入中继线或网络接口的设备侧	—	—
黄	交换机的用户引出线或辅助装置的连接线路	—	—
灰	—	至二级交换间的连接电缆	来自配线间的连接电缆端接
紫	来自系统公用设备（如程控交换机或网络设备）的连接线路	来自系统公用设备（如程控交换机或网络设备）的连接线路	来自系统公用设备（如程控交换机或网络设备）的连接线路
白	干线电缆和建筑群间连接电缆	来自设备间干线电缆的端接点	来自设备间干线电缆的点到点端接

通过不同色标可以很好地区别各个区域的电缆，方便管理间子系统的线路管理工作。

7.5 管理间子系统的工程技术实训项目

7.5.1 实训项目1 壁挂式机柜的安装

【实训目的】

1）通过常用壁挂式机柜的安装，了解机柜的布置原则、安装方法和使用要求。

2）通过壁挂式机柜的安装，熟悉常用壁挂式机柜的规格和性能。

【实训要求】

1）准备实训工具，列出实训工具清单。

2）独立领取实训材料和工具。

3）完成壁挂式机柜的定位。

4）完成壁挂式机柜的墙面固定安装。

【实训材料和工具】

1）实训专用M6×12十字螺钉，用于固定壁挂式机柜，每个机柜使用4个。

2）十字螺丝刀，长度150mm，用于固定螺钉。一般每人1把。

图7-31　壁挂式网络机柜

【实训设备】

实训设备一：ICT工程技术实训平台，产品型号：XYICT—443，数量应满足实训人数需要。

实训设备二：壁挂式网络机柜，如图7-31所示。

【实训步骤】

1）设计一种设备安装图，确定壁挂式机柜安装位置。

2或3人组成一个项目组，选举负责人，每组设计一种设备安装图，并绘制图样。项目负责人指定1种设计方案进行实训，如图7-32所示。

2）准备实训工具，列出实训工具清单。

3）领取实训材料和工具。

4）准备好需要安装的设备—— 壁挂式网络机柜，将网络机柜的门先取掉，方便机柜的安装。

5）使用专用螺钉，在设计好的位置安装壁挂式网络机柜。

6）安装完毕，将门再重新安装到位，如图7-33所示。

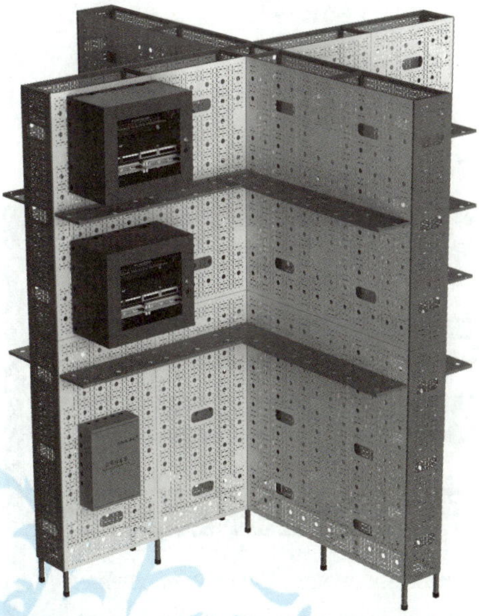

图7-32　设计安装网络机柜

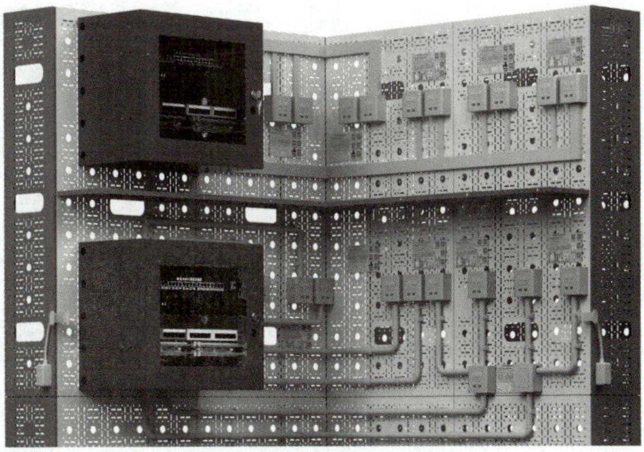

图7-33　安装到位的网络机柜

7）将机柜进行编号。

【实训报告】

1）画出壁挂式机柜安装位置布局示意图。

2）写出常用壁挂式机柜的规格。

3）分步陈述实训程序或步骤以及安装注意事项。

4）总结实训体会和操作技巧。

7.5.2 实训项目2 电缆配线设备的安装

【实训目的】

1）通过网络配线设备的安装和压接线实验，了解网络机柜内布线设备的安装方法和使用功能。

2）通过配线设备的安装，熟悉常用工具和配套基本材料的使用方法。

【实训要求】

1）准备实训工具，列出实训工具清单。

2）独立领取实训材料和工具。

3）完成网络配线架的安装和压接线实验。

4）完成理线环的安装和理线实验。

【实训材料和工具】

1）配线架，每个壁挂式机柜内1个。

2）理线环，每个配线架1个。

3）4-UTP网络双绞线，模块压接线实训用。

4）十字螺丝刀，长度150mm，用于固定螺钉。一般每人1把。

5）压线钳，用于压接网络配线架模块，一般每人1把。

【实训设备】

推荐实训设备：ICT工程技术实训平台，型号：XYICT—443，数量应满足实训人数需要。

【实训步骤】

1）设计一种机柜内安装设备布局示意图，并且绘制安装图，如图7-34所示。

3或4人组成一个项目组，选举项目负责人，每组设计一种设备安装图，并且绘制图样。项目负责人指定1种设计方案进行实训。

2）按照设计图，核算实训材料规格和数量，掌握工程材料核算方法，列出材料清单。

3）按照设计图，准备实训工具，列出实训工具清单。

4）领取实训材料和工具。

5）确定机柜内需要安装的设备和数量，

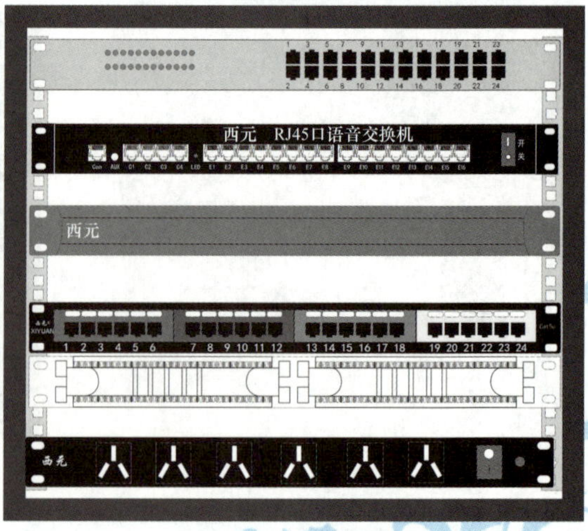

图7-34 安装设备布局

合理安排配线架、理线环的位置，主要考虑级连线路合理以及施工和维修方便。

6）准备好需要安装的设备，打开设备自带的螺钉包，在设计好的位置安装配线架、理线环等设备，注意保持设备平齐，螺钉固定牢固，并且做好设备编号和标记，如图7-35所示。

7）安装完毕后，开始理线和压接缆线，如图7-36所示。

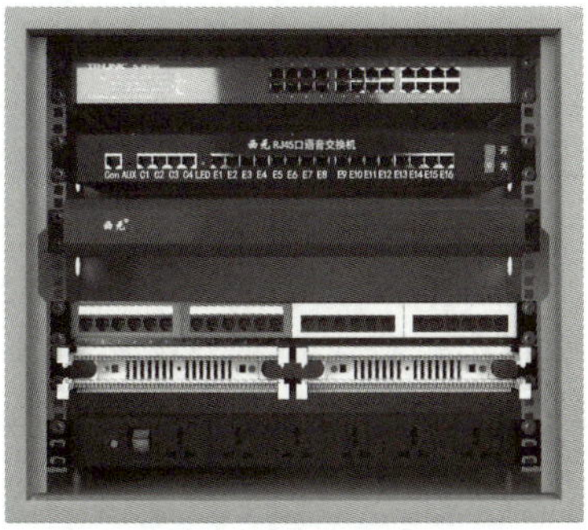

图7-35　安装到位的设备

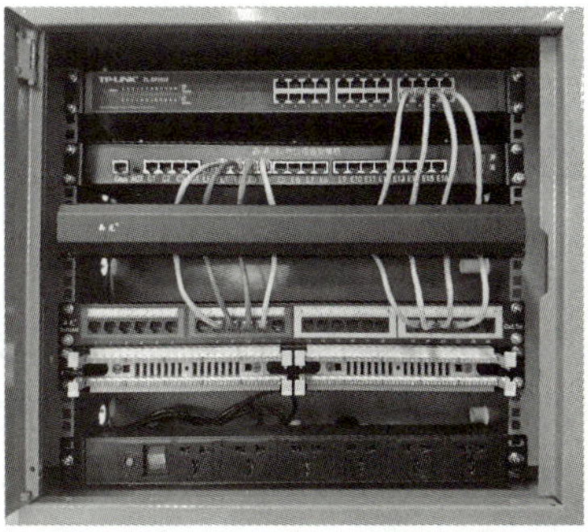

图7-36　完成设备和跳线安装

注意：设备之间的安装距离至少留1U的空间，便于散热。

【实训报告】

1）画出机柜内安装设备布局示意图。

2）写出常用理线环和配线架的规格。

3）分步陈述实训程序或步骤以及安装注意事项。

4）总结实训体会和操作技巧。

7.6　工程经验

1. 工程经验一　管理间使用机柜规格的确定

一般情况下，根据建筑物中网络信息点的多少来确定管理间的位置和安装网络机柜的规格。有时在规划机柜内安装设备后，必须考虑到增加信息点和设备的散热等因素，还要预留出1～2U的空间，以便将来容易将设备扩充进去。

常用网络机柜规格见表7-2。

表7-2　常用网络机柜规格

规格	高度/mm	宽度/mm	深度/mm	
42U	2000	600	800	650
37U	1800	600	800	650
32U	1600	600	800	650
25U	1300	600	800	650

（续）

规格	高度/mm	宽度/mm	深度/mm	
20U	1000	600	800	650
14U	700	600	450	
7U	400	600	450	
6U	350	600	420	
4U	200	600	420	

2．工程经验二　配线架、交换机端口的冗余

如果在施工中没有考虑交换机端口的冗余，在使用过程中，有些端口突然出现故障，无法迅速解决，则会给用户造成不必要的麻烦和损失。所以为了便于日后的维护和增加信息点，必须在机柜内配线架和交换机端口做相应冗余。在增加用户或设备时，只需简单接入网络即可。

3．工程经验三　配线架管理

配线架的管理以表格对应方式，根据座位、部门单元等信息，记录布线的路线并加以标识，以方便维护人员识别和管理。

4．工程经验四　机柜进出线方式

管理间经常使用各种6U和9U等壁挂小机柜，机柜必须能够在多个方向进出线。图7-37为常见的壁挂式机柜出线方式。

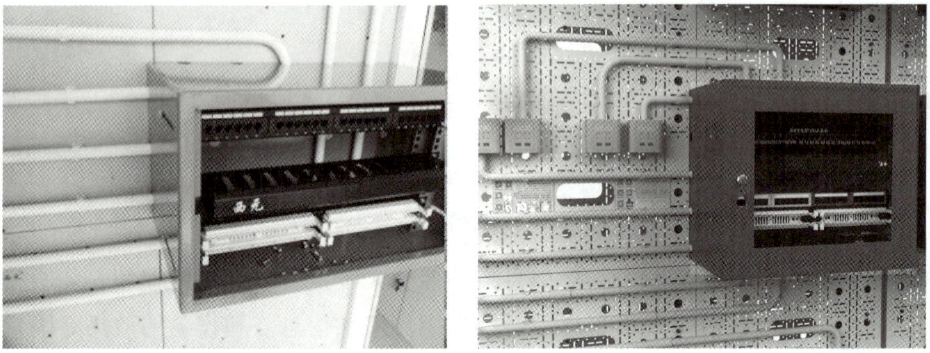

图7-37　壁挂式机柜出线方式

7.7　全国职业院校技能大赛中职组“网络综合布线技术”竞赛分析

管理间子系统的安装和端接

根据图7-38网络综合布线工程示意图机柜安装位置完成管理间子系统的安装和端接，

要求完成3个楼层3个管理间的FD1、FD2、FD3网络配线架安装和端接工作。设备安装位置正确，固定牢固，布线合理美观，端接正确。

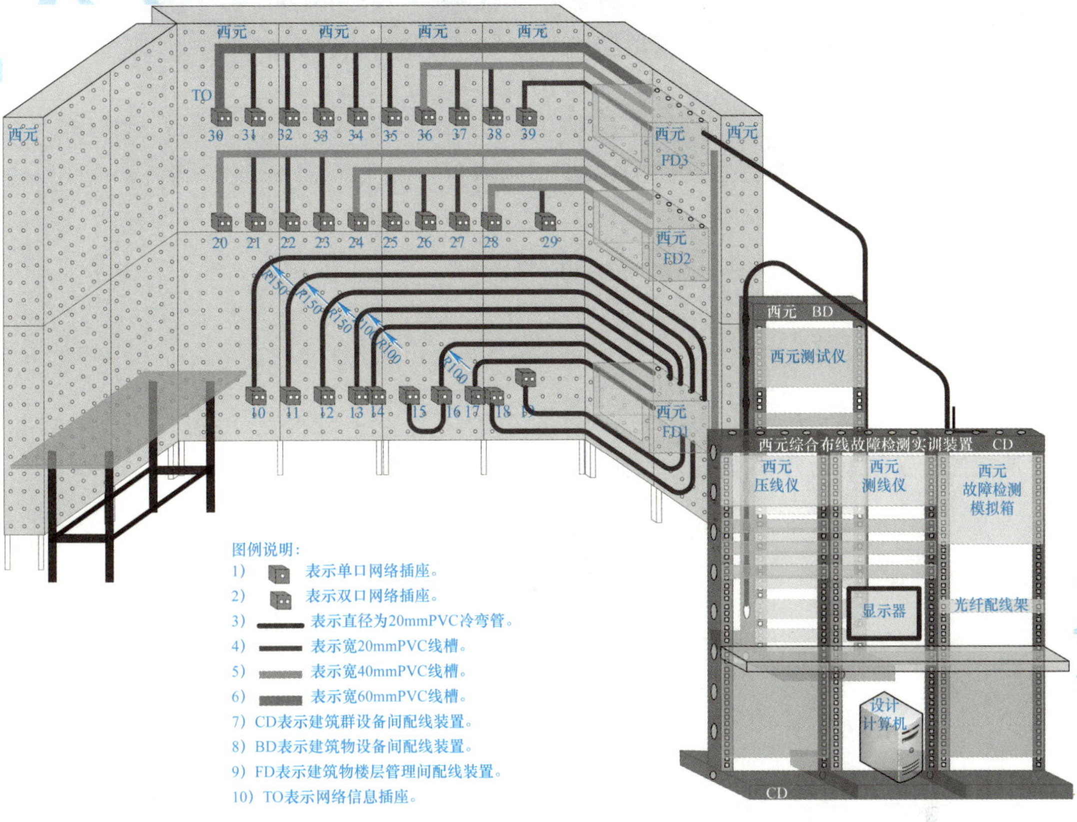

图7-38　网络综合布线工程示意图

各个楼层信息点的双绞线进入机柜后，首先整理并按顺序布置，然后通过理线环，最后端接到网络配线架模块上。配线架和理线环在机柜内部的安装位置如图7-39所示，每个配线架模块全部按照从左向右的顺序进行端接。

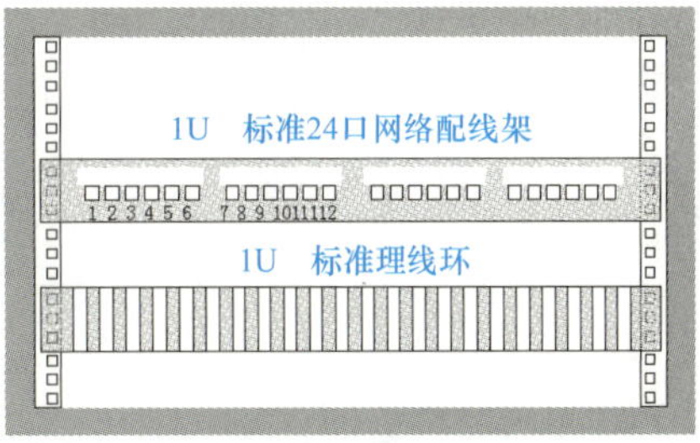

图7-39　机柜内设备安装位置图

评判要点：

1）设备安装位置正确。

2）设备固定牢固。

3）按照要求自制弯头。

4）接缝小于1mm。

5）模块端接正确。

6）有线标。

竞赛作品如图7-40所示。

图7-40　竞赛作品

习　　题

请扫描二维码下载第7章习题，按照教师安排按时完成。

习题

第8章

垂直子系统工程技术

垂直子系统是综合布线系统中非常关键的组成部分，它由设备间子系统与管理间子系统的缆线组成。本章将详细介绍综合布线系统工程中垂直子系统的基本概念、设计原则与工程技术，并给出垂直子系统设计实例。

知识目标：熟悉垂直子系统的基本概念和设计原则等知识，掌握确定缆线类型、路径选择、容量配置、保护方式等知识。

技能目标：通过实训项目，掌握垂直子系统的设计流程与施工方法，训练规范施工的能力，积累工程经验。

素养目标：培养和提高计划执行能力与组织协调能力；训练追求卓越、精益求精的工匠精神。

8.1 垂直子系统的基本概念

垂直子系统是综合布线系统中非常关键的组成部分，如图8-1所示。它由设备间子系统与管理间子系统的缆线组成，一般采用大对数电缆或光缆，两端分别连接在设备间和管理间的配线架上。它是建筑物内综合布线的主干缆线，是楼层管理间与设备间之间垂直布放缆线的统称。

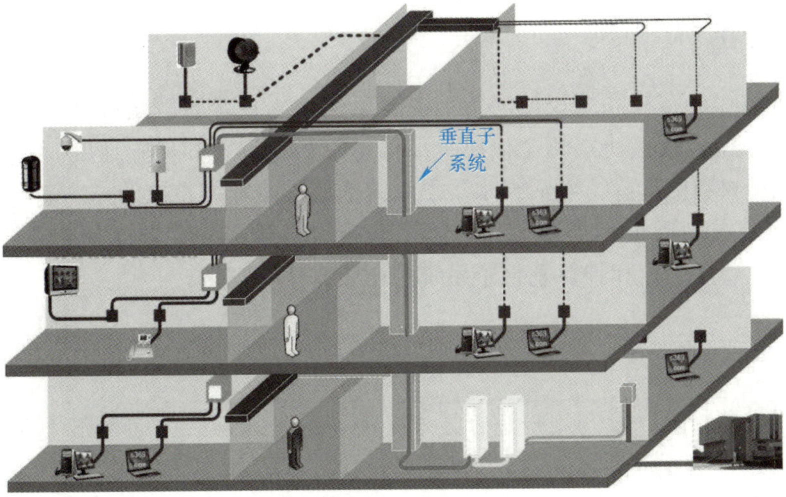

图8-1 垂直子系统示意图

垂直子系统是一个星形结构，实现建筑物设备间与管理间的通信连接。如果垂直子系统的任何一个永久链路的缆线发生故障，则往往直接影响一层楼全部信息点的上网和信息传输。

垂直子系统通常隐蔽安装在建筑物内部。建议在教学实训中使用综合布线系统工程教学模型（型号KYMX—03—08），该模型为使用透明亚克力材料制造，各个子系统清晰可见，也配套有语音解说词，能够帮助读者快速学习和掌握垂直子系统。

扫描二维码观看《综合布线工程教学模型》视频。

扫码看视频

垂直子系统的器材一般包括：

1）建筑物竖井内安装的垂直桥架或者通道。

2）连通楼层管理间的桥架或者通道，这些桥架和通道在楼道或者管理间也常常是水平布置和安装的。

3）连通建筑物设备间的桥架或者通道，这些桥架和通道在楼道或者设备间也可能是水平布置和安装的。

4）垂直子系统安装的缆线，实现管理间与设备间的连接。在网络拓扑图中，实现汇聚交换机与接入层交换机之间的通道。

8.2 垂直子系统的设计原则

8.2.1 设计步骤

垂直子系统设计的步骤一般为：首先进行需求分析，与用户进行充分的技术交流并了解建筑物用途；然后认真阅读建筑物图纸，确定管理间位置和信息点数量；其次进行初步规划和设计，确定每条垂直系统布线路径；最后确定布线材料规格和数量，列出材料规格和数量统计表。一般工作流程如下：

需求分析→技术交流→阅读建筑物图纸→规划和设计→完成材料规格和数量统计表。

8.2.2 需求分析

需求分析是综合布线系统设计的首项重要工作，垂直子系统是综合布线系统工程中最重要的一个子系统，直接决定每个楼层全部信息点的稳定性和传输速度。主要包括布线路径、布线方式和材料的选择，对后续水平子系统的施工是非常重要的。

首先按照楼层高度进行需求分析，逐层分析设备间到每个楼层管理间的垂直布线距离、布线路径，逐层确定和计算垂直子系统的布线材料和规格。

8.2.3 技术交流

在进行需求分析后，要与用户进行技术交流，这是非常必要的。在交流中重点了解从建筑物设备间到每层管理间之间的各个路由和通道，以及附近安装的其他电气设备和设施等情况，尽量减少电磁干扰和高温等外部因素对垂直子系统的干扰和影响。

8.2.4 阅读建筑物图纸

索取和认真阅读建筑物土建、电气、水暖等设计图是不能省略的程序。通过阅读这些图纸，了解和掌握建筑物的土建结构、强电路径、配电设备安装位置、弱电路径、水暖管道安装路径和位置等，重点掌握在综合布线路径上的电气设备、电源插座、暗埋管线等。在阅读图纸时，进行记录或者标记，这有助于将综合布线系统的竖井设计在合适的位置，避免强电或者电气设备对网络综合布线系统的影响。

8.2.5 规划和设计

垂直子系统缆线组成的永久链路和信道实现汇聚交换机与接入层交换机之间的通信，涉及一个楼层的几十个用户。任何一根缆线发生故障都影响巨大，因此必须十分重视垂直子系统的设计工作，并且预留一定数量的缆线作为冗余。

根据相关标准及规范，应按下列设计要点进行垂直子系统的设计工作。

1. 确定缆线类型及线对

垂直子系统缆线主要有电缆和光缆两种类型，具体选择要根据布线环境的限制和用户对综合布线系统设计等级的考虑。计算机网络系统的垂直子系统缆线可以选用4对双绞线电缆或25对大对数电缆或光缆，电话语音系统的电缆可以选用3类大对数电缆，有线电视系统的电缆一般采用75Ω同轴电缆。电缆的线对要根据水平布线缆线对数以及应用系统类型来确定。

垂直子系统所需要的电缆总对数和光纤总芯数应满足工程的实际需求，并留有适当的备份容量。垂直子系统宜设置电缆与光缆，并互相作为备份路由。

2. 垂直子系统路径的选择

垂直子系统缆线布置应选择最短、最安全和最经济的路由。路由的选择要根据建筑物的结构以及建筑物内预留的电缆孔、电缆竖井等通道位置而决定。建筑物内一般有封闭型和开放型两种类型的通道，宜选择带门的封闭型通道敷设垂直子系统的缆线。

开放型通道是指从建筑物的地下室到楼顶的一个开放空间，中间没有任何楼板隔开。封闭型通道是指一连串上下对齐的空间，每层楼都有一间，电缆竖井、电缆孔、电缆管道、电缆桥架等垂直穿过这些房间的楼板。

垂直子系统的电缆宜采用点对点端接。如果电话交换机和网络交换机设置在建筑物内不同的设备间，则宜采用不同的缆线来分别满足语音和数据的需要。

3. 缆线容量配置

垂直子系统的电缆和光缆所需的容量要求及配置应符合以下规定：

1）对语音业务，大对数电缆的对数应按每一个电话8位模块通用插座配置1对线，并在总需求线对的基础上至少预留约10%的备用线对。

2）对于数据业务应以每台交换机配置1根4对双绞线电缆或者2芯光缆，并且按照增加25%的缆线余量备用。

4. 垂直子系统缆线敷设保护方式应符合下列要求

1）垂直子系统的缆线必须敷设在专门的竖井内，并且安装在桥架或者管道内，不得安装在电梯或供水、供气、供暖管道竖井中，更不应安装在强电竖井中。

2）每个楼层的管理间和布线通道必须与建筑物的设备间连通。

5. 垂直子系统的缆线中间不允许有接头

为了保证综合布线系统传输性能以及后续管理和维护，垂直子系统的电缆在设备间和管理间直接端接到电缆跳线架与配线架，光缆熔接尾纤后直接插接在光纤配线架上，组成垂直子系统的永久链路。垂直子系统的电缆和光缆必须使用整根缆线，一般中间不允许有接头。

6. 垂直子系统缆线的端接

电缆采用点对点端接，点对点端接是最简单、最直接的接合方法，如图8-2所示。垂直子系统每根电缆从设备间直接敷设延伸到指定的楼层管理间，在管理间端接在跳线架或者配线架上。

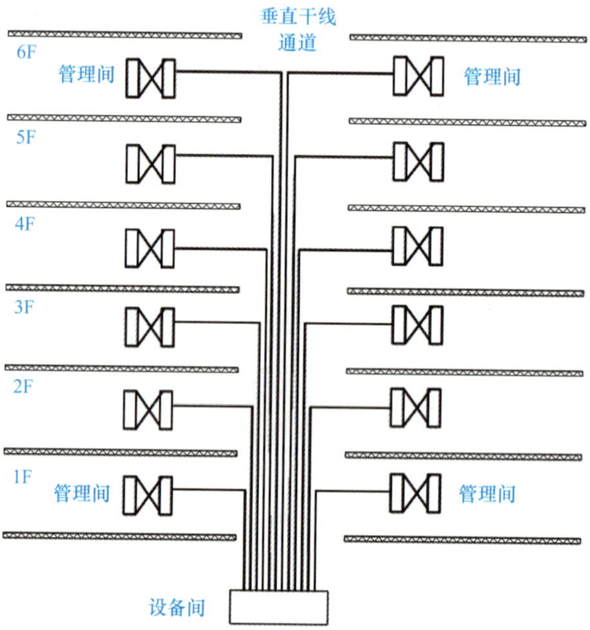

图8-2　垂直子系统电缆点对点端接方式

7. 确定垂直子系统敷设通道的规模

垂直子系统是建筑物内的主干电缆。在大型建筑物内，通常使用的垂直子系统通道是由一连串穿过管理间地板并且垂直对准的通道组成，穿过地板的缆线井和缆线孔，如图8-3所示。

确定垂直子系统的通道规模，主要就是确定通道和管理间的数目。确定的依据就是综合布线系统所要覆盖的可用楼层面积。如果给定楼层的所有信息插座都在管理间附近的75m范围之内，则一般采用单垂直子系统。单垂直子系统就是采用一条垂直干线通道，每个楼层只设一个管理间。如果有楼层的信息插座超出管理间的75m范围之外，则建议采用双垂直子系统。如果同一幢大楼的管理间上下不对齐，则可采用大小合适的缆线管道系统将其连通，如图8-4所示。

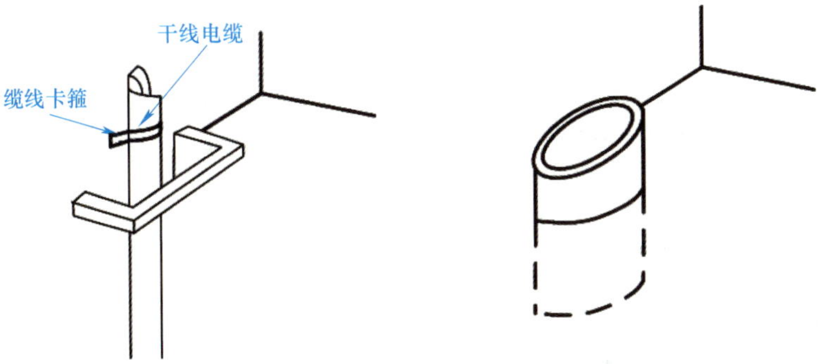

a）　　b）

图8-3　穿过管理间地板的缆线井和缆线孔

a）缆线井　b）缆线孔

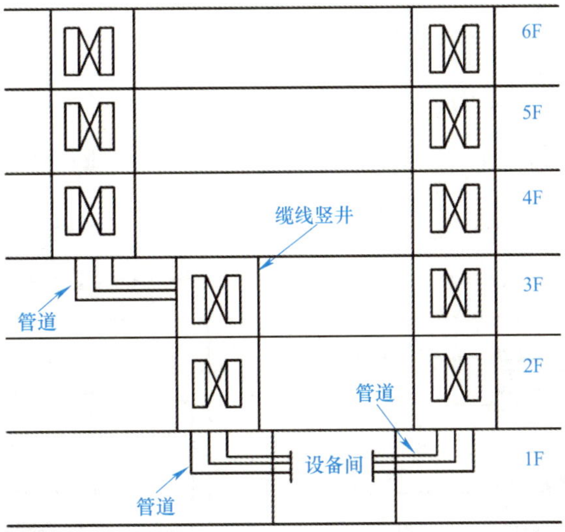

图8-4　配线间上下不对齐时双干线电缆通道

8.3　垂直子系统的设计实例

8.3.1　设计实例1　垂直子系统竖井位置

在设计垂直子系统的时候，必须先确定竖井的位置，从而方便施工的进行。竖井位置设计如图8-5所示。

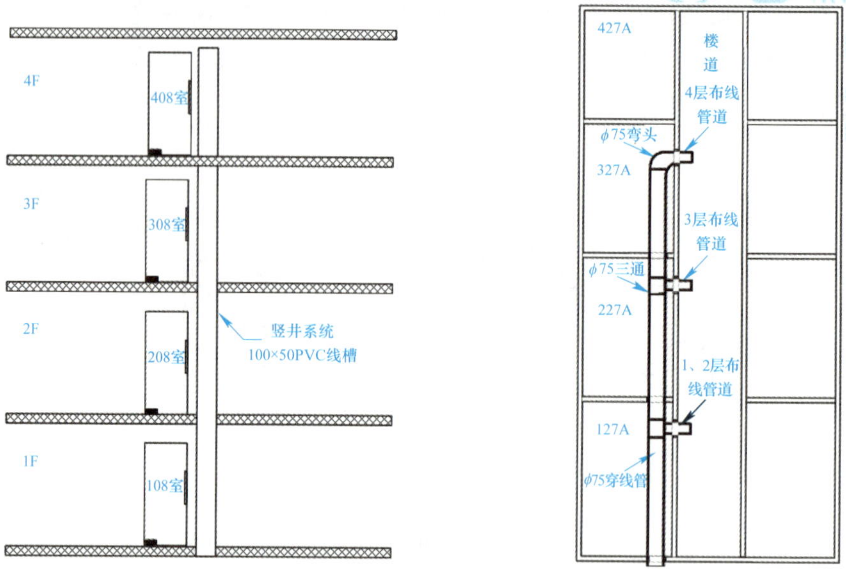

a) b)

图8-5 竖井位置示意图

a）PVC线槽布线方式 b）穿线管布线方式

8.3.2 设计实例2 布线系统示意图

综合布线系统规划、设计中往往需要设计一些布线系统图，垂直系统布线设计如图8-6所示。

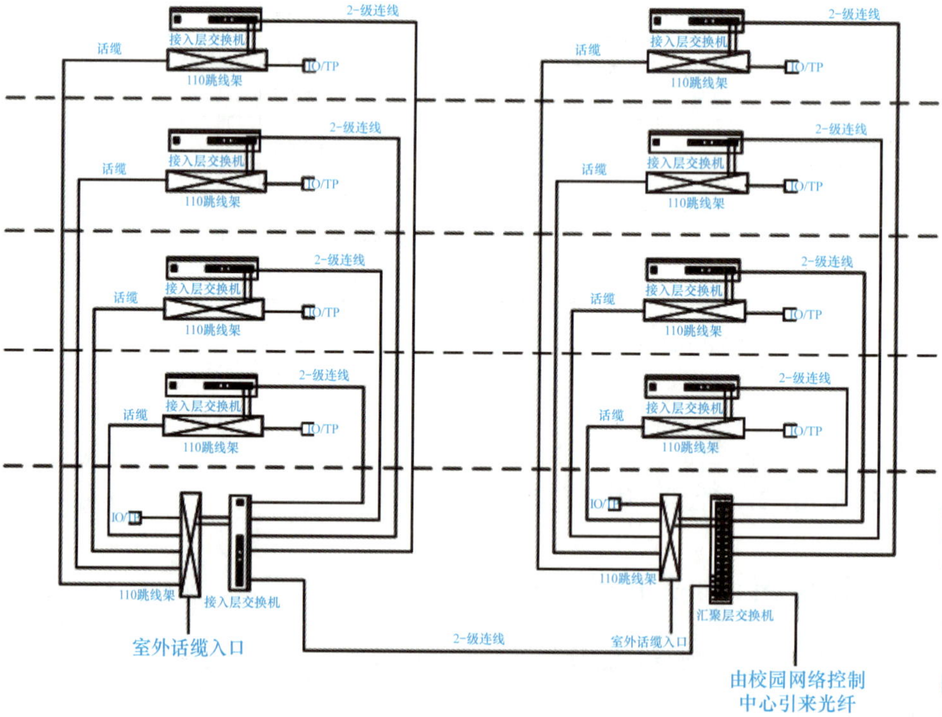

图8-6 垂直系统布线设计

8.4 垂直子系统的工程技术

8.4.1 标准要求

GB 50311《综合布线系统工程设计规范》的第7章对垂直子系统的安装工艺提出了具体要求。垂直子系统垂直通道穿过楼板时宜采用电缆竖井方式。也可采用电缆孔、管槽的方式，电缆竖井的位置应上、下对齐。

8.4.2 垂直子系统布线缆线选择

根据建筑物的结构特点以及应用系统的类型，决定选用垂直子系统缆线的类型，在垂直子系统设计中常用以下5种缆线：

1）4对非屏蔽双绞线电缆（UTP）、4对屏蔽双绞线电缆（STP）。

2）大对数电缆（UTP）、屏蔽大对数电缆（STP）。

3）62.5/125μm多模光缆。

4）8.3/125μm单模光缆。

5）75Ω同轴电缆。

目前，针对电话语音传输一般采用3类大对数电缆（25对、50对、100对等规格）。针对数据和图像传输采用光缆或5类以上4对双绞线电缆以及5类大对数电缆，电缆长度不宜超过90m，否则宜选用单模或多模光缆。针对有线电视信号的传输采用75Ω同轴电缆。

8.4.3 垂直子系统布线通道的选择

垂直子系统布线路由的选择主要依据建筑的结构以及建筑物内预埋的管道。目前垂直子系统布线路由主要采用电缆孔和电缆井两种方法。对于单层平面建筑物的垂直子系统布线路由主要用金属管道和电缆托架两种方法。

垂直子系统垂直通道有下列3种方法可供选择。

1．电缆孔方法

通道中所用的电缆孔是很短的管道，通常用一根或数根外径63～102mm的金属管预埋在楼板内，金属管高出地面25～50mm，也可直接在地板中预留一个大小适当的孔洞。电缆往往捆在钢绳上，而钢绳固定在墙上已铆好的金属条上。当楼层管理间上下都对齐时，一般可采用电缆孔方法，如图8-7所示。

2．管道方法

包括明管敷设和暗管敷设。

3．电缆竖井方法

在新建工程中，推荐使用电缆竖井的方式。电缆竖井是指在每层楼板上开出一些方孔，一般宽度为30cm，并有2.5cm高的井栏，具体大小要根据电缆数量确定，如图8-8所示。与电缆孔方法一样，电缆也是捆扎或箍在支撑用的钢绳上，钢绳靠墙上的金属条或地板三脚架固定。电缆竖井比电缆孔更为灵活，可以让各种粗细的电缆以任何方式敷设通过。

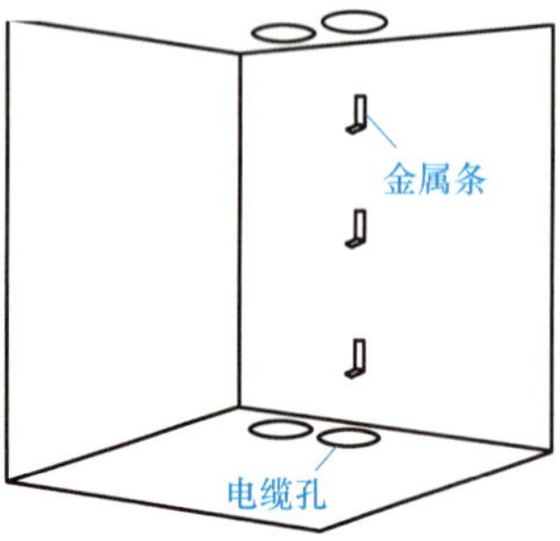

图8-7　电缆孔方法

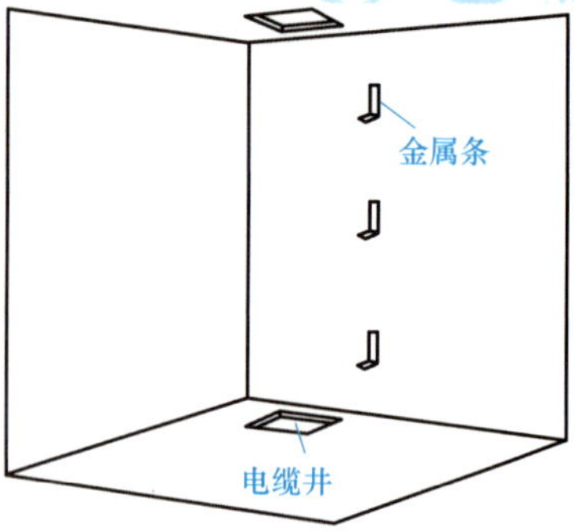

图8-8　电缆竖井方法

8.4.4　垂直子系统缆线容量的计算

在确定缆线类型后，就可以进一步确定每个楼层的缆线容量。一般要根据楼层水平子系统所有的语音、数据、图像等信息插座的数量来进行计算。具体计算的原则如下：

1）语音垂直子系统的电缆按一个电话信息插座至少配1个线对的原则进行计算。

2）计算机网络数据垂直子系统的电缆容量计算原则是：按24个信息插座配2根双绞线电缆，每一个交换机配置1根双绞线电缆；光缆按每48个信息插座配2芯光纤。

3）当楼层信息插座较少时，在规定长度范围内，可以多个楼层共用交换机，合并计算光纤芯数。

4）垂直子系统应留有足够的余量，以作为垂直子系统的备份，确保系统的可靠性。

下面对垂直子系统缆线容量计算进行举例说明。

例：已知某建筑物需要实施综合布线工程，根据用户需求分析得知，第6层有60个计算机网络信息点，各信息点要求接入速率为100Mbit/s，另有45个电话语音点，而且第6层楼层管理间到楼内设备间的距离为60m，请确定该建筑物第6层的垂直子系统电缆类型及线对数。

解答：

1）60个计算机网络信息点要求该楼层应配置3台24口交换机，通过超5类非屏蔽双绞线电缆连接到建筑物的设备间。因此计算机网络的垂直子系统配备3条超5类非屏蔽双绞线电缆，每台交换机配1根，备用2根，共计从6层向设备间敷设5条超5类非屏蔽双绞线电缆。

2）40个电话语音点，按每个语音点配1个线对的原则，电缆应为40对。根据语音信号传输的要求，配备1根3类50对非屏蔽大对数电缆。

8.4.5　垂直子系统缆线的绑扎

垂直子系统敷设缆线时，应对缆线进行绑扎。电缆、光缆及其他信号电缆应根据缆线的类别、数量、缆径、芯数分束绑扎。绑扎间距不宜大于1.5m，间距应均匀，防止因重量产生拉力造成缆线变形，不宜绑扎过紧或使缆线受到挤压。在绑扎缆线的时候特别注意的是应该按照楼层进行分组绑扎。

8.4.6 垂直子系统缆线敷设方式

垂直子系统是建筑物的主要缆线，它为从设备间到每层楼上的管理间之间传输信号提供通路。垂直子系统的布线方式有垂直型的，也有水平型的，这主要根据建筑物的结构而定。大多数建筑物都是垂直向高空发展的，因此很多情况下会采用垂直型的布线方式。但是也有很多建筑物是横向发展的，如飞机场候机厅、工厂仓库等建筑，这时也会采用水平型的垂直子系统布线方式。因此垂直子系统缆线的布线路由大多数是垂直型的，有时也可能是水平型的或是两者的综合。

在新的建筑物中，通常利用竖井通道敷设垂直子系统缆线。在竖井中敷设时，一般有两种方式，向下垂放电缆和向上牵引电缆。相比较而言，向下垂放电缆比较容易。

1. 向下垂放缆线的一般步骤

1）把缆线卷轴放到最顶层。

2）在离开口（孔洞处）3～4m处安装缆线卷轴。

3）在缆线卷轴处安排所需的布线施工人员，每层楼上要有一个工人，以便引导下垂的缆线。

4）旋转卷轴，将缆线从卷轴上拉出。

5）将拉出的缆线引导进竖井中的孔洞。在此之前，先在孔洞中安放一个塑料的套状保护物，以防止孔洞不光滑的边缘擦破缆线的外皮。

6）慢慢地从卷轴上放缆并进入孔洞向下垂放，注意速度不要过快。

7）继续放线，直到下一层布线人员将缆线引到下一个孔洞。

8）按前面的步骤继续慢慢地放线，并将缆线引入各层的孔洞，直至缆线到达指定楼层进入横向通道。

2. 向上牵引缆线的一般步骤

向上牵引缆线需要使用电动牵引绞车，其主要步骤如下：

1）按照缆线的质量选定绞车型号，并按绞车制造厂家的说明书进行操作。先往绞车中穿一条绳子。

2）启动绞车，并往下垂放一条拉绳（确认此拉绳的强度能保护牵引缆线），直到安放缆线的底层。

3）如果缆线上有一个拉眼，则将绳子连接到此拉眼上。

4）启动绞车，慢慢地将缆线通过各层的孔向上牵引。

5）缆线的末端到达顶层时，停止绞车。

6）在地板孔边沿上用夹具将缆线固定。

7）当所有连接制作好之后，从绞车上释放缆线的末端。

8.5 垂直子系统的工程技术实训项目

8.5.1 实训项目1 PVC线槽/穿线管布线实训

【实训目的】

1）通过设计垂直子系统布线路径和距离，熟练掌握垂直子系统的设计方法。

2）通过线槽/穿线管的安装和穿线等，熟练掌握垂直子系统的施工方法。

3）通过核算、列表、领取材料和工具，训练规范施工的能力。

【实训要求】

1）计算和准备好实验需要的材料和工具。

2）完成竖井内模拟布线实训，合理设计施工布线系统，路径合理。

3）垂直布线平直、美观，接头合理。

4）掌握垂直子系统线槽/穿线管的接头和三通连接以及大线槽开孔、安装、布线、盖板的方法和技巧。

5）掌握锯弓、螺丝刀、电动螺丝刀等工具的使用方法和技巧。

【实训材料和工具】

1）PVC穿线管、管接头、管卡若干。

2）40PVC线槽、接头、弯头等。

3）锯弓、锯条、钢卷尺、十字螺丝刀、电动螺丝刀、人字梯等。

【实训设备】

ICT工程技术实训平台，型号：XYICT—443，数量满足实训人数要求。

【实训步骤】

1）设计一种使用PVC线槽/穿线管从管理间到楼层设备间—机柜的垂直子系统，并且绘制施工图。

3或4人成立一个项目组，选举项目负责人，每人设计一种垂直子系统布线图，并且绘制图样。项目负责人指定一种设计方案进行实训。

2）按照设计图，核算实训材料规格和数量，掌握工程材料核算方法，列出材料清单。

3）按照设计图需要，列出实训工具清单，领取实训材料和工具。

4）PVC线槽安装方法如图8-9所示，穿线管安装方法如图8-10所示。

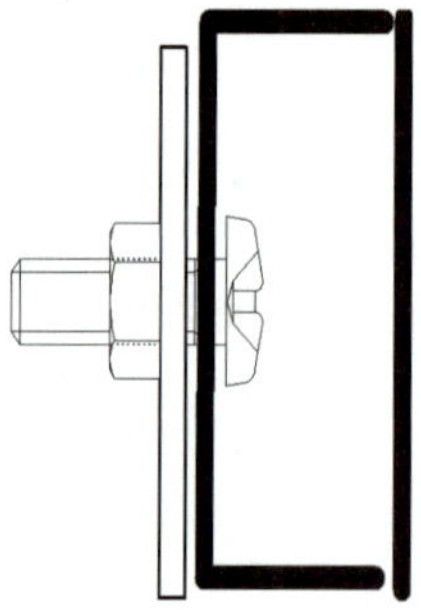

图8-9　线槽安装图

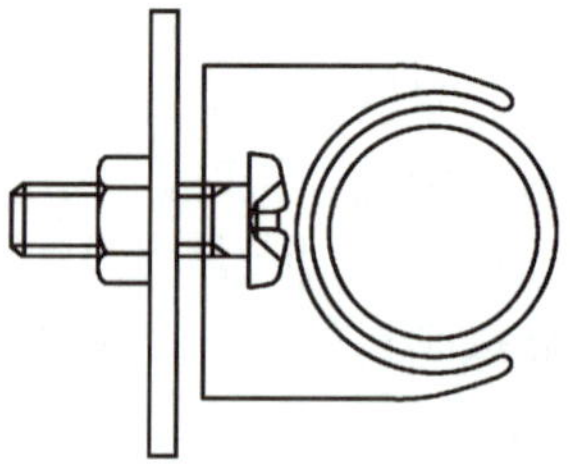

图8-10　穿线管安装图

5）明装布线实训时，边布管边穿线。

【实训分组】

为了满足全班40人同时实训并充分利用实训设备，实训前必须进行合理的分组，保证每组的实训内容相同，难易程度相同。布线方法如下：

1）根据规划和设计好的布线路径准备好实验材料和工具，从货架上取下以下材料（任意一组）：

组一：40穿线管、直接头、三通、管卡、M6螺栓、锯弓等材料和工具备用。

组二：40PVC线槽、直接头、三通、M6螺栓、锯弓等材料和工具备用。

2）根据设计的布线路径在墙面安装管卡，在垂直方向每隔500～600mm安装1个管卡。

3）在拐弯处用90°弯头连接，安装PVC线槽。两根PVC线槽之间用直接头连接，3根线槽之间用三通连接。同时在槽内安装4-UTP网线。安装线槽前，根据需要在线槽上开直径为8mm的孔，用M6螺栓固定。

对于穿线管，在拐弯处用90°弯头连接、安装穿线管。两根穿线管之间用直接头连接，3根管之间用三通连接。同时在穿线管内穿4-UTP网线。

4）机柜内必须预留网线1.5m。

5）分组实训路径如图8-11所示。

实训装置有长1.2m、宽1.2m的角共12个，可以模拟12个建筑物竖井进行垂直子系统布线实验。12个小组可以同时进行实验。

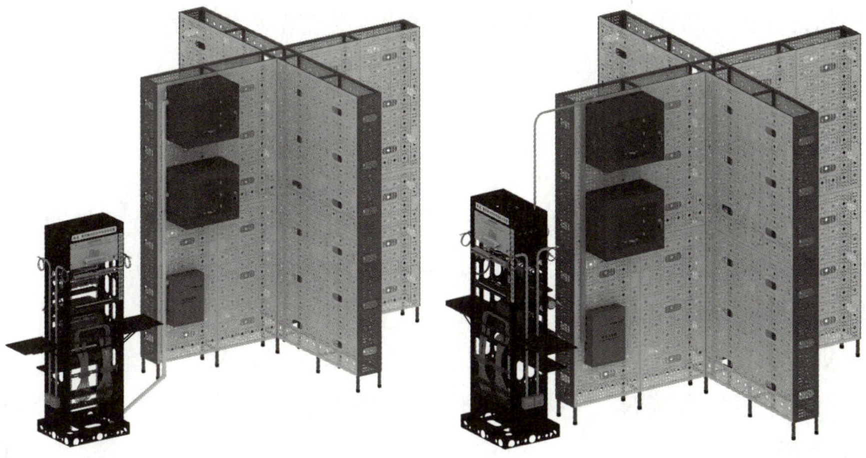

图8-11　垂直布线系统实训——分组布线示意图

【实训报告】

1）画出垂直子系统PVC线槽或穿线管布线路径图。

2）计算出布线需要的弯头、接头等材料和工具。

3）总结使用工具的体会和技巧。

8.5.2　实训项目2　钢缆扎线实训

【实训目的】

1）通过设计垂直子系统布线路径和距离，熟练掌握垂直子系统的设计方法。

2）通过墙面安装钢缆，熟练掌握垂直子系统的施工方法。

3）通过核算、列表、领取材料和工具，训练规范施工的能力。

【实训要求】

1）计算和准备好实训需要的材料和工具。

2）完成竖井内钢缆扎线实训，合理设计施工布线系统，路径合理。

3）垂直布线平直、美观，扎线整齐合理。

4）掌握垂直子系统支架、钢缆和扎线的方法和技巧。

5）掌握活扳手、U形卡、线扎等工具和材料的使用方法和技巧。

6）掌握扎线的间距要求。

【实训材料和工具】

1）直径5mm钢缆、U形卡、支架若干。

2）锯弓、锯条、钢卷尺、十字螺丝刀、活扳手、人字梯等。

【实训设备】

ICT工程技术实训平台，产品型号：XYICT—443，数量满足实训人数需要。

【实训步骤】

1）规划和设计布线路径，确定在建筑物竖井内安装支架和钢缆的位置和数量。

2）计算和准备实训材料和工具。

3）安装和布线。

【实训分组】

为了满足全班40人同时实训并充分利用实训设备，实训前必须进行合理的分组，保证每组的实训内容相同，难易程度相同。以IT工程技术实训平台为例进行分组，具体可以按照实训设备规格和实训人数设计。布线方法如下：

1）根据规划和设计好的布线路径准备好实验材料和工具，从货架上取下支架、钢缆、U形卡、活扳手、线扎、M6螺栓、锯弓等材料和工具备用。

2）根据设计的布线路径在墙面安装支架，在水平方向每隔500～600mm安装1个支架，在垂直方向每隔1000mm安装1个支架。支架安装方法如图8-12所示。

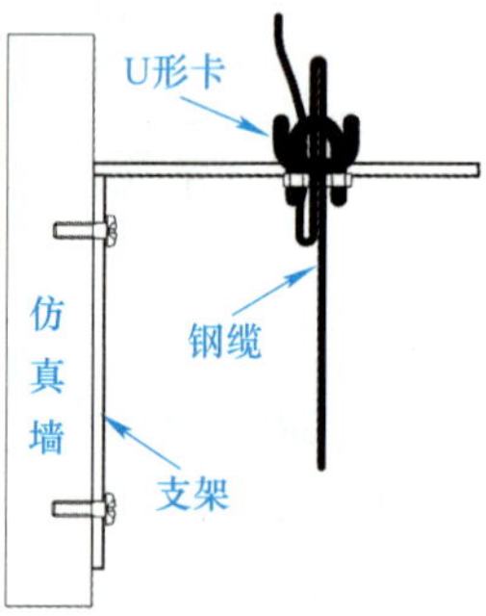

图8-12　支架安装示意图

3）支架安装好以后，根据需要的长度用钢锯裁好合适长度的钢缆，必须预留两端绑扎长度。用U形卡将钢缆按照图8-12所示固定在支架上。

4）用线扎将缆线绑扎在钢缆上，间距500mm左右。在垂直方向均匀分布缆线的重量。绑扎时不能太紧，以免破坏网线的绞绕节距；也不能太松，避免线缆的重量将缆线拉伸。

5）每个小组实训路径如图8-13所示。

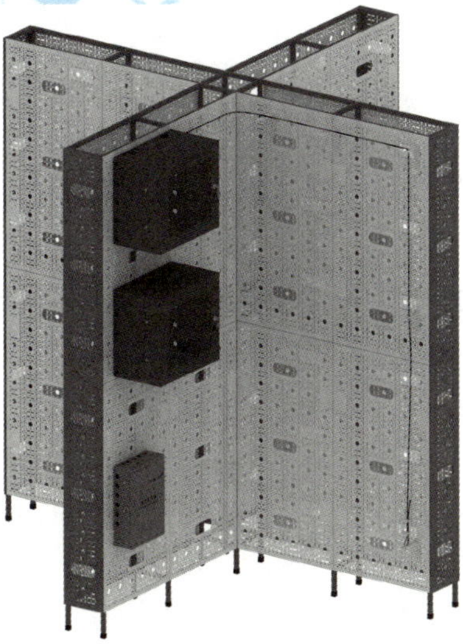

图8-13　垂直布线系统实训——钢缆扎线布线实训示意图

6）分组实训路径如图8-14所示。

实训装置有长1.2m、宽1.2m的角共12个，可以模拟12个建筑物竖井进行垂直子系统布线实训。12个小组可以同时进行实训。

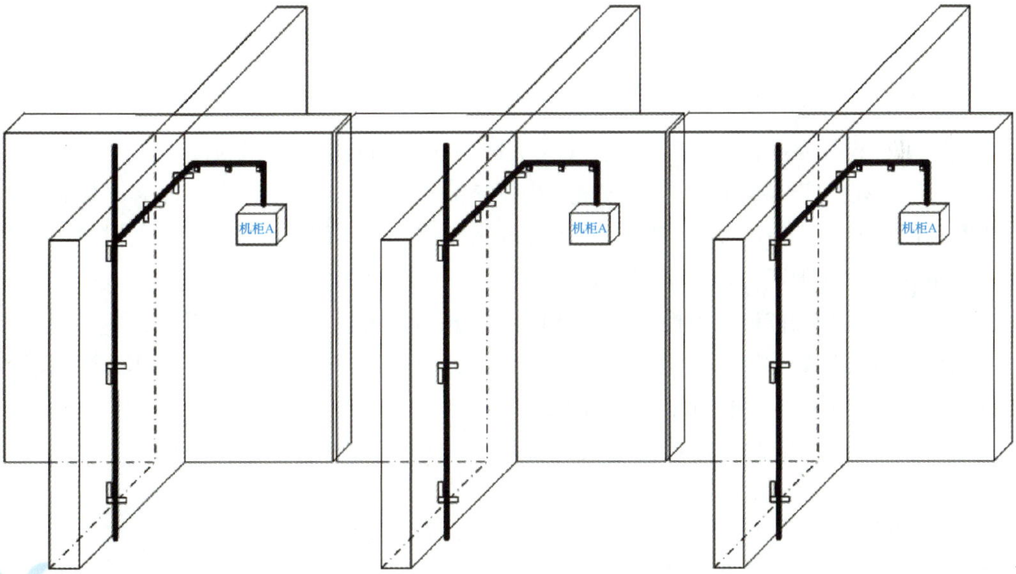

图8-14　垂直布线系统实训——钢缆扎线布线实训分组示意图

【实训报告】

1）写出钢缆绑扎缆线的基本要求和注意事项。

2）计算出需要的U形卡、支架等材料和工具的数量。

8.6　工程经验

举例来说，在一次网络综合布线工程施工过程中，将一栋5层公寓楼的垂直布线所有的缆线绑扎在了一起，在测试时，发现有一层的缆线无法测通，经过排查发现是垂直子系统的布线出现了问题，需要重新布线。在换线的过程中无法抽动该层的缆线，又将所有绑扎的缆线逐层放开，才更换好。所以在施工过程中，垂直系统的绑扎要分层绑扎，并做好标记。

同时值得注意的是，在有许多捆缆线的场合，位于外围的缆线受到的压力比线束里面的大，压力过大会使缆线内的扭绞线对变形，影响性能，主要表现为回波损耗成为主要的故障模式。回波损耗的影响能够累积下来，这样每一个过紧的系缆带造成的影响都累加到总回波损耗上。可以想象最坏的情况，在长长的悬线链上固定着一根缆线，每隔300mm就有一个系缆带。这样固定的缆线如果有40m，那么缆线就有134处被挤压着。当使用系缆带时，要注意系带时的力度，系缆带只要足以束住缆线就足够了。

8.7　全国职业院校技能大赛中职组“网络综合布线技术”竞赛分析

BD—FD3—FD1子系统的安装与端接

根据图8-15网络综合布线工程示意图完成BD到FD之间的安装和端接。

从标识为BD的设备向FD3机柜安装1根ϕ20mmPVC穿线管，一端用管卡、螺钉固定在BD设备侧面立柱上；另一端用管卡固定在布线实训装置钢板上，并且穿入FD3机柜内部20～30mm。要求横平竖直，牢固美观。

从FD3机柜经FD2向FD1机柜垂直安装1根39mm×18mm线槽，两端安装堵头。

从BD设备35U处的24口电缆配线架，向FD3、FD2、FD1机柜分别安装1根网络双绞线，并且分别端接在6U机柜内配线架的第24口。

在BD设备35U处的24口电缆配线架端接位置为：FD1路由网线端接在第1口，FD2路由网线端接在第2口，FD3路由网线端接在第3口。

评判要点：

1）线槽、穿线管安装横平竖直。

2）固定牢固。

3）接缝小于1mm。

4）模块端接正确。

5）有线标。

竞赛作品如图8-16所示。

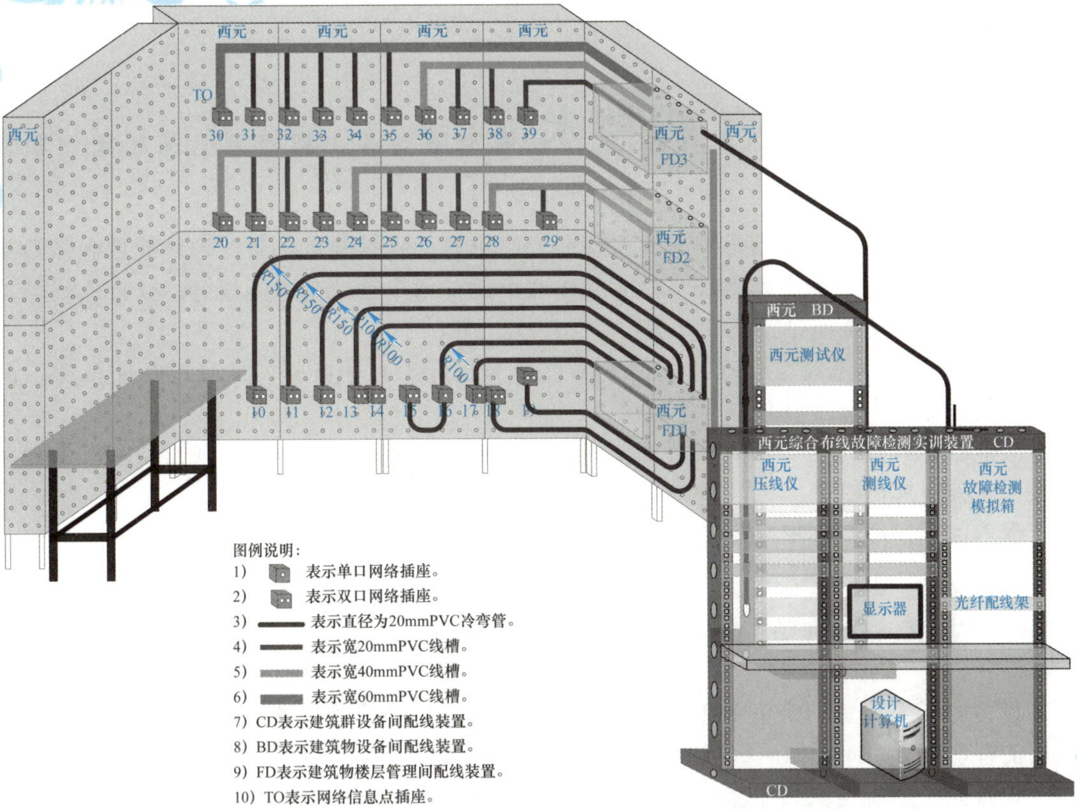

图8-15 网络综合布线工程示意图

图8-16 竞赛作品

习 题

请扫描二维码下载第8章习题，按照教师安排按时完成。

习题

第9章

设备间子系统工程技术

设备间子系统是建筑物综合布线系统的大脑中枢，也是建筑物进行网络管理和信息交换的场地。本章将详细介绍综合布线系统工程中设备间子系统的基本概念、设计原则与工程技术，并给出设备间子系统设计实例。

知识目标：熟悉设备间子系统的基本概念和设计原则等知识，掌握设备间位置、面积、结构、环境要求、安全分类等知识。

技能目标：通过实训项目，熟悉立式机柜的布置原则、安装方法和使用要求，掌握防雷技术及接线路由图等。

素养目标：培养协作共赢的职业习惯和良好的职业作风，坚持按图施工、安全生产。

9.1 设备间子系统的基本概念

设备间子系统是一个集中化设备区，连接系统公共设备及通过垂直子系统连接至各个楼层的管理间子系统，如局域网、主机、建筑自动化设备和保安系统等。

设备间子系统是大楼中数据、语音垂直子系统缆线终接的场所，也是建筑群的缆线进入建筑物终接的场所，更是各种数据和语音主机设备及保护设施的安装场所，如图9-1所示。设备间子系统一般设在建筑物中部或在建筑物的一、二层，避免设在顶层或地下室，位置不应远离电梯，并为以后的扩展留下余地。建筑群的缆线进入建筑物时应有相应的过流、过压保护设施。

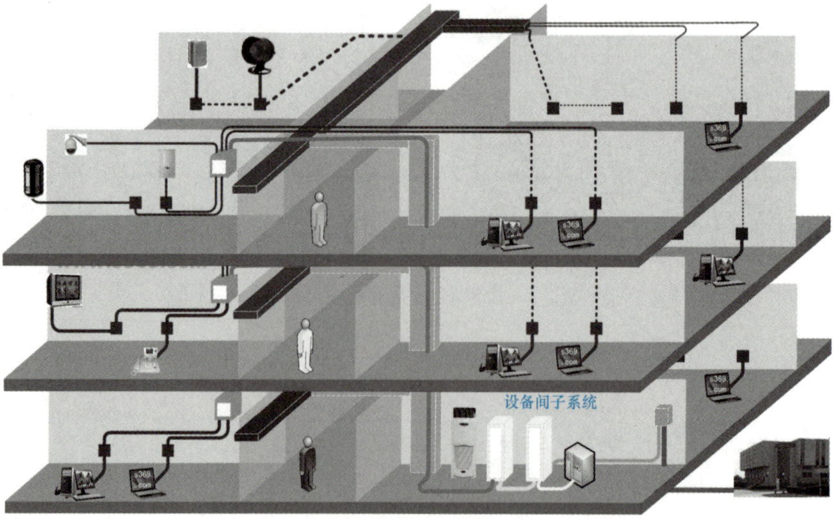

图9-1　设备间子系统示意图

设备间子系统的场所必须按照相关国际或者国家标准要求进行设计。设备间子系统空间用于安装网络和电信设备、连接器件、接头套管等，为接地和连接设施、保护装置提供控制环境，也是系统进行管理、控制、维护的场所。设备间子系统所在的空间还有对门窗、天花板、电源、照明、接地的要求。

在计算机网络系统中，设备间安装的主要设备有网络汇聚交换机、数字程控交换机、不间断电源、网络配线架、语音跳线架、机柜等。设备间的面积、空间高度、开门尺寸等必须符合相关标准的规定，例如，必须符合GB 50311《综合布线系统工程设计规范》中的规定等。

9.2 设备间子系统的设计原则

9.2.1 设计步骤

设计人员应与用户方一起商议，根据用户方要求及现场情况具体确定设备间的位置。只有确定了设备间的位置后，才可以设计综合布线的其他子系统。因此，用户在进行需求分析时，确定设备间位置是一项重要的工作内容。

9.2.2 需求分析

设备间子系统是一幢建筑物综合布线系统的大脑中枢，设备间的需求分析围绕整幢建筑物的全部信息点数量、设备数量、网络构成等进行，每幢建筑物内应至少设置1个独立的设备间。如果电话交换机与计算机网络设备分别安装在不同的场所，根据安全需要，也可设置两个或两个以上设备间，以满足不同业务的设备安装需要。

9.2.3 技术交流

在进行需求分析后，要与用户进行技术交流，在交流中重点了解设备间子系统附近的电源插座、电力电缆、电气设备等情况。

9.2.4 阅读建筑物图纸

在设备间的位置确定前，索取和认真阅读建筑物图纸是必要的。通过阅读建筑物图纸掌握建筑物的土建结构、强电路径、弱电路径，特别是主要与外部配线连接接口的位置，重点掌握设备间附近的电气设备、电源插座、暗埋管线等。

9.2.5 设计原则

设备间子系统的设计主要考虑设备间的位置以及设备间的环境要求。具体设计要点可参考下列内容。

1．设备间的位置

设备间的位置及大小应根据建筑物的结构、综合布线规模、管理方式以及应用系统设备的数量等方面进行综合考虑，择优选取。一般而言，设备间应尽量建在建筑平面及其综合布线系统的中间位置。在高层建筑内，设备间也可以设置在1、2层。

确定设备间的位置可以参考以下设计规范：

1）应尽量建在综合布线垂直子系统的中间位置，并尽可能靠近建筑物电缆引入区和网络接口，以方便垂直子系统缆线的进出。

2）应尽量避免设在建筑物的高层或地下室以及用水设备的下层。

3）应尽量远离强振动源和强噪声源。

4）应尽量避开强电磁场的干扰。

5）应尽量远离有害气体源以及易腐蚀物、易燃物、易爆物。

6）应方便接地装置的安装。

2. 设备间的面积

GB 50311规定设备间内应有足够的设备安装空间，其使用面积不应小于$10m^2$，该面积不包括程控用户交换机、计算机网络设备等设施所需的面积。

设备间的使用面积要考虑所有设备的安装面积，还要考虑预留工作人员管理操作设备的地方。设备间的使用面积可按照下述两种方法之一确定。

方法一：已知S_b为综合布线有关的并安装在设备间内的设备所占面积；S（单位：m^2）为设备间的使用总面积：

$$S=(5\sim7)\sum S_b$$

方法二：当设备尚未选型时，设备间使用总面积S为

$$S=KA$$

式中 A——设备间的所有设备台（架）的总数；

K——系数，取值（4.5～5.5）m^2/台（架）。

3. 建筑结构

设备间的建筑结构主要依据设备大小、设备搬运以及设备重量等因素而设计。设备间的高度一般为2.5～3.2m。设备间门的大小至少为高2.1m、宽1.5m。

设备间的楼板承重设计一般分为两级：

A级≥$500kg/m^2$；

B级≥$300kg/m^2$。

4. 设备间的环境要求

设备间内安装了计算机、计算机网络设备、电话程控交换机、建筑物自动化控制设备等硬件设备。这些设备的运行需要满足相应的温度、湿度、供电、防尘等要求。设备间内的环境设置可以参照国家设计标准GB 50174—2017《数据中心设计规范》。

（1）温、湿度

综合布线有关设备的温、湿度要求可分为A、B、C三级，设备间的温、湿度也可参照3个级别进行设计。3个级别具体要求见表9-1。

表9-1 设备间温、湿度要求

项目	A级	B级	C级
温度/℃	夏季：22±4 冬季：18±4	12～30	8～35
相对湿度（%）	40～65	35～70	20～80

设备间的温、湿度控制可以通过安装降温或加温、加湿或除湿功能的空调设备来实现。选择空调设备时，南方地区主要考虑降温和除湿功能，北方地区要全面具有降温、升温、除湿、加湿功能。空调的功率主要根据设备间的大小及设备数量的多少而定。

（2）尘埃

设备间内的电子设备对尘埃指标要求较高，尘埃过高会影响设备的正常工作，降低设备的工作寿命。设备间的尘埃指标一般可分为A、B二级，见表9-2。

表9-2　设备间尘埃指标要求

项目	A级	B级
粒度/μm	>0.5	>0.5
个数/粒/dm^3	<10 000	<18 000

要降低设备间的尘埃度关键在于定期清扫灰尘，工作人员进入设备间应更换干净的鞋具。

（3）空气

设备间内应保持空气洁净，有良好的防尘措施，并防止有害气体侵入。允许有害气体限值分别见表9-3。

表9-3　有害气体限值

有害气体	二氧化硫（SO_2）	硫化氢（H_2S）	二氧化氮（NO_2）	氨（NH_3）	氯（Cl_2）
平均限值/（mg/m^3）	0.2	0.006	0.04	0.05	0.01
最大限值/（mg/m^3）	1.5	0.03	0.15	0.15	0.3

（4）照明

为了方便工作人员在设备间内操作设备和维护相关综合布线器件，设备间内必须安装足够照明度的照明系统，并配置应急照明系统。设备间内距地面0.8m处，照明度不应低于200lx。设备间配备的事故应急照明，在距地面0.8m处，照明度不应低于5lx。

（5）噪声

为了保证工作人员的身体健康，设备间内的噪声应小于70dB。长时间在70～80dB噪声的环境下工作，不但影响人的身心健康和工作效率，还可能造成人为的噪声事故。

（6）电磁场干扰

根据综合布线系统的要求，设备间无线电干扰的频率应在0.15～1000MHz范围内，不大于120dB，磁场干扰场强不大于800A/m。

（7）供电系统

设备间供电电源应满足以下要求：

1）频率：50Hz。

2）电压：220V/380V。

3）相数：三相五线制或三相四线制/单相三线制。

设备间供电电源允许变动的范围见表9-4。

表9-4　设备间供电电源允许变动的范围

项目	A级	B级	C级
电压变动（%）	−5～+5	−10～+7	−15～+10
频率变动（%）	−0.2～+0.2	−0.5～+0.5	−1～+1
波形失真率（%）	<±5	<±7	<±10

根据设备间内设备的使用要求，设备要求的供电方式分为3类：

1）需要建立不间断供电系统。

2）需建立带备用的供电系统。

3）按一般用途供电考虑。

5. 设备间的设备管理

设备间内的设备种类繁多，而且缆线布设复杂。为了管理好各种设备及缆线，设备间内的设备应分类分区安装，设备间内所有进出线装置或设备应采用不同色标，以区别各类用途的配线区，方便对线路的维护和管理。

6. 安全分类

设备间的安全分为A、B、C3个类别，具体要求见表9-5。

表9-5　设备间的安全要求

安全项目	A类	B类	C类
场地选择	有要求或增加要求	有要求或增加要求	无要求
防火	有要求或增加要求	有要求或增加要求	有要求或增加要求
内部装修	要求	有要求或增加要求	无要求
供配电系统	要求	有要求或增加要求	有要求或增加要求
空调系统	要求	有要求或增加要求	有要求或增加要求
火灾报警及消防设施	要求	有要求或增加要求	有要求或增加要求
防水	要求	有要求或增加要求	无要求
防静电	要求	有要求或增加要求	无要求
防雷击	要求	有要求或增加要求	无要求
防鼠害	要求	有要求或增加要求	无要求
电磁波的防护	有要求或增加要求	有要求或增加要求	无要求

A类：对设备间的安全有严格的要求，设备间有完善的安全措施。

B类：对设备间的安全有较严格的要求，设备间有较完善的安全措施。

C类：对设备间的安全有基本的要求，设备间有基本的安全措施。

根据设备间的要求，设备间安全可按某一类执行，也可按某几类综合执行。综合执行是指一个设备间的某些安全项目可按不同的安全类型执行。例如，某设备间按照安全要求可选防电磁干扰A类，火灾报警及消防设施为B类。

7. 结构防火

为了保证设备使用安全，设备间应安装相应的消防系统，配备防火防盗门。

8. 火灾报警及灭火设施

安全级别为A、B类设备间内应设置火灾报警装置。在机房内、基本工作房间、活动地板下、吊顶上方及易燃物附近都应设置烟感和温感探测器。

A类设备间内设置二氧化碳（CO_2）自动灭火系统，并备有手提式二氧化碳（CO_2）灭火器。

B类设备间内在条件许可的情况下，应设置二氧化碳自动灭火系统，并备有手提式二氧化碳灭火器。

C类设备间内应备有手提式二氧化碳灭火器。

A、B、C类设备间除纸介质等易燃物质外，禁止使用水、干粉或泡沫等易产生二次破坏的灭火器。

为了在发生火灾或意外事故时方便设备间工作人员迅速向外疏散，对于规模较大的建筑物，在设备间或机房应设置直通室外的安全出口。

9. 接地要求

设备间设备安装过程中必须考虑设备的接地。根据综合布线相关规范要求，接地要求如下：

1）直流工作接地电阻一般要求不大于4Ω，交流工作接地电阻也不应大于4Ω，防雷保护接地电阻不应大于10Ω。

2）建筑物内部应设有一套网状接地系统，保证所有设备共同的参考等电位。如果综合布线系统单独设置接地系统，且能保证与其他接地系统之间有足够的距离，则接地电阻值规定为小于或等于4Ω。

3）为了获得良好的接地，推荐采用联合接地方式。所谓联合接地方式就是将防雷接地、交流工作接地、直流工作接地等统一接到共用的接地装置上。当综合布线采用联合接地系统时，通常利用建筑钢筋作为防雷接地引下线，利用建筑物基础内钢筋网作为自然接地体，使整幢建筑的接地系统组成一个笼式的均压整体。联合接地电阻要求小于或等于1Ω。

4）接地所使用的铜线电缆规格与接地的距离有直接关系，一般接地距离在30m以内，接地导线采用直径为4mm的带绝缘套的多股铜缆线。接地电缆规格与接地距离的关系见表9-6。

表9-6　接地电缆规格与接地距离的关系

接地距离/m	接地导线直径/mm	接地导线截面积/mm^2
小于30	4.0	12
31～48	4.5	16
49～76	5.6	25
77～106	6.2	30
107～122	6.7	35
123～150	8.0	50
151～300	9.8	75

10. 内部装饰

设备间装修材料使用符合GB 50016—2014《建筑设计防火规范》标准中规定的难燃材料或阻燃材料，应能防潮、吸音、不起尘、抗静电等。

（1）地面

为了方便敷设电缆线和电源线，设备间的地面最好采用抗静电活动地板，其接地电阻应在0.11～1000MΩ之间。具体要求应符合国家标准GB/T 36340—2018《防静电活动地板通用规范》。

带有走线口的活动地板为异型地板。其走线口应光滑，防止损伤电线、电缆。设备间地面所需异形地板的块数由设备间所需引线的数量来确定。设备间地面禁止铺设全毛、化纤和塑料类地毯，因为这些地毯容易产生静电，而且容易产生积灰。设备间的建筑地面应平整、光洁、防潮、防尘。

（2）墙面

墙面应选择不易产生灰尘也不易吸附灰尘的材料。目前大多数是在平滑的墙壁上涂阻燃漆，或在墙面上覆盖耐火的装饰板。

（3）顶棚

为了吸音及布置照明灯具，一般在设备间顶棚下加装一层吊顶。吊顶材料应满足防火要求。目前，大多数吊顶采用铝合金或轻钢作为龙骨，安装吸音铝合金板、阻燃铝塑板、喷塑石英板等。

（4）隔断

根据设备间放置的设备及工作需要，可用玻璃将设备间隔成若干个房间。隔断可以选用防火的铝合金或轻钢作为龙骨，安装10mm厚钢化透明玻璃。或从地板面至1.2m处安装难燃装饰板，1.2m以上再安装10mm厚钢化透明玻璃。

9.2.6 设备间内的缆线敷设

1．活动地板方式

这种方式是缆线在活动地板下的空间敷设，由于地板下空间大，因此电缆容量和条数多，路由自由快捷，节省电缆费用，缆线敷设和拆除均简单方便，能适应线路增减变化，有较高的灵活性，便于维护管理。但造价较高，会减少房屋的净高，对地板表面材料也有一定要求，如耐冲击性、耐火性、抗静电、稳固性等。

2．地板或墙壁内沟槽方式

这种方式是缆线在建筑中预先建成的墙壁或地板内沟槽中敷设，沟槽的断面尺寸大小根据缆线终期容量来设计，上面设置盖板保护。这种方式造价较活动地板低，便于施工和维护，也有利于扩建，但沟槽设计和施工必须与建筑设计和施工同时进行，在配合协调上较为复杂。沟槽方式因是在建筑中预先制成，因此在使用中会受到限制，缆线路由不能自由选择和变动。

3．预埋管路方式

这种方式是在建筑的墙壁或楼板内预埋管路，其管径和根数根据缆线需要来设计。穿放缆线比较容易，维护、检修和扩建均有利，造价低廉，技术要求不高，是一种最常用的方式。但预埋管路必须在建筑施工中进行，缆线路由受管路限制不能变动。

4．机架走线架方式

这种方式是在设备（机架）上沿墙安装走线架（或槽道）的敷设方式，走线架和槽道的尺寸根据缆线需要设计，它不受建筑的设计和施工限制，可以在建成后安装，便于施工和维护，也有利于扩建。机架上安装走线架或槽道时，应结合设备的结构和布置来考虑，在层高较低的建筑中不宜使用。

9.3 设备间子系统的设计实例

9.3.1 设计实例1 设备间布局设计图

在设计设备间布局时，一定要将安装设备区域和管理人员办公区域分开考虑，这样不但便于管理人员的办公，而且便于设备的维护，如图9-2所示。设备区域与办公区域使用玻璃隔断分开。

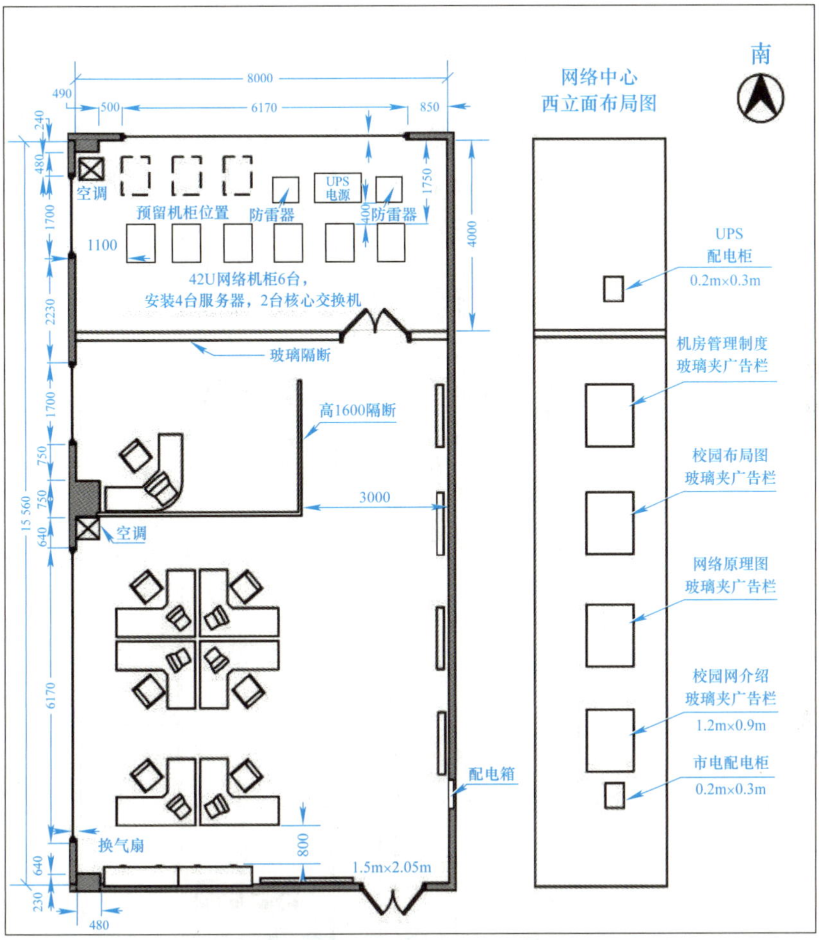

a）

b）

图9-2 设备间布局设计图

a）设备间布局平面图 b）设备间装修效果图

9.3.2 设计实例2 设备间预埋管路图

设备间的布线管道一般采用暗敷预埋方式，如图9-3所示。

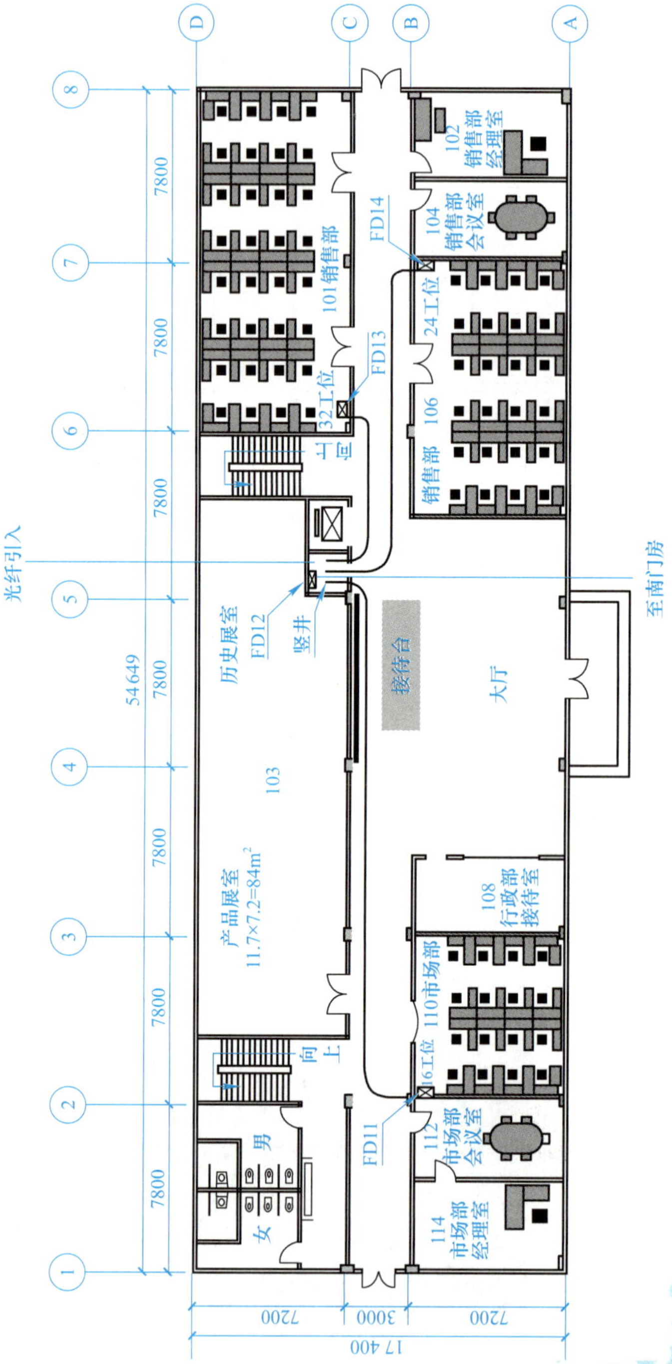

图9-3 设备间到管理间预埋管道图

9.4 设备间子系统的工程技术

9.4.1 设备间子系统的标准要求

GB 50311《综合布线系统工程设计规范》的第7章对设备间的设置要求如下：

每幢建筑物内应至少设置1个设备间，如果电话交换机与计算机网络设备分别安装在不同的场地或根据安全需要，也可设置2个或2个以上设备间，以满足不同业务的设备安装需要。

如果一个设备间以10m^{2}计，大约能安装5个19英寸的机柜。在机柜中安装电话大对数电缆多对卡接模块、数据缆线配线设备模块，大约能支持总量为6000个信息点所需（其中电话和数据信息点各占50%）的建筑物配线设备安装空间。

9.4.2 设备间机柜的安装要求

设备间内机柜的安装要求标准见表9-7。

表9-7 机柜的安装要求标准

项目	标准
安装位置	应符合设计要求，机柜应离墙1m，便于安装和施工。所有安装螺钉不得有松动，保护橡皮垫应安装牢固
底座	安装应牢固，应按设计图的防震要求进行施工
安放	安放应竖直，柜面水平，垂直偏差≤1‰，水平偏差≤3mm，机柜之间缝隙≤1mm
表面	完整，无损伤，螺钉坚固，每平方米表面凹凸度应<1mm
接线	接线应符合设计要求，接线端子各种标志应齐全，保持良好
配线设备	接地体保护接地，导线截面、颜色应符合设计要求
接地	应设接地端子，并良好连接接入楼宇的接地端排
缆线预留	1）对于固定安装的机柜，在机柜内不应有预留线长，预留线应预留在可以隐蔽的地方，长度在1～1.5m之间 2）对于可移动的机柜，连入机柜的全部缆线在连入机柜的入口处应至少预留1m，同时各种缆线的预留长度相互之间的差别应不超过0.5m
布线	机柜内走线应全部固定，并要求横平竖直

9.4.3 配电要求

设备间供电是由大楼市电来提供电源进入设备间专用的配电柜。设备间设置设备专用的UPS插座。为了便于维护，在墙面上安装维修电源插座，其他房间根据设备的数量安装相应的维修电源插座。

配电柜除了满足设备间设备的供电以外，还要留出一定的余量，以备以后扩容。

9.4.4 设备间安装防雷器

1. 防雷基本原理

所谓雷击防护就是通过合理、有效的手段将雷电流的能量尽可能地引入大地，防止其进入被保护的电子设备，是疏导，而不是堵雷或消雷。

根据国际电工委员会的最新防雷理论，外部和内部的雷电保护已采用面向电磁兼容性（EMC）的雷电保护新概念。对于感应雷的防护，已经同直击雷的防护同等重要。

在雷电流的冲击下，防雷器在极短时间内与接地网形成通路，使雷电流在到达设备之前，通过防雷器和接地网快速泄放入地。当雷电流脉冲泄放完成后，防雷器自动恢复为正常高阻状态，使被保护设备继续工作。

直击雷的防护已经是一个很早就被重视的问题。现在的直击雷防护基本采用有效的避雷针、避雷带或避雷网作为接闪器，通过引下线使直击雷能量泄放入地。

2．防雷设计

依据GB 50057中的有关规定，对计算机网络中心设备间电源系统采用三级防雷设计。

第一、二级电源防雷：防止从室外窜入的雷电过电压、防止开关操作过电压、感应过电压、反射波效应过电压。一般在设备间总配电处，选用电源防雷器分别在L-N、N-E间进行保护，可最大限度确保被保护对象不因雷击而损坏，更大限度地保护设备安全。

第三级电源防雷：防止开关操作过电压、感应过电压。主要考虑到设备间的重要设备（服务器、交换机、路由器等）多，必须在其前端安装电源防雷器，如图9-4所示。

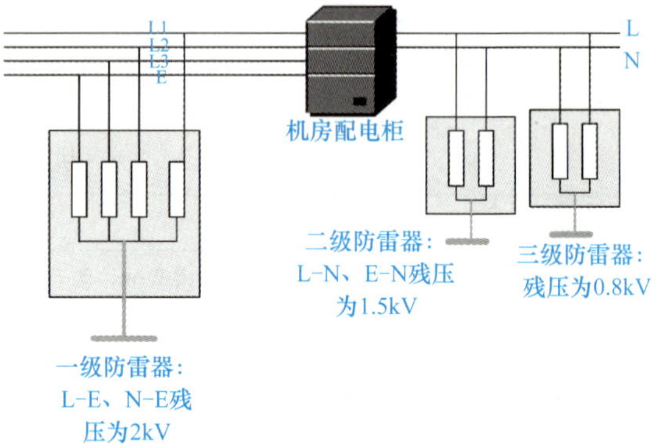

图9-4　防雷器安装位置

设备间的防雷非常重要，完善的防雷系统不仅能够保护昂贵和重要的网络汇聚交换机和服务器等关键设备，始终保持网络系统正常运行，也能避免发生人身伤害事件。由于计算机类专业学生可能缺乏强电和电磁场等专业知识，建议在教学实训中使用图9-5所示网络工程防雷展示与实训装置，型号为KYDG—03—06。请扫描二维码观看《网络工程防雷展示与实训装置简介》，快速了解和熟悉设备间防雷知识、器材和应用案例。

扫码看视频

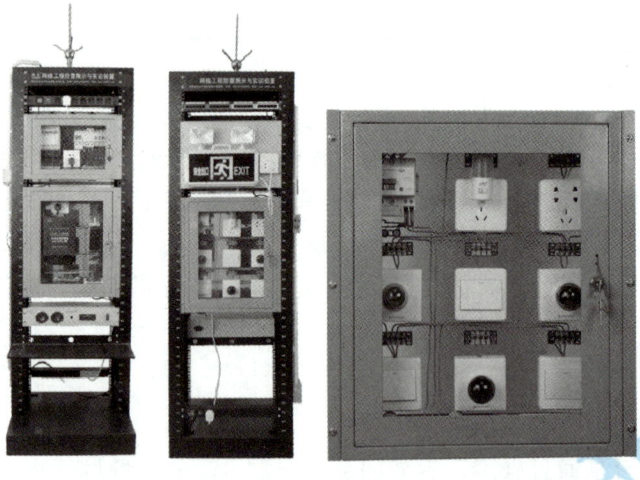

图9-5　网络工程防雷展示与实训装置及实训箱

9.4.5 设备间防静电措施

为了防止静电带来的危害，更好地保护机房设备，更好地利用布线空间，应在中央机房等关键的房间内安装高架防静电地板。

设备间防静电地板有钢结构和木结构两大类，其要求是既能提供防火、防水和防静电功能，又要轻、薄并具有较高的强度和适应性，且有微孔通风。防静电地板下面或防静电吊顶板上面的通风道应留有足够余地以作为机房敷设线槽、缆线的空间，这样既便于大量线槽、缆线施工，又能使机房整洁美观。

在设备间装修铺设抗静电地板时，同时要安装静电泄漏系统。铺设静电泄漏地网，通过把静电泄漏接地排和机房安全保护地的接地端子连接在一起，将静电泄漏掉。

中央机房、设备间的高架防静电地板的安装注意事项：

1）清洁地面。用水冲洗或拖湿地面，必须等到地面完全干了以后才可以施工。

2）画地板网格线和缆线管槽路径标识线，这是确保地板横平竖直的必要步骤。

首先将每个支架的位置正确标注在地面坐标上，然后将地板下大量线槽、缆线的出口、安放方向、距离等一同标注在地面上，其次准确地画出定位螺钉的孔位，最后按照定位坐标安装线槽、支架、铺设地板。

3）敷设线槽、缆线：先敷设防静电地板下面的线槽，这些线槽都是金属可锁闭和开启的，因而这一工序是将线槽位置全面固定，并同时安装接地引线，然后布放缆线。

4）支架及线槽系统的接地保护：这一工序对于网络系统的安全至关重要。特别注意连接在地板支架上的接地铜带，作为防静电地板的接地保护。注意，一定要等到所有支架安放完成后再统一校准支架高度。

9.5 设备间子系统的工程技术实训项目

9.5.1 实训项目1 立式机柜的安装

【实训目的】

1）通过立式机柜的安装，了解机柜的布置原则、安装方法及使用要求。

2）通过立式机柜的安装，掌握机柜门板的拆卸和重新安装。

【实训要求】

1）准备实训工具，列出实训工具清单。

2）独立领取实训材料和工具。

3）完成立式机柜的定位、地脚螺钉的调整、门板的拆卸和重新安装工作。

【实训材料和工具】

1）立式机柜1个。

2）十字螺丝刀，长度150mm，用于固定螺钉。一般每人1个。

3）5m卷尺，一般每组1把。

【实训设备】

推荐实训设备一：网络综合布线实训室。

推荐实训设备二：教学用教室。

【实训步骤】

1）准备实训工具，列出实训工具清单。

2）领取实训材料和工具。

3）确定立式机柜安装位置。

立式机柜在管理间、设备间或机房的布置必须考虑远离配电箱，四周保证有1m的通道和检修空间。

2或3人组成一个项目组，选举项目负责人，每组设计一种设备安装图，并且绘制图样。项目负责人指定1种设计方案进行实训，如图9-6所示。

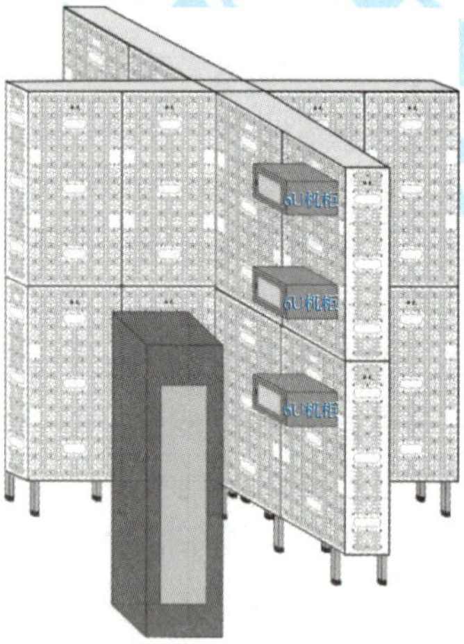

图9-6　机柜安装示意

4）实际测量尺寸。

5）准备好需要安装的设备——立式网络机柜，将机柜就位，然后将机柜底部的定位螺栓向下旋转，将4个轱辘悬空，保证机柜不能转动，如图9-7所示。

6）安装完毕后，学习机柜门板的拆卸和重新安装方法，如图9-8所示。

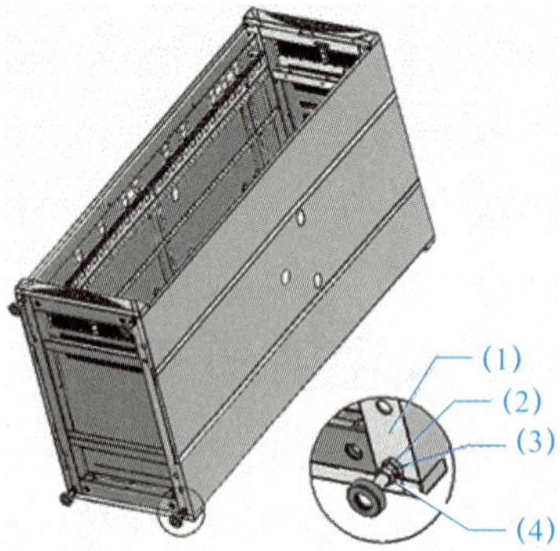

说明：
(1) 机柜下围框
(2) 机柜锁紧螺母
(3) 机柜地脚
(4) 压板锁紧螺母

图9-7　机柜地脚锁紧示意图

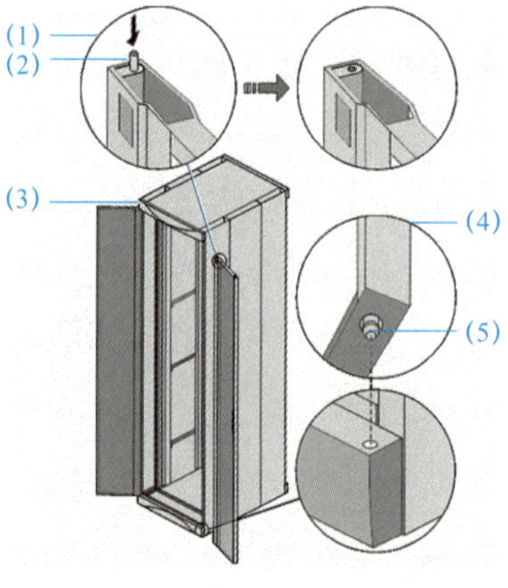

说明：
(1) 安装门的顶部轴销放大示意图
(2) 顶部轴销
(3) 机柜上门楣
(4) 安装门的底部轴销放大示意图
(5) 底部轴销

图9-8　门安装示意图

【实训报告】

1）画出立式机柜安装位置布局示意图。

2）分步陈述实训程序或步骤以及安装注意事项。

3）总结实训体会和操作技巧。

9.5.2 实训项目2 计算机防雷系统电气一、二、三级防雷实训

【实训目的】

1）掌握一级防雷技术及接线路由图。

2）掌握二级防雷技术及接线路由图。

3）掌握三级防雷技术及接线路由图。

【实训要求】

1）检查计算机电气一、二、三级防雷设备的安装是否正确无误。

2）学习掌握电工布线技术，检查各个设备的安装及线路是否正确无误。

3）保证线路完整、正确后上电。

4）掌握计算机房电气一、二、三级防雷接线等操作。

5）2人1组，2课时完成。

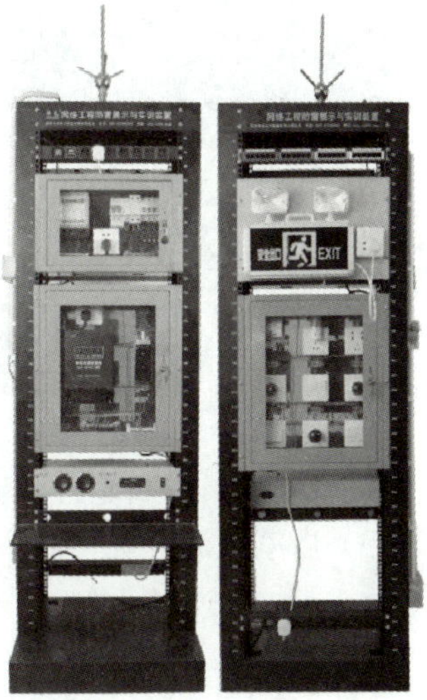

图9-9 网络工程防雷展示实训装置（见彩图）

【实训材料和工具】

1）网络工程防雷展示实训装置，型号为KYDG—03—06，如图9-9所示。

2）智能化系统工具箱，型号为KYGJX—16。

【实训步骤】

1）打开电气一级防雷箱，检查实训箱内设备的安装是否正确无误，如图9-10所示。学习掌握电工布线技术，检查连接各个设备的线路是否正确无误。

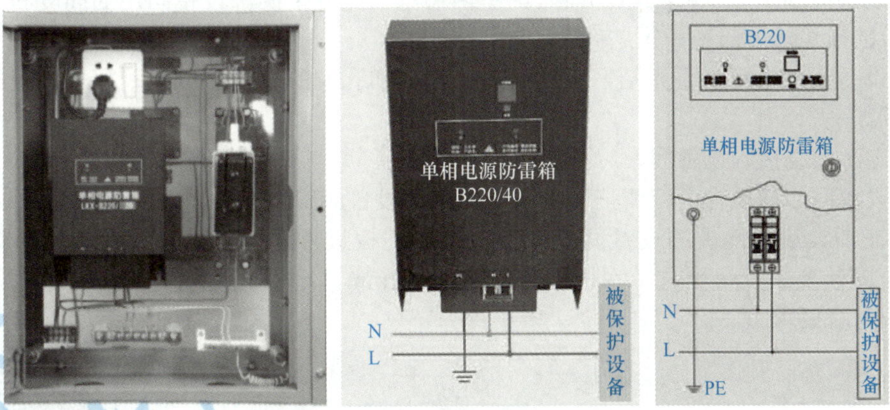

图9-10 电气一级防雷箱安装及接线图

2）打开电气二级防雷箱，检查实训箱内设备的安装是否正确无误，如图9-11所示。学习

掌握电工布线技术，检查连接各个设备并检查线路是否正确无误。

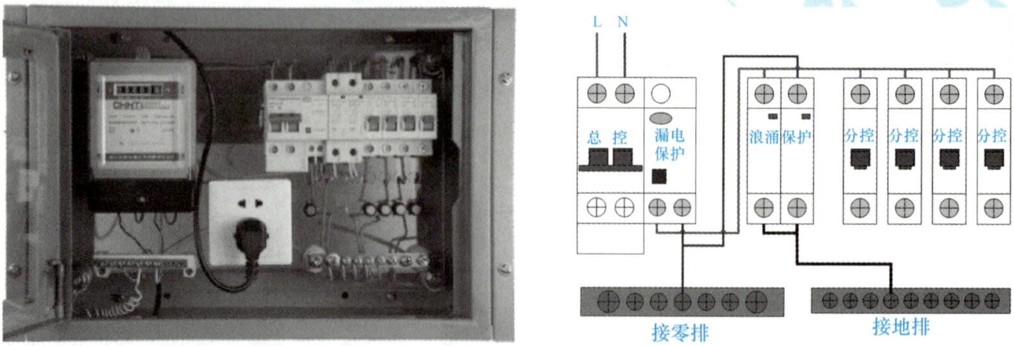

图9-11　电气二级防雷箱安装及接线图

3）认识电气三级防雷设备，电源分配单元（PDU）上的SPD浪涌保护单元，如图9-12所示。

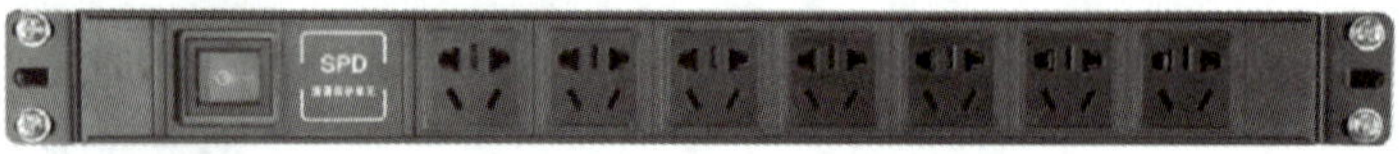

图9-12　电气三级防雷设备

4）检查无误，将各级防雷单元串联，并接通外部电源。

5）启动电源开关，观察各个单元的工作状况。

【实训报告】

1）描述雷击后电气一、二、三级防雷设备的工作状态。

2）总结电气一、二、三级防雷技术以及防雷设备安装在机房的位置。

3）总结电气一、二、三级防雷技术的布线经验。

9.6　工程经验

设备间设备的进场

在安装之前，必须对设备间的建筑和环境条件进行检查，具备下列条件方可开工：

1）设备间的土建工程已全部竣工，室内墙壁已充分干燥。设备间门的高度和宽度应不妨碍设备的搬运，房门锁和钥匙齐全。

2）设备间地面应平整光洁，预留暗管、地槽和孔洞的数量、位置、尺寸均应符合工艺设计要求。

3）电源已经接入设备间，应满足施工需要。

4）设备间的通风管道应清扫干净，空气调节设备应安装完毕，性能良好。

5）在铺设活动地板的设备间内，应对活动地板进行专门检查，地板板块铺设严密坚固，符合安装要求，每平方米水平误差应不大于2mm，地板应接地良好，接地电阻和防静电措施应符合要求。

习　题

请扫描二维码下载第9章习题，按教师安排按时完成。

习题

第10章

进线间和建筑群子系统工程技术

进线间是建筑物外部通信和信息管线的入口部位，并可作为入口设施和建筑群配线设备的安装场地；建筑群子系统主要实现楼与楼之间的通信连接。本章将详细介绍综合布线系统工程中进线间子系统的设计原则、建筑群子系统的设计原则与工程技术，并给出建筑群子系统设计实例。

知识目标：熟悉进线间子系统的设计原则等知识，熟悉建筑群子系统的设计原则与工程技术等知识。

技能目标：通过实训项目，熟悉进线间的位置、作用和设计要求，掌握建筑物之间架空光缆安装方法。

素养目标：培养和提升有效沟通能力和团队协作能力；以精益求精的工匠精神，不断改进和创新，提高工程质量。

10.1　进线间子系统的设计原则

进线间主要作为室外电、光缆引入楼内的成端与分支及光缆的盘长空间位置。光缆至大楼、至用户、至桌面的应用及容量日益增多，进线间就显得尤为重要。

1. 进线间的位置

一般一个建筑物宜设置1个进线间，提供给多家电信运营商和业务提供商使用，通常设于地下一层。外线宜从两个不同的路由引入进线间，有利于与外部管道沟通。进线间与建筑物红外线范围内的人孔或手孔采用管道或通道的方式互连。

由于许多商用建筑物地下一层环境条件大大改善，可安装电、光的配线架设备及通信设施。在不具备设置单独进线间或入楼电、光缆数量及入口设施较少的建筑物，也可以在入口处采用挖地沟或使用较小的空间完成缆线的成端与盘长，入口设施则可安装在设备间内，最好是单独设置场地，以便进行功能区分。

2. 进线间面积的确定

进线间因涉及因素较多，难以统一提出具体所需面积，可根据建筑物实际情况，并参照通信行业和国家的现行标准要求进行设计。

进线间应满足缆线的敷设路由、成端位置及数量、光缆的盘长空间和缆线的弯曲半径、充气维护设备、配线设备安装所需要的场地空间和面积。

进线间的大小应按进线间的管道最终容量及入口设施的最终容量设计。同时应考虑满足多家电信业务经营者安装入口设施等设备的面积。

3. 缆线配置要求

建筑群主干电缆和光缆、公用网和专用网电缆、光缆及天线馈线等室外缆线进入建筑物时，应在进线间成端转换成室内电缆、光缆，并在缆线的终端处由多家电信业务经营者设置入口设施，入口设施中的配线设备应按引入的电、光缆容量进行配置。

电信业务经营者或其他业务服务商在进线间设置安装入口配线设备应与建筑物配线设备（BD）或建筑群配线设备（CD）之间敷设相应的连接电缆、光缆，实现路由互通。缆线类型与容量应与配线设备一致。

4. 入口管孔数量

进线间应设置管道入口。在进线间缆线入口处的管孔数量应留有充分的余量，以满足建筑物之间、建筑物弱电系统、外部接入业务及多家电信业务经营者和其他业务服务商缆线接入的需求，建议留有2～4孔的余量。

5. 进线间的设计

进线间宜靠近外墙和在地下设置，以便于缆线引入。进线间设计应符合下列规定：

1）进线间应防止渗水，宜设有抽排水装置。

2）进线间应与布线系统垂直竖井互通。

3）进线间应采用相应防火级别的防火门，门向外开，宽度不小于1000mm。

4）进线间应设置防有害气体措施和通风装置，排风量按每小时不小于5次容积计算。

5）进线间安装配线设备和信息通信设施时，应符合设备安装设计的要求。

6）与进线间无关的管道不宜通过。

6. 进线间入口管道处理

进线间入口管道所有布放缆线和空闲的管孔应采取防火材料封堵，做好防水处理。

10.2 建筑群子系统的设计原则

10.2.1 设计步骤

1）确定敷设现场的特点。包括确定整个工地的大小、工地的地界、建筑物的数量等。

2）确定电缆系统的一般参数。包括确认起点、端接点位置、所涉及的建筑物及每座建筑物的层数、每个端接点所需的双绞线的对数、有多个端接点的每座建筑物所需的双绞线总对数等。

3）确定建筑物的电缆入口。建筑物入口管道的位置应便于连接公用设备。根据需要在墙上穿过一根或多根管道。

4）确定明显障碍物的位置。包括确定土壤类型、电缆的布线方法、地下公用设施的位置、查清拟定的电缆路由中沿线各个障碍物的位置或地理条件、对管道的要求等。

5）确定主电缆路由和备用电缆路由。包括确定可能的电缆结构、所有建筑物是否共用一根电缆，查清在电缆路由中哪些地方需要获准后才能通过，选定最佳路由方案等。

6）选择所需电缆的类型和规格。包括确定电缆长度、画出最终的结构图、画出所选定路由的位置和挖沟详图，确定入口管道的规格，选择每种设计方案所需的专用电缆，保证电缆可进入口管道。

7）确定每种选择方案所需的劳务成本。包括确定布线时间、计算总时间、计算每种设计方案的成本，用总时间乘以当地的工时费以确定成本。

8）确定每种选择方案的材料成本。包括确定电缆成本、所有支持结构的成本、所有支撑硬件的成本等。

9）选择最经济、最实用的设计方案。把每种选择方案的劳务费成本加在一起，得到每种方案的总成本，比较各种方案的总成本，选择成本较低者；确定比较经济的方案是否有重大缺点，以致抵消了经济上的优点。

10.2.2 需求分析

用户需求分析是方案设计的重要环节，设计人员要通过反复地与用户沟通来详细掌握用户的具体需求情况。在建筑群子系统设计时进行需求分析的内容应包括工程的总体概况、工程各类信息点统计数据、各建筑物信息点分布情况、各建筑物平面设计图、现有系统的状况、设备间位置等。了解以上情况后，具体分析从一个建筑物到另一个建筑物之间的布线距离、布线路径，逐步明确和确认布线方式和布线材料的选择。

10.2.3 技术交流

在进行需求分析后，要与用户进行技术交流。由于建筑群子系统往往覆盖整个建筑物群的平面，布线路径也经常与室外的强电线路、给（排）水管道、道路和绿化等项目线路有多次交叉或者并行实施，在交流中重点了解每条路径上的电路、水路、气路的安装位置等详细信息。

10.2.4 阅读建筑物图纸

建筑物布线系统的缆线较多，路由集中，是综合布线系统的重要线路，索取和认真阅读建筑物图纸是不能省略的程序，通过阅读建筑物图纸掌握建筑物的土建结构、强电路径、弱电路径，重点掌握在综合布线路径上的强电管道、给（排）水管道、其他暗埋管线等。在阅读时进行记录或者标记，正确处理建筑群子系统布线与电路、水路、气路和电气设备的直接交叉或者路径冲突问题。

10.2.5 建筑群子系统的规划和设计

建筑群子系统主要应用于多幢建筑物组成的建筑群综合布线场合，单幢建筑物的综合布线系统可以不考虑建筑群子系统。建筑群子系统的设计主要考虑布线路由选择、缆线选择、缆线布线方式等内容。建筑群子系统应按下列要求进行设计：

1．考虑环境美化要求

建筑群子系统设计应充分考虑建筑群覆盖区域的整体环境美化要求，建筑群缆线尽量采用地下管道或电缆沟敷设方式。因客观原因最后选用了架空布线方式的，也要尽量选用原已架空布设的电话线或有线电视电缆的路由，与这些电缆一起敷设，以减少架空敷设的电缆线路。

2．考虑建筑群未来发展需要

在缆线布线设计时，要充分考虑各建筑物需要安装的信息点种类、信息点数量，选择相对应的电缆类型以及电缆敷设方式，使综合布线系统建成后保持相对稳定，能满足今后一定时期内各种新的信息业务发展的需要。

3．缆线路由的选择

考虑到节省投资，缆线应尽量选择距离短、线路平直的路由。但具体的路由还要根据建筑物之间的地形或敷设条件而定。在选择路由时，应考虑原有已铺设的地下各种管道，缆线在管道内应与电力缆线分开敷设，并保持一定间距。

4．电缆引入要求

建筑群干线电缆、光缆进入建筑物时，都要设置引入设备，并在适当位置终端转换为室内电缆、光缆。引入设备应安装必要保护装置以达到防雷击和接地的要求。干线电缆引入建筑物时，应以地下引入为主，如果采用架空方式，则应尽量采取隐蔽方式引入。

5．干线电缆、光缆交接要求

建筑群的干线电缆、主干光缆布线的交接不应多于两次。从每幢建筑物的楼层配线架到建筑群设备间的配线架之间应只能通过一个建筑物配线架。

6．建筑群子系统布线缆线的选择

建筑群子系统敷设的缆线类型及数量由综合布线连接的应用系统种类及规模来决定。一般来说，计算机网络系统常采用光缆作为建筑群布线缆线，在网络工程中，经常使用62.5μm/125μm规格的多模光缆，有时也用50μm/125μm和100μm/140μm规格的多模光纤。户外布线大于2km时可选用单模光纤。电话系统常采用3类大对数电缆作为布线缆线。有线电视系统常采用同轴电缆或光缆作为干线电缆。

10.3 建筑群子系统的设计实例

10.3.1 设计实例1 室外管道的铺设

在设计建筑群子系统的埋管图时，一定要根据建筑物之间数据或语音信息点的数量来确定埋管规格，如图10-1所示。

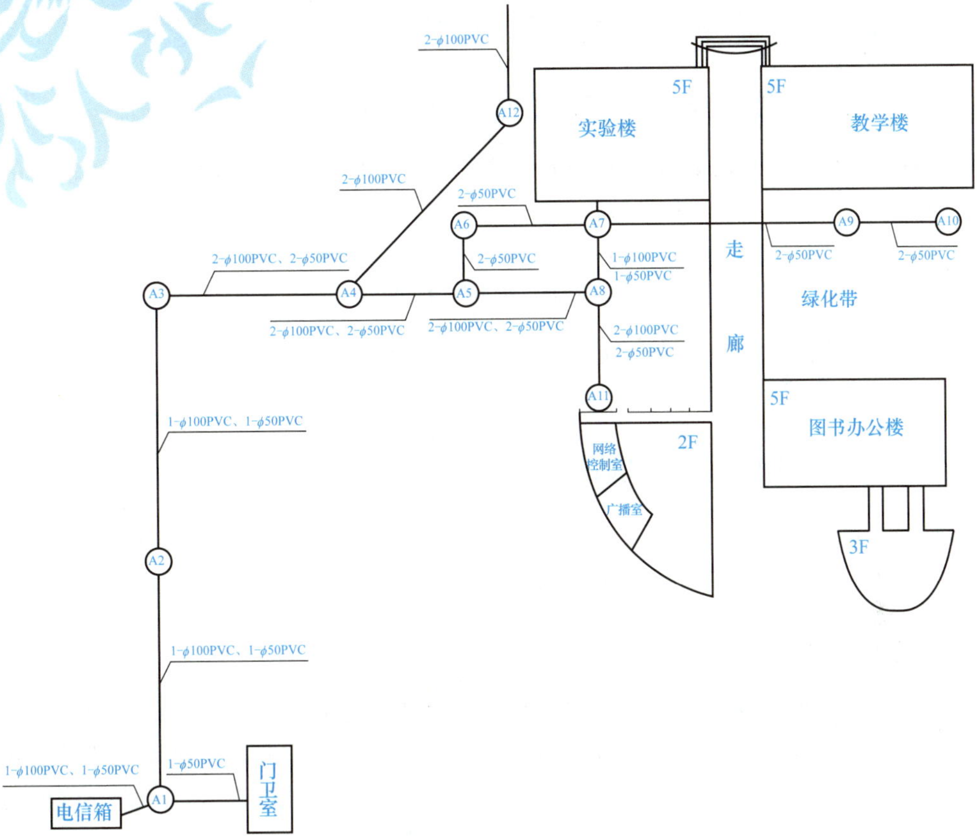

图10-1　建筑群之间预埋管图

注意：室外管道进入建筑物的最大管外径不宜超过100mm。

10.3.2　设计实例2　室外架空图

建筑物之间线路的连接还有一种方式就是架空方式。设计架空路线时，需要考虑建筑物的承受能力和角度，如图10-2所示。

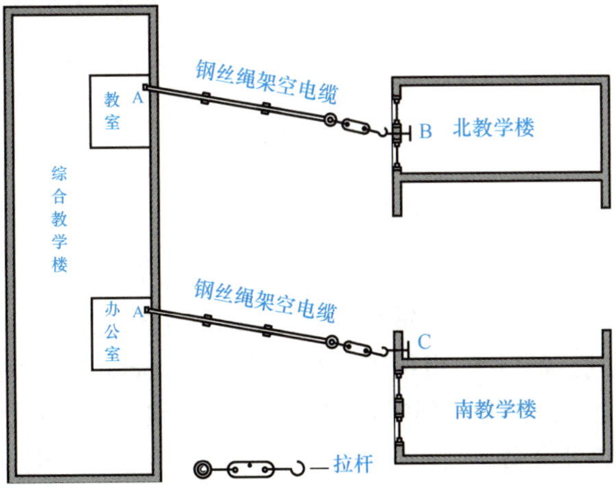

图10-2　室外架空图

10.4 建筑群子系统的工程技术

10.4.1 建筑群子系统缆线布放的标准要求

GB 50311《综合布线系统工程设计规范》的第7章第7.6.2条规定：建筑群之间的缆线宜采用地下管道或电缆沟方式敷设。

10.4.2 建筑群子系统的布线距离的计算

建筑群子系统的布线距离主要通过两栋建筑物之间的距离来确定。一般在每个室外接线井里预留1m的缆线。

10.4.3 建筑群子系统的缆线布线方法

建筑群子系统的缆线布设方式有4种：架空布线法、直埋布线法、地下管道布线法和隧道内电缆布线法，下面将详细介绍这4种方法。

1．架空布线法

架空布线法通常应用于有现成电杆、对电缆的走线方式无特殊要求的场合。这种布线方式造价较低，但影响环境美观且安全性和灵活性不足。架空布线法是用电线杆将缆线悬空架设在建筑物之间，一般先架设钢丝绳，然后在钢丝绳上挂放缆线。架空布线使用的主要材料和配件有：缆线、钢缆、固定螺栓、固定拉攀、预留架、U形卡、挂钩、标志管等，如图10-3所示。在架设时需要使用滑车、安全带等辅助工具。

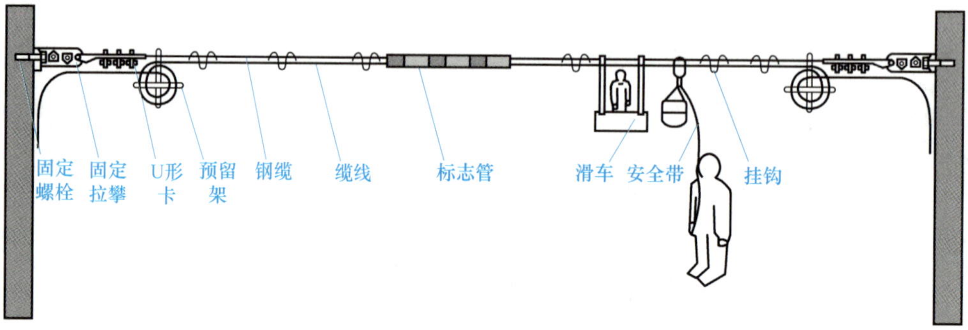

图10-3　架空布线主要材料

架空电缆通常穿入建筑物外墙上的U形钢保护套，然后向下（或向上）延伸，从电缆孔进入建筑物内部，如图10-4所示。建筑物到最近处的电线杆相距应小于30m。建筑物的电缆入口可以是穿墙的电缆孔或管道，电缆入口的孔径一般为5cm。一般建议另设一根同样孔径的备用管道，如果架空线的净空有问题，则可以使用天线杆型的入口。该天线的支架一般不应高于屋顶1.2m。如果再高，则应使用拉绳固定。通信电缆与电力电缆之间的间距应遵守当地有关部门的规定。

架空缆线敷设时，一般步骤如下：

1）电线杆以30～50m的间隔距离为宜。

2）根据缆线的质量选择钢丝绳，一般选8芯钢丝绳。

3）接好钢丝绳。

4）架设缆线。

5）每隔0.5m架一个挂钩。

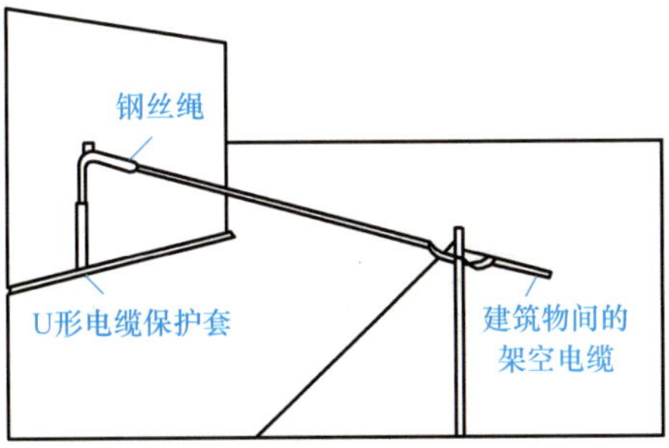

图10-4　架空布线法

2. 直埋布线法

直埋布线法是根据选定的布线路由在地面上挖沟，然后将缆线直接埋在沟内。直埋布线的电缆除了穿过基础墙的那部分电缆有保护外，其余部分直埋于地下，没有保护，如图10-5所示。直埋电缆通常应埋在距地面0.6m以下的地方或按照当地有关部门的规定进行施工。

当建筑群子系统采用直埋沟内敷设时，如果在同一个沟内埋入了其他图像、监控电缆，则应设立明显的共用标志。

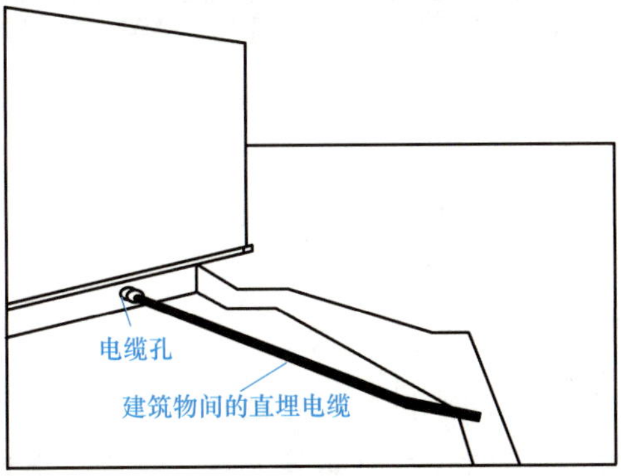

图10-5　直埋布线法

直埋布线法的路由选择受到土质、公用设施、天然障碍物（如木、石头）等因素的影响。直埋布线法具有较好的经济性和安全性，总体优于架空布线法，但更换和维护电缆不方便且成本较高。

3. 地下管道布线法

地下管道布线是一种由管道和人孔组成的地下系统，它把建筑群的各个建筑物进行互连。1根或多根管道进入建筑物内部的结构如图10-6所示。地下管道对电缆起到很好的保护作用，因此电缆受损坏的机会减少，且不会影响建筑物的外观及内部结构。

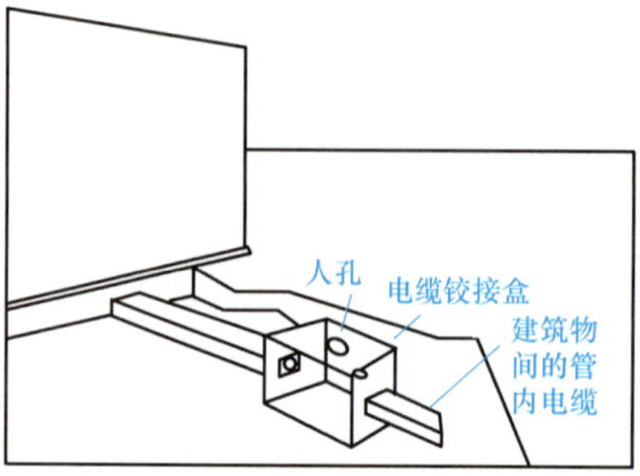

图10-6　地下管道布线法

管道埋设的深度一般在0.8～1.2m或符合当地有关部门的规定。为了方便后续布线，管道安装时应预埋1根拉线。为了方便缆线的管理，地下管道应间隔50～180m设立一个接合井。接合井可以是预制的，也可以是现场浇筑的。

此外安装时至少应预留1或2个备用管孔，以供扩充之用。

地埋布线材料如图10-7所示。

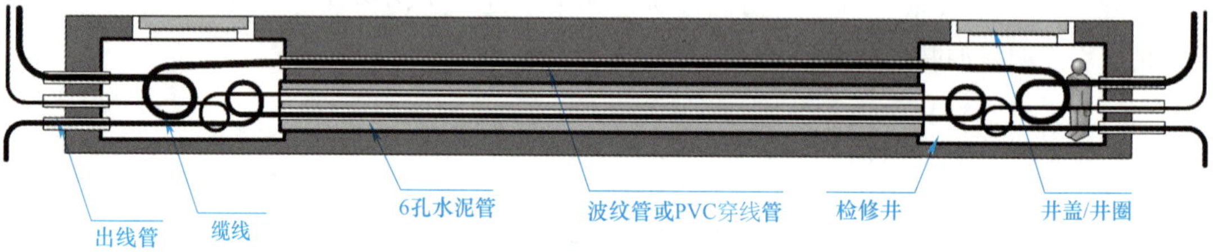

图10-7　地埋布线材料图

4. 隧道内电缆布线法

在建筑物之间通常有地下通道，利用这些通道来敷设电缆不但成本低，而且可以利用原有的安全设施。例如，考虑到暖气泄漏等因素，电缆安装时应与供气、供水、供暖的管道保持一定的距离，安装在尽可能高的地方，可根据民用建筑设施的有关条件进行施工。

以上介绍了管道内、直埋、架空、隧道4种建筑群子系统的缆线布线方法，它们的优缺点见表10-1。

表10-1　4种建筑群子系统的缆线布线方法比较

方法	优点	缺点
架空	如果本来就有电线杆，则成本最低	没有提供任何机械保护 灵活性差 安全性差 影响建筑物美观
直埋	提供某种程度的机械保护 保持建筑物的外貌	挖沟成本高 难以安排电缆的敷设位置 难以更换和加固
地下管道	提供最佳的机械保护 任何时候都可敷设电缆 敷设、扩充和加固都很容易 保持建筑物的外貌	挖沟、开管道和人孔的成本很高
隧道内	保持建筑物的外貌，如果本来就有隧道，则成本最低且安全	热量或泄漏的热气可能会损坏电缆、可能被水淹没

10.5　进线间和建筑群子系统的工程技术实训项目

10.5.1　实训项目1　进线间子系统入口管道铺设实训

【实训目的】

1）通过实训，了解进线间的位置和进线间的作用。

2）通过实训，了解进线间的设计要求。

3）掌握进线间入口管道的处理方法。

【实训要求】

1）学习掌握进线间的作用。

2）确定综合布线系统中进线间的位置。

3）准备实训工具，列出实训工具清单。

4）独立领取实训材料和工具。

5）独立完成进线间的设计。

6）独立完成进线间入口的处理。

【实训设备、材料和工具】

1）ICT工程技术实训平台1套。

2）直径40mm的PVC穿线管、管卡、接头等若干。

3）锯弓、锯条、钢卷尺、十字螺丝刀等。

【实训步骤】

1）准备实训工具，列出实训工具清单。

2）领取实训材料和工具。

3）确定进线间的位置，如图10-8所示。

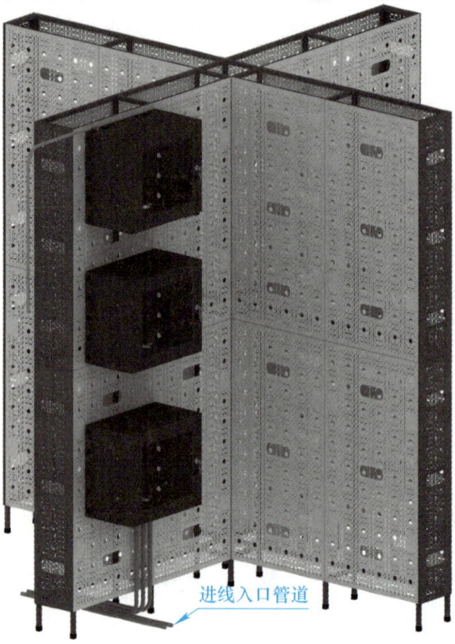

图10-8　进线间管道铺设示意图

进线间在确定位置时要考虑到便于缆线的铺设以及供电方便。

2或3人组成一个项目组，选举项目负责人，每组设计进线间的位置、进线间入口管道数量以及入口处理方式，并且绘制图样。项目负责人指定1种设计方案进行实训。

4）铺设进线间入口管道。将进线间所有进线管道根据用途划分，并按区域放置。

5）对进线间所有入口管道进行防水等处理。

6）实训完后，学习进线间在面积、入口管孔数量的设计要求。

【实训报告】

1）写出进线间在综合布线系统中的重要性以及设计原则要求。

2）分步陈述在综合布线系统中设置进线间的要求和出入口的处理办法。

10.5.2　实训项目2　建筑群子系统光缆铺设实训

【实训目的】

通过架空光缆的安装，掌握建筑物之间架空光缆操作方法。

【实训要求】

1）准备实训工具，列出实训工具清单。

2）独立领取实训材料和工具。

3）完成光缆的架空安装。

【实训设备、材料和工具】

1）ICT工程技术实训平台1套。

2）直径5mm钢缆、光缆、U形卡、支架、挂钩若干。

3）锯弓、锯条、钢卷尺、十字螺丝刀、活扳手、人字梯等。

【实训步骤】

1）准备实训工具，列出实训工具清单。

2）领取实训材料和工具，使用材料见图10-3中的标注。

3）实际测量尺寸，完成钢缆的裁剪。

4）固定支架， 根据设计布线路径，在ICT工程技术实训平台上安装固定支架。

5）连接钢缆。安装好支架以后开始敷设钢缆，在支架上使用U形卡来固定。

6）敷设光缆。钢缆固定好之后开始敷设光缆，使用挂钩每隔0.5m架一个。

7）安装完毕。

【实训报告】

1）设计一种光缆布线施工图。

2）分步陈述实训程序或步骤以及安装注意事项。

3）总结实训体会和操作技巧。

10.6 工程经验

1. 工程经验一　路径的勘察

建筑群子系统的布线工作开始之前，首先要勘察室外施工现场，确定布线的路径和走向，同时避开强电管道和其他管道。

2. 工程经验二　避开动力线，谨防线路短路

某中学敷设一路室外缆线的时候，由于当时在施工中没有将网络和广播系统分管道布线。在使用了两年以后，由于广播系统电缆中间的接头出现老化，并且发生了短路，把该管道内的所有线路都损坏了。经过这样的教训，值得注意的是在室外布线中一定要将弱电缆线的信号线和供电缆线分管道敷设。

3. 工程经验三　管道的敷设

敷设室外管道时要采用直径较大的管道，要留有余量。敷设光缆时要特别注意弯曲半径，弯曲半径过小会导致链路严重损耗。仔细检查每一条光缆，特别是光纤熔接点的面板盒，有的面板盒深度不够，光纤熔接好以后，面板没装到盒上时是好的，装上以后测试就不好，原因是装上以后光缆弯曲半径太小，造成严重损耗。

4. 工程经验四　缆线的敷设

为防止意外破坏，室外电缆一般应穿入埋在地下的管道内，如需架空，则应架高（高4m以上），而且一定要固定在墙上或电线杆上，切勿搭架在电线杆上、电线上、墙头上甚至门框、窗框上。

在条件允许的情况下，弱电应走自己的弱电井，减少受电磁干扰的概率。

10.7 全国职业院校技能大赛中职组“网络综合布线技术”竞赛分析

CD—BD建筑群子系统光缆链路布线安装。请按照图10-9所示的路由完成建筑群子系统光缆的安装。

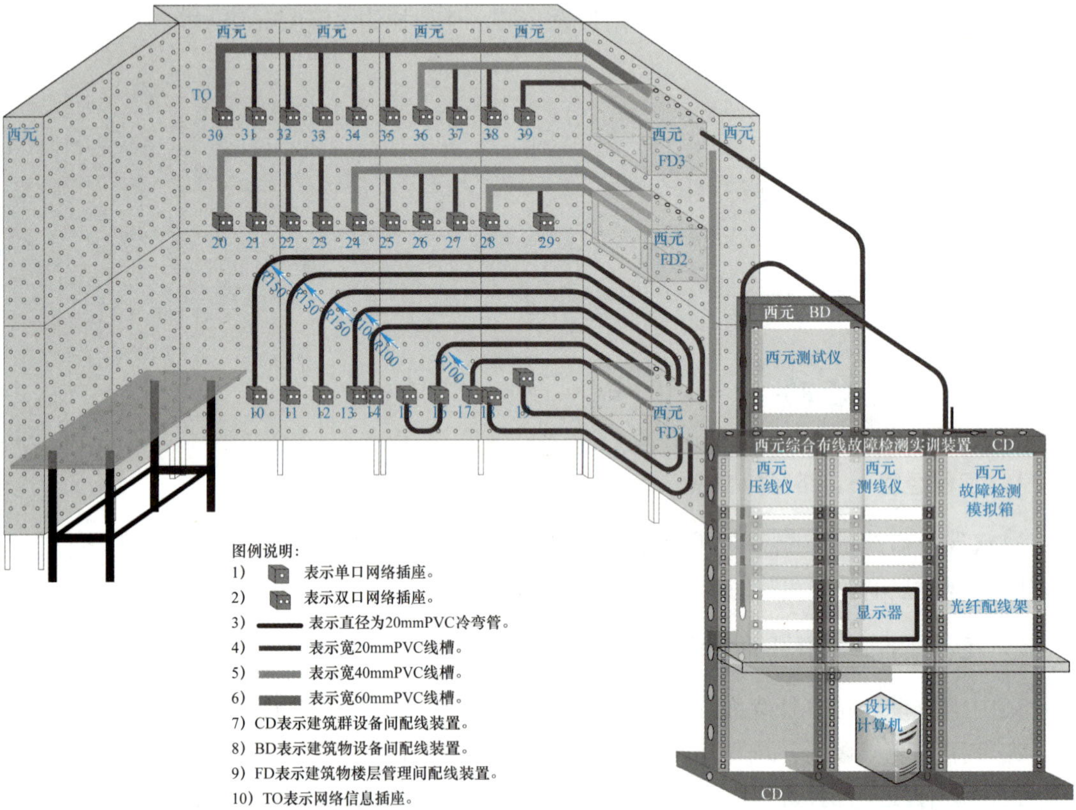

图10-9　网络综合布线工程示意图

1）从标识CD的综合布线故障检测实训装置向标识BD的设备安装1根ϕ20 PVC管，CD端的线管用L形支架、管卡、螺钉安装固定在设备顶部；BD端的线管用管卡、螺钉固定在设备侧面。

2）在PVC管内穿4根4芯室内光缆，其中2根为单模，2根为多模。

评判要点：

1）线管安装横平竖直。

2）光缆敷设正确。

竞赛作品如图10-10所示。

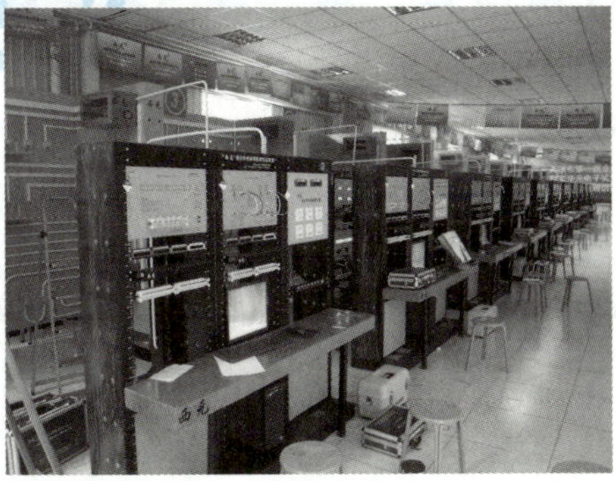

图10-10　竞赛作品

习　　题

请扫描二维码下载第10章习题，按照教师安排按时完成。

习题

第11章 综合布线系统工程测试

综合布线工程的测试主要有永久链路测试和信道测试两种，也可以利用电阻法判断缆线的质量和长度。本章简单介绍综合布线工程的测试方法。

知识目标：了解测试指标，掌握双绞线电缆的电阻计算和质量评判标准和方法。

技能目标：熟悉光/电缆链路故障的形成原因和预防方法，掌握光/电缆链路故障测试与故障排除方法。

素养目标：培养追求真理、严谨治学的求实精神；坚持以科学态度和严谨方法探索和实践创新，训练发现和解决问题的能力。

11.1 测试系统指标

本节规定的系统指标，均参考GB 50311《综合布线系统工程设计规范》中的第6章内容。有关电缆、连接硬件等产品标准也应符合国际标准。

1）综合布线系统产品技术指标在工程的安装设计中应考虑机械性能指标，如缆线结构、直径、材料、承受拉力、弯曲半径等。

2）相应等级的布线系统信道及永久链路、CP链路的具体指标项目，应包括下列内容：

①3类、5类布线系统应考虑指标项目为衰减、近端串扰（NEXT）。

②5e类、6类、7类布线系统，应考虑指标项目有插入损耗（IL）、近端串扰、衰减串扰比（ACR）、等电平远端串扰（ELFEXT）、近端串扰功率和（PS NEXT）、衰减串扰比功率和（PS ACR）、等电平远端串扰功率和（PS ELEFXT）、回波损耗（RL）、时延、时延偏差等。

③屏蔽的布线系统还应考虑非平衡衰减、传输阻抗、耦合衰减及屏蔽衰减。

3）综合布线系统工程设计中，系统信道的指标值包括以下12项：

①回波损耗（RL）。

②插入损耗（IL，旧称衰减值）。

③线对间的近端串扰（NEXT，又称近端串音）。

④近端串音功率和（PS NEXT）。

⑤线对间的衰减串音比（ACR-N，属于信噪比参数，串音来源为NEXT）。

⑥衰减串扰比功率和（PS ACR-N）。

⑦线对间衰减串扰比（ACR-F，串扰来源为FEXT，旧称等电平远端串扰ELFEXT）。

⑧衰减远端串扰比功率和（PS ACR-F，旧称等电平远端串扰功率和PS ELFEXT）。

⑨信道的直流电阻（直流环路电阻、不平衡电阻UBL）。

⑩信道传播时延。

⑪信道传播时延偏差。

⑫信道非平衡衰减（TCL/ELTCTL，抗干扰指标）。

4）综合布线系统工程中，永久链路的指标参数值类似包括以下12项内容：

①最小回波损耗（RL）。

②插入损耗（IL，旧称衰减值）。

③线对间的近端串扰（NEXT，又称近端串音）。

④近端串音功率和（PS NEXT）。

⑤线对间的衰减串扰比（ACR-N，属于信噪比参数，串扰来源为NEXT）。

⑥衰减串扰比功率和（PS ACR-N）。

⑦线对间衰减串扰比（ACR-F，串扰来源为FEXT，旧称等电平远端串扰ELFEXT）。

⑧衰减远端串扰比功率和（PS ACR-F，旧称等电平远端串扰功率和PS ELFEXT）。

⑨信道的直流电阻（直流环路电阻、不平衡电阻UBL）。

⑩最大传播时延。

⑪最大传播时延偏差。

⑫信道非平衡衰减（TCL/ELTCTL，抗干扰指标）。

5）各等级的光纤信道衰减值应符合表11-1的规定。

表11-1　信道衰减值　（单位：dB）

信道	多模		单模	
	850nm	1300nm	1310nm	1550nm
OF-300	2.55	1.95	1.80	1.80
OF-500	3.25	2.25	2.00	2.00
OF-2000	8.50	4.50	3.50	3.50

6）光缆标称的波长，每千米的最大衰减值应符合表11-2的规定。

表11-2　最大光缆衰减值　（单位：dB/km）

项目	OM1、OM2、OM3及OM4多模		单模光纤OS1		单模光纤OS2		
波长	850nm	1300nm	1310nm	1550nm	1310nm	1383nm	1550nm
衰减	3.5	1.5	1.0	1.0	0.4	0.4	0.4

7）多模光纤的最小模式带宽应符合表11-3的规定。

表11-3　多模光纤模式带宽

光纤类型	光纤直径/μm	最小模式带宽/MHz·km		
		满注入带宽		有效激光发射带宽
		波长		
		850nm	1300nm	850nm
OM1	50或62.5	200	500	
OM2	50或62.5	500	500	
OM3	50	1500	500	2000
OM4	50	3500	500	4700

11.2 网络双绞线电缆电阻的计算和质量判断

1. 长度90m永久链路的电阻

GB 50311《综合布线系统工程设计规范》中规定，双绞线电缆永久链路的最大长度为90m。网络双绞线的导体都是用铜导体，5类双绞线电缆的线芯直径为0.5mm，半径为0.25mm，不考虑每对线绞绕后增加的长度，就按照90m长度计算如下：

已知，铜材料的电阻率为$1.75\times10^{-8}\Omega m$，长度$l$=90m。

面积 $S=\pi\times R^2=3.14\times(0.25\times10^{-3})=0.1962\times10^{-6}\,m^2$

$$R=\rho\frac{l}{S}=1.75\times10^{-8}\times\frac{90}{0.1962\times10^{-6}}=8.02\Omega$$

最后，计算出90m双绞线电缆每芯线的电阻值为8.02Ω。

同样，已知一段网线的电阻值，也可以套用该公式计算出网络双绞线的长度。

2. 长度305m整箱网络双绞线电缆的电阻

整箱网络双绞线一般为1000ft，也就是305m。因为网线有4对绞绕，每对绞绕的节距不同，4对线的长度都大于305m，每对线芯的电阻值也不同。

以5类双绞线电缆为例计算整箱网线的电阻。5类网络双绞线电缆的线芯直径为0.5mm，导体直径为0.5mm，半径为0.25mm，铜材料的电阻率为$1.75\times10^{-8}\Omega m$，按照公式计算的电阻率如下：

1）2线对颜色为白蓝、蓝，实际长度约为307.7m，计算的电阻值为27.37Ω。

2）4线对颜色为白橙、橙，实际长度约为319m，计算的电阻值为28.42Ω。

3）6线对颜色为白绿、绿，实际长度约为311.6m，计算的电阻值为27.76Ω。

4）8线对颜色为白棕、棕，实际长度约为314.9m，计算的电阻值为28.06Ω。

3. 判断网络双绞线的质量

利用电阻值也可以判断出网络双绞线的质量。这里采用数字万用表的电阻档或二极管档对网线的相对应芯线进行测量，所得阻值可以根据表11-4所给的参数进行比较，从而得知网络双绞线质量的好坏。

表11-4 不同材质双绞线的电阻值

类型	单芯标准阻值/Ω	类型	单芯标准阻值/Ω
超5类全铜	28	超5类铝	44
6类全铜	21～23	超5类铁	170

相同长度相同线径缆线，铁的电阻约是铜的7倍，铝约是铜的1.7倍；超5类线整箱的测试电阻值超过30Ω，则缆线是非铜或线径不足；超5类线整箱的测试电阻值超过100Ω，则缆线是铁的；6类线整箱的测试电阻值超过26Ω，则缆线是非铜或线径不足。

11.3 永久链路测试

永久链路测试（Permanent Link Test）一般是指从配线架上的跳线插座算起，到工作区墙面插座位置，对这段链路进行的物理性能测试，如图11-1所示。

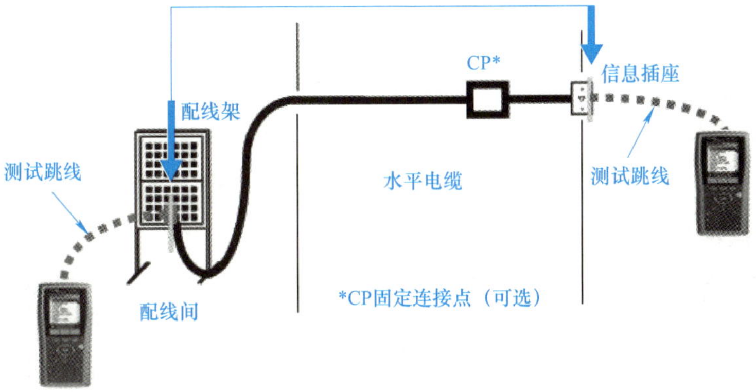

图11-1　永久链路测试

一般来说，等级越高，需要测试的参数种类就越多。但也不总是这样，比如Cat6$_A$电缆链路需要测试外部串扰ANEXT等参数，而Class F（7类）链路就不需要测试外部串扰参数。

例如，一条实际安装的水平布线系统结构如图11-2所示。

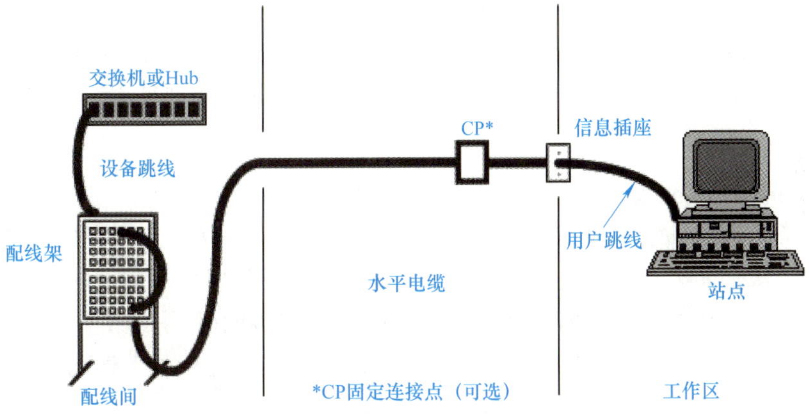

图11-2　实际安装的水平布线系统结构

在测试永久链路时，要注意以下问题。

1．如何选择测试标准

最常用的标准是“通用型测试标准”，少部分用户还要求使用“应用型测试标准”或者“供应商自定义型标准”进行测试。

通用标准是直接与电缆物理性质相关的标准，一般都高于应用标准。其中EIA/TIA 568B、ISO/IEC 11801、和GB/T 50312是使用最多的测试标准，基本涵盖了被检测链路总数的99%以上。这些标准要求对电缆链路本身的物理参数进行测试，例如，线序、长度、串扰、衰减、回波损耗（RL）、衰减串扰比（ACR）等参数。

2. 如何读取仪器存储的数据

用基于PC的通信和数据管理软件“LinkWare”从仪器中取出测试后存储的数据，并用此软件来管理测试数据。也可以用此软件将数据输出为多种报告格式供用户使用，包括文本格式、CSV格式、PDF格式等。

仪器操作程序提示如下。

仪器一般的操作程序：开机→选择测试标准（Setup）→安装测试适配器（信道或永久链路）→实施测试（按测试键）→存数据（取文件名字）→测试下一条链路→用计算机（或读卡器）取出仪器中存储的结果（使用LinkWare软件）→管理（整理、分析、输出、打印）报告等。

3. 如何判读带星号（“*”）的检测结果

由于任何仪器都有测试的精度范围，靠近精度边沿的数据将会被标注为带星号的数据。例如，仪器在100MHz的测试精度是±0.2dB，当测试结果为+0.5dB时，测试结果肯定是合格的，而当测试结果为+0.1dB（合格）时，实际的真实值是-0.05dB（不合格），此时就会将测试结果作为可疑结果，标注为+0.1dB（pass*）。如果一项综合布线工程测试结果有比较多的“*”，通常表示此工程的“余量”比较小。

4. 如何测试含110型跳线架的永久链路

可以在标准永久链路测试适配器（选件）上更换个性化模块（选件）。

5. 如何测试Class F链路（俗称7类链路）

由于7/7_A类链路模块与6类完全不兼容，是非RJ-45结构，目前已被TIA标准委员会批准的是Siemon公司的Tera F结构和Nexans公司的GG-RJ结构，此时需要使用7类测试适配器（比如DTX—PLA011）来进行测试。

6. 如何测试Cat 6_A或者Class E_A链路的缆间干扰

如果被测链路使用屏蔽电缆（FTP），则可以直接使用支持Cat 6_A或者Class E_A的永久链路适配器进行测试。如果是非屏蔽电缆（UTP）链路，则还需要增加测试电缆之间的干扰，如图11-3所示。电缆束中心的一根电缆会最大强度地被周围的6根电缆工作时辐射出来的电磁波干扰（外部串扰），这些干扰会破坏中心电缆中传递的信号，导致误码率上升。

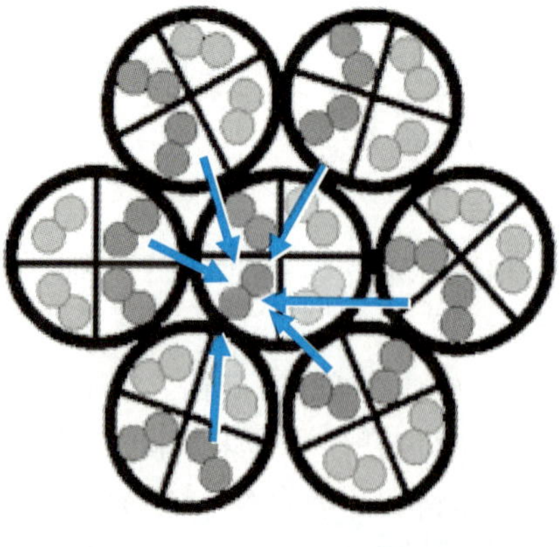

图11-3　UTP之间的互相干扰（6包1仿真样本测试）

测试外部串扰方法：用一个仪器单元在周围电缆中仿真发送信号，然后用另一个仪器单元在中心电缆中接收感应到的外部串扰信号，两个仪器单元之间使用同步跳线连接起来，如图11-4所示。一个（主机）单元所连接的链路就是6包1电缆束的中心电缆，负责感应接收来自另一个（远端）单元所连接的链路辐射出的“外来干扰”信号。当6根外包电缆依次将干扰信号都传递给主机单元所连接的中心电缆后，外部近端串扰参数的测试工作就告一段落，接下来使用AxTALK软件（基于PC）将干扰信号“求和”即可得出外部近端串扰的各种参数（PS ANEXT）。由于外部串扰的测试工作量大，所以不是所有链路都进行缆间干扰现场测试，而是抽样测试，抽样的比例在5%以内（或遵标准建议）。对于选型测试，抽样对象就是6包1仿真样本链路。如果合格，则其他非6包1链路可被推定为合格。

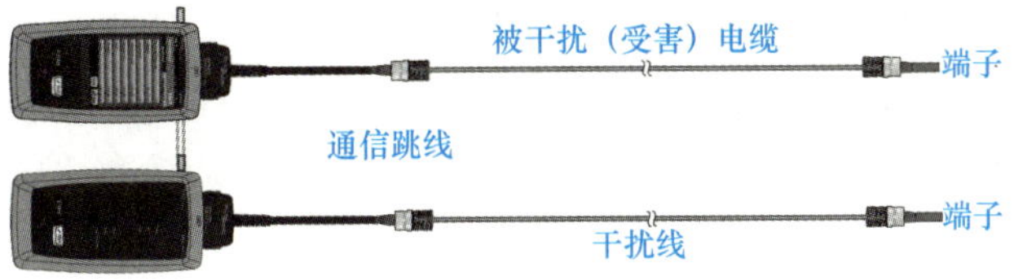

图11-4　测试外部近端串扰ANEXT的方法

图11-5是测试外部远端串扰的方法，此方法使用已有的链路作为同步通信链路，适合仪器分置于链路两端的远端串扰测试模式。测试结果仍然使用AxTALK软件进行分析和输出PA AACR-F参数报告。

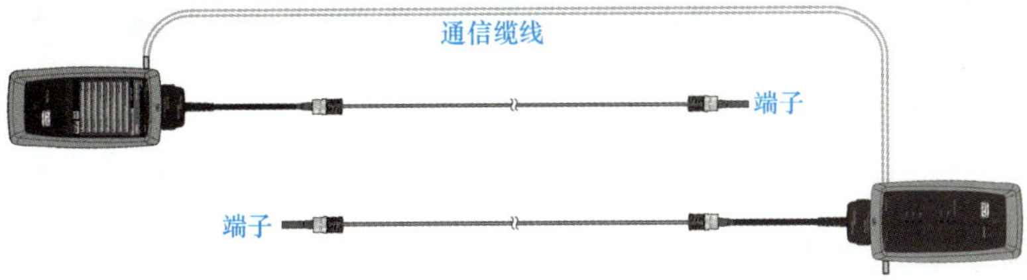

图11-5　测试外部远端串扰ANEXT的方法

7．如何确定外部串扰链路的测试数量

前面介绍的外部串扰测试方法是以6包1仿真样本为例来进行测试的，这种测试被较多地运用在生产/选型测试当中。在实际链路的测试中则每12根电缆打成一捆，或者将24根、48根电缆打成一捆。测试时测试仪主机用来接收干扰信号（信号接收机），测试仪副机（远端机）作为干扰信号发送源（信号发生器）。那么，如何选择被干扰链路，测试多少数量才算合适？

由于测试工作量较大，不会将所有电缆都进行外部干扰测试，否则测试总量将是一个天文数字。先来介绍如何选择被干扰链路。首先，在链路中选择比较长的被干扰链路，其次，从配线架处目视观察后选择比较容易被干扰的链路（基本上就是居中的链路），再次，选择比较“粗壮”的电缆捆（12、24甚至48根/捆）作为最差被干扰链路，这些链路如果测试均合格，则一般不再进行更多长链路的选择测试。测试样本还需要选择等比例的中长、短链路。

选定了被干扰链路，就可以方便地选择干扰链路了。方法一，与被干扰链路同在“一捆”的链路可以作为干扰链路；方法二，由于配线架处是干扰密度最大、干扰进入最多的地方，所以被干扰链路周围上下几个插座连接的链路也可以作为干扰链路。

11.4 信道测试

信道测试（Channel Test）又称为通道测试，一般是指从交换机端口上设备跳线的RJ-45水晶头算起，到服务器网卡前用户跳线的RJ-45水晶头结束，对这段链路进行的物理性能测试，如图11-6所示。

一条链路中连接的“元器件”越多，链路质量就越差。每增加一个连接器件，比如增加一根跳线，整个链路的参数都会向下降一些。信道是在永久链路的基础上增加两端的设备跳线和用户跳线后构成的真实链路，所以信道的测试参数“标准”要比永久链路低一些。

通常，用户最终使用的链路都是信道，但在系统刚建成的时候，多数链路还是永久链路而非信道，只有当设备投入使用后信道才会成立。构建信道的方法非常简单，只需要在永久链路的基础上增加设备跳线和用户跳线就可以。如果准备使用的跳线不合格，即使在合格的永久链路上增加跳线，也可能不能构建成合格的信道。有趣的是，少数不合格的永久链路在加上高质量的跳线后，有可能刚好能构建成一条合格的信道。所以，需要控制链路质量的用户会格外关注永久链路的质量检查，只需要增加合格的跳线，基本上就可以构建一条合格的信道。

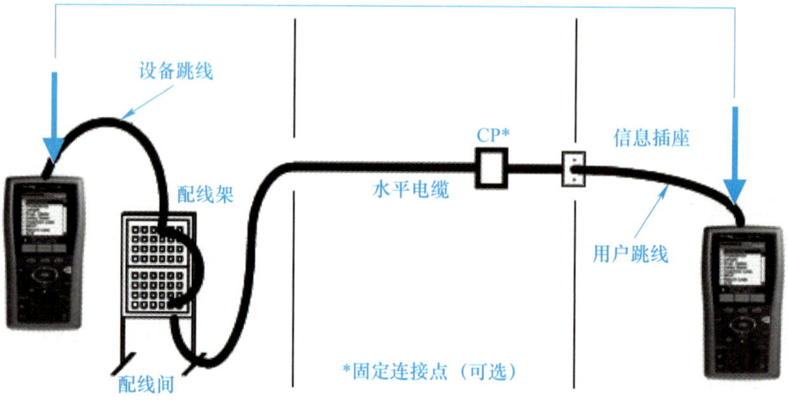

图11-6 信道测试模型

上面讨论的是关于是否需要用信道测试来作为质量验收的依据。基本上，对布线系统质量要求最高的用户会坚持采用“永久链路+信道测试”的方法来检验最终完成系统的质量。多数用户则只需关注永久链路的质量，跳线的质量合格，就可以构建一个合格的系统（即遵循PL+P.C.7CH的检测原则），链路测试验收的工作量会降低。一般应重点关注部分核心链路的信道测试或者对跳线的质量控制。

信道测试与永久链路的测试方法相似，取出数据的方法也完全相同。不同的是选取的测试模式不一样，使用的测试适配器不同，在此不做详细讨论。信道测试适配器对于Cat 6_A链路级别以下的形状和参数都相似，但$7/7_A$类链路由于接口是非RJ-45结构，所以适配器也是专门的GG45/Tera结构。

11.5 综合布线系统工程的测试

综合布线系统工程的测试主要针对各个子系统（如水平子系统、垂直子系统等）中的物理链路进行质量检测，测试的对象有电缆和光缆。系统设备开通时部分用户会选择进行“信道测试”或者“跳线测试”。以上讨论或涉及的这些测试对象均可以在测试仪器中选定对应标准进行。

1. 如何测试电缆跳线

永久链路作为质量验收的必测内容被广泛使用，信道的测试多数在开通应用的链路中被使用。为了保证信道质量总能合乎要求，用户只需要重点把握好跳线的质量。因为只要跳线质量合格，那么合格的永久链路加上合格的跳线就几乎能保证由此构成的信道100%合格。为此，需要对准备投入使用的跳线进行质量检测，有时候这种测试还是以批量的方式进行的，使用跳线测试适配器即可轻松地进行。

特别提示，不能用信道测试代替跳线测试，因为两者的标准、模式、补偿等完全不同。

2. 如何测整卷线

整卷线购入后有时需要做进货验收，此时可以使用整卷线测试适配器进行测试。方法是更换测试适配器（如LABA/MN），将整卷线的4个线对剥去外皮（1cm），插入适配器测试连接孔中，选择整卷线测试标准（如Cat 6 spool），按下测试键并保存结果即可。

3. 如何测试光纤

光纤的现场工程测试分为一级测试（tier 1）和二级测试（tier 2）。一级测试是用光源和光功率计测试光纤的衰减值，并依据标准判断是否合格，附带测试光纤的长度；二级测试是“通用型”测试和“应用型”测试，主要是测试光纤的衰减值和长度是否符合标准规定的要求，以此判断安装的光纤链路是否合格。在仪器中先选择上述某个测试标准，然后安装光纤测试模块即可进行测试。测试结果存入仪器中或稍后用软件导入计算机中进行保存和处理。仪器会根据选择的标准自动进行判定是否合格。

应用型测试是诊断某种具体应用进行的测试。比如，计划要用上千兆光纤设备，需要测试一根光纤是否能支持1000Base—F（千兆以太网光纤链路），这种具体应用就可以在仪器中选择对应标准进行测试，并自动进行合格判定。

用测试光纤衰减值的方法来认证光纤链路质量，这种方法被称作一级测试。对于要求高的用户，为了保证光纤链路的结构合格，确保高速应用的质量，只用一级测试方法还不够，需要增加光纤的OTDR曲线测试，以此判断链路中的熔接点、连接点等质量是否符合要求，这种测试就叫二级测试。

进行二级测试需要选择具备二级测试功能（OTDR+衰减+长度测试）的测试仪。

除了一级测试和二级测试外，对光纤链路还有视频检测和链路结构测试的需求。可以用光纤显微镜检查跳线插头端面的洁净度、椭圆度、同心度、光洁度、突台高度，以此帮助确认跳线的质量水平是否合乎要求，也可以根据OTDR曲线指示的位置检查插座的类似质量指标。

4．如何测试综合布线的屏蔽连通性和接地

综合布线系统的接地主要是机架接地和屏蔽电缆接地，机架接地和一般的弱电设备接地方式和接地电阻要求是相同的，一般使用接地电阻测试仪进行测试。

屏蔽电缆的接地端一般与机架或者机架接地端相连，对于屏蔽层的直流/交流连通性测试，标准中没有数值要求，只要求连通即可。测试方法：在电缆认证测试仪设置菜单中选择测试电缆类型为FTP，即可在测试电缆参数的同时自动增加对屏蔽层连通性的测试，结果自动合并保留在参数测试报告中。如果不需要交流连通性测试，则可提前关闭。

5．如何测试含防雷器的电缆链路

为了防止服务器和交换机端口不被雷击感应电压和浪涌电压损坏，可以在电缆链路中接入防雷器。

接入防雷器的链路一般按照通道模式进行测试。某些特殊的防雷器是按照固定安装模式接入链路的，这种防雷器则可以纳入永久链路的测试模式。建议用户先对无防雷器的链路进行测试，然后对加装防雷器后的链路进行测试，测试参数合并或并列到验收测试报告中。

6．如何测试新增的MPTL、E2E、DAC和工业以太网电缆链路

MPTL是指一端为插头的永久链路（又叫半永久链路），测试时需使用永久链路适配器和跳线适配器来进行测试。E2E是端到端通道（测试结果包含两端连接器参数，一般在工业场合被要求使用），测试时需使用跳线适配器。DAC是跳线直连链路，测试时需使用跳线适配器。以上对应的标准可在测试仪器的标准库中选择对应的标准即可。

工业以太网增加了M12、IX等接口，测试时相应选择对应的接口适配器接口。

11.6 链路故障诊断与分析实训

11.6.1 实训项目1 光缆链路故障诊断与分析

【典型工作任务】

实践证明，计算机网络系统70%的故障发生在综合布线系统，因此综合布线工程的质量非常重要，在安装施工中必须规范施工并掌握链路测试方法和故障维修方法。

【岗位技能要求】

1）了解并掌握光缆链路故障的形成原因和预防办法。

2）掌握使用线缆分析仪测试光缆链路故障的方法。

3）掌握常见光缆链路故障的维修方法。

【实训任务】

使用DTX（带单模光纤模块）线缆分析仪检测综合布线故障检测与维护实训装置（产

品型号KYGJZ—07—02）上安装的光纤故障模拟箱中的12个光纤永久链路，按照GB/T 50312标准判断每个永久链路检测结果是否合格，判断和分析故障主要原因。

【评判标准】

1）故障检测结果正确。

2）故障类型判断准确全面。

3）主要原因分析正确。

【实训器材和工具】

1）实训器材：综合布线故障检测与维护实训装置1套，型号：KYGJZ—07—02，如图11-7所示。

2）实训工具：红光笔1个，DTX线缆分析仪1台。

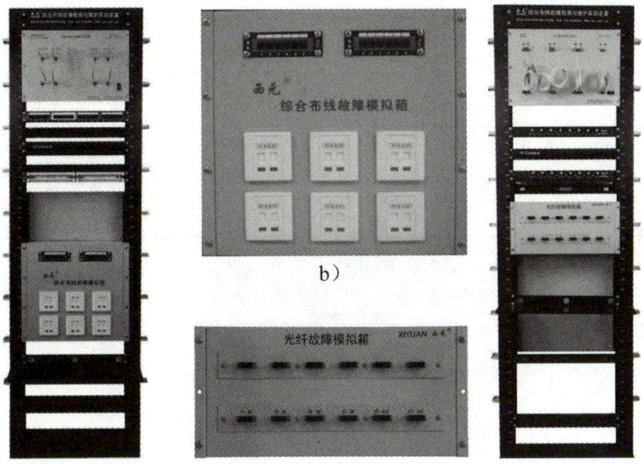

a）　　　　b）　　　　c）　　　　d）

图11-7　综合布线故障检测与维护实训装置

a）实训装置正面（见彩图）　b）综合布线故障模拟箱　c）光纤故障模拟箱　d）实训装置背面（见彩图）

【实训步骤】

1）打开综合布线故障检测与维护实训装置电源。

2）取出线缆分析仪。

3）按照线缆分析仪的操作说明及连接方法进行测试。

用分析仪逐条测试链路，根据分析仪显示的数据，判定各条链路的故障位置和故障类型。

4）填写故障检测分析表，完成故障测试分析。

5）故障维修。

根据故障检测结果，采取不同的故障维修方法进行故障维修。

【实训报告】

根据实训要求和检测情况，将检测结果填写在表11-5中，填写要求如下：

检测结果：填写“失败”或“通过”。

主要故障类型：填写“××故障”。

主要故障原因分析：填写具体故障原因和位置。

表11-5　光缆链路故障检测分析表

序号	链路名称	检测结果	主要故障类型	主要故障位置和原因分析
1	A1链路			
2	A2链路			
3	A3链路			
4	A4链路			
5	A5链路			
6	A6链路			
7	A7链路			
8	A8链路			
9	A9链路			
10	A10链路			
11	A11链路			
12	A12链路			

检测分析人：　　　　　　　　　　　　　时间：　　年　月　日

11.6.2　实训项目2　电缆链路故障诊断与分析

【典型工作任务】

实践证明，计算机网络系统70%的故障发生在综合布线系统，因此综合布线工程的质量非常重要，在安装施工中必须规范施工，掌握链路测试方法和故障维修方法。

【岗位技能要求】

1）了解并掌握电缆链路故障的形成原因和预防办法。

2）掌握线缆分析仪测试电缆链路故障的方法。

3）掌握常见电缆链路故障的维修方法。

【实训任务】

请使用DTX 1800线缆分析仪，检测综合布线故障检测与维护实训装置（产品型号KYGJZ—07—02）上安装的综合布线故障模拟箱中的12个电缆永久链路，按照GB/T 50312标准判断每个永久链路检测结果是否合格，判断和分析故障主要原因。

【评判标准】

1）故障检测结果正确。

2）故障类型判断准确全面。

3）主要原因分析正确。

【实训器材和工具】

1）实训器材：综合布线故障检测与维护实训装置1套，型号：KYGJZ—07—02，如

图11-7所示。

2）实训工具：红光笔1个，DTX线缆分析仪1台。

【实训步骤】

1）打开综合布线故障检测与维护实训装置电源。

2）取出线缆分析仪。

3）按照线缆分析仪的操作说明及连接方法进行测试。

用分析仪逐条测试链路，根据分析仪显示的数据判定各条链路的故障位置和故障类型。

4）填写故障检测分析表，完成故障测试分析。

5）故障维修。

根据故障检测结果，采取不同的故障维修方法进行故障维修。

【实训报告】

根据实训要求和检测情况，将检测结果填写在表11-6中，填写要求如下：

检测结果：填写“失败”或“通过”。

主要故障类型：填写“××故障”。

主要故障原因分析：填写具体故障原因和位置。

表11-6　电缆链路故障检测分析表

序号	链路名称	检测结果	主要故障类型	主要故障位置和原因分析
1	A1链路			
2	A2链路			
3	A3链路			
4	A4链路			
5	A5链路			
6	A6链路			
7	B1链路			
8	B2链路			
9	B3链路			
10	B4链路			
11	B5链路			
12	B6链路			

检测分析人：　　　　　　　　　　　　　　时间：　年　月　日

11.7　工程经验

1. 工程经验一　用130m长的6类线运行百兆网能通过FLUKE测试吗

不能通过6类链路测试，但百兆网可以正常使用。衰减值（插入损耗）、长度、时延、

ACR等多数参数均不会通过测试。如果用百兆应用标准进行测试，除了“长度/时延”指标稍差外，其他指标基本上都能通过测试。

2. 工程经验二　综合布线时为什么要重视综合串扰、平衡性和回波损耗

在进行综合布线系统测试时，应注意综合串扰、平衡性和回波损耗等问题。综合串扰是指一对以上缆线同时传输时，各线对间串扰的和。平衡性是指电缆和连接件的平衡性。平衡性类似于阻抗，它的好坏是衡量电磁兼容性（EMC）的重要参数。一般采用纵向变换损耗（LCL）和纵向转移损耗（LCTL）两个参数来定义其平衡性。回波损耗（SRL）是衡量链路全程结构是否一致的重要参数。它主要是由链路中阻抗不均匀性引起的，通常发生在接头和插座处。

3. 工程经验三　如何确定综合布线工程第三方检测的标准和数量

在施工结束后，乙方一般会进行自检自查，然后甲方会请第三方来进行检测。由于在施工合同中经常出现没有规定测试的模式，乙方、第三方可能会采用不同的模式，检测的结果（比如，合格率）会发生“争议”。第三方一般采用永久链路模式进行验收测试，而乙方则经常性地倾向采用信道验收测试。建议在合同或者附加合同中规定检测标准和模式，以减少争议和提高链路合格率。

抽查数据根据GB/T 50312要求按照15%的比例抽测，不足100条链路的则全部测试，如果合格率低于99%，则整个工程要进行全测。

4. 工程经验四　综合布线几种盘线方式的测试对比

在施工过程中，有时会将两端多余的网线盘起来，这样会影响网线的测试项目，有时还可能造成测试不能通过的情况，网线不同状态时的测试结果见表11-7。

表11-7　网线不同状态时的测试结果

测试参数	缆线测试状态		
	在缆线正常状态下	从缆线15m处将缆线卷成2圈，直径为1m	从缆线15m处将缆线卷成1圈，直径为1m
长度	50.3m	50.3m	50.3m
传播延迟	252ns	252ns	252ns
延迟偏移	9ns	9ns	9ns
插入损耗	13.5dB/10.5dB	13.6dB/10.4dB	13.5dB/10.5dB
回波损耗	17.6dB/0.6dB	12.2dB/−0.7dB	17.4dB/0.5dB
NEXT	62.6dB/7.0dB	62.5dB/6.9dB	62.5dB/6.9dB
PSNEXT	61.9dB/9.3dB	61.4dB/9.1dB	61.4dB/9.1dB
ACR	60.2dB/8.5dB	59.7dB/8.3dB	59.7dB/8.3dB
PSACR	59.7dB/11.0dB	59.1dB/10.7dB	59.1dB/10.7dB
ELFEXT	50.4dB/15.1dB	53.8dB/15.2dB	53.8dB/15.2dB
PSELFEXT	47.2dB/17.3dB	53.3dB/17.6dB	53.3dB/17.6dB
测试结果	测试通过	测试未通过	测试通过

注：1. 网线采用AMP（安普）超5类双绞线。
2. 测试仪器使用FLUKE 1800AP。

11.8 全国职业院校技能大赛中职组“网络综合布线技术”竞赛分析

1. 认识大赛设备——综合布线故障检测实训装置

综合布线故障检测实训装置中配置有一套故障模拟箱，该设备具有综合布线故障检测实训功能，为2010年全国职业院校技能大赛中职组“网络综合布线技术”赛项指定产品，如图11-8所示。

图11-8　综合布线故障检测实训装置

故障模拟箱模拟了常见布线工程中的开路、短路、跨接、反接、回波、串扰、阻抗、CP点、T568B故障等11种故障，配合电缆测试仪，可进行布线故障检测实训。

1）开路：指链路中某根连线中断。开路故障如图11-9所示。

开路故障维修方法是找出开路故障点，将有故障的一段链路重新更换为完好的连线。

2）短路：指链路中的8根连线中某两根连线彼此之间短路连通。短路故障如图11-10所示。

故障维修方法是找出短路故障点，将有短路故障的一段链路重新更换为完好的连线。

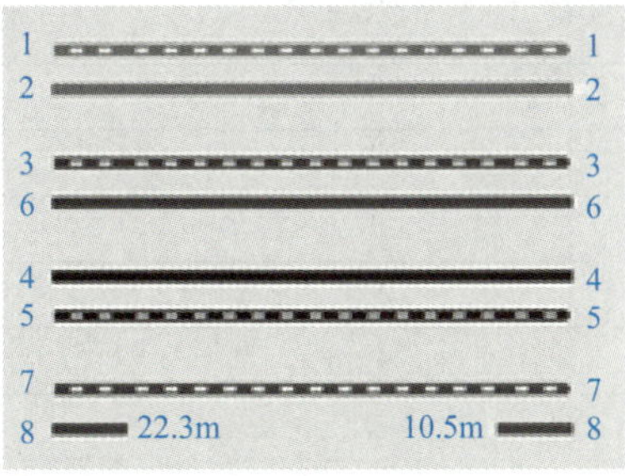

图11-9　开路故障示意图

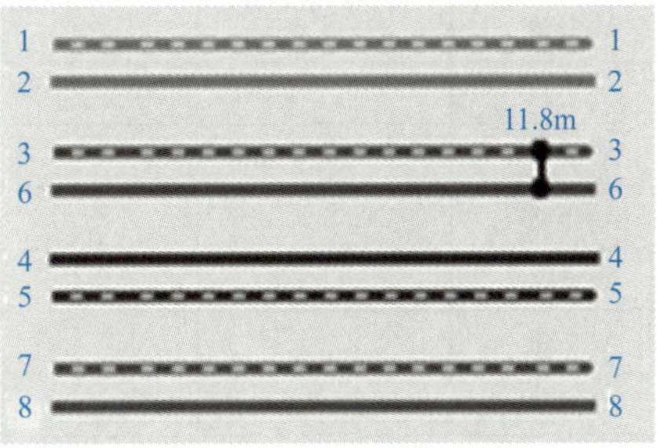

图11-10　短路故障示意图

3）跨接：指链路中的某对双绞线跨过2根以上的线序与另外的接口连接所导致的接线错误。跨接故障如图11-11所示。

跨接故障的维修方法是找出链路故障点，在出现故障的位置重新按照正确线序打线。

4）反接：指链路中两根连线之间相互线序接反。反接故障如图11-12所示。

反接故障的维修方法是找出链路故障点，在出现故障的位置重新按照正确的线序打线。

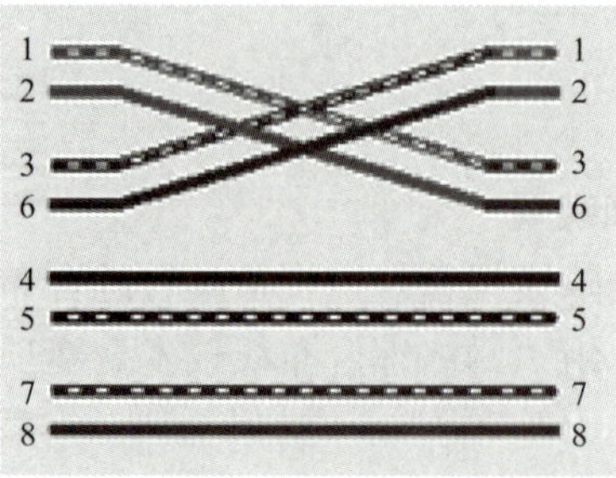

图11-11　跨接故障示意图

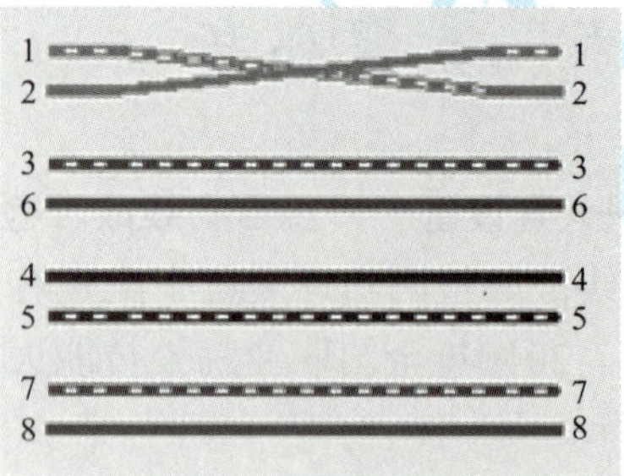

图11-12　反接故障示意图

5）阻抗：指链路中某根连线因为电缆性能的改变等各种原因导致阻值异常增大，引发链路传输能量的反射，影响链路的正常传输。阻抗故障的维修方法是找出链路异常点，更换电缆，同时在更换电缆时一定要防止电缆发生意外，从而产生可能影响电缆物理结构发生改变的因素。

6）串扰：在一条双绞线中，当信号在一对缆线上传输时，同时会在相邻的线对中产生感应信号，即一对线发送信号时另一相邻的线对中将收到信号，这种现象为串扰。

7）回波：回波损耗，又称为反射损耗。它是电缆链路由于阻抗不匹配所产生的反射，是一对线自身的反射。

2．综合布线系统常见故障检测和分析

用FLUKE 1800缆线分析仪检测图11-8综合布线故障检测实训装置中已经设定的12个永久链路，按照GB/T 50312标准判断每个永久链路检测结果是否合格，判断主要故障类型，分析故障主要原因，并且将检测结果和故障类型、原因等填写在表11-8中。

要求：故障检测结果正确，故障类型判断准确全面，主要原因分析正确。

表11-8　综合布线系统常见故障检测和分析

序号	链路名称	检测结果	主要故障类型	主要故障原因分析
1	A1链路			
2	A2链路			
3	A3链路			
4	A4链路			
5	A5链路			
6	A6链路			
7	B1链路			
8	B2链路			
9	B3链路			
10	B4链路			
11	B5链路			
12	B6链路			

检测分析人（只能填写机位号）：　　　　　　　　　　时间：　　年　　月　　日

评判要点：

检测结果为失败或通过，故障类型为开路、短路、跨接、反接、回波、串扰、阻抗、CP点、T568B故障等，原因分析为具体产生故障的原因。

竞赛过程如图11-13所示。

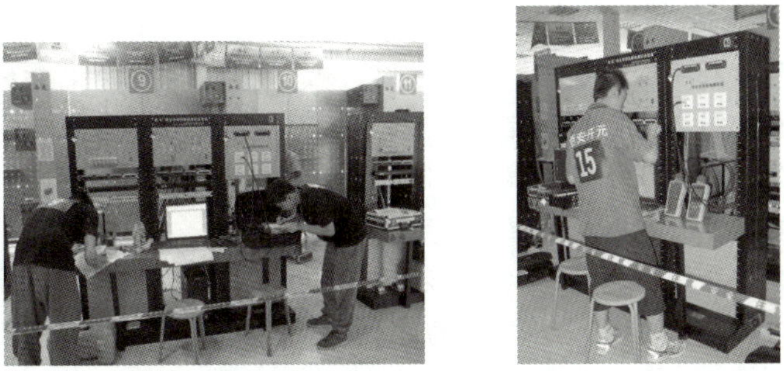

图11-13　竞赛过程

习　　题

请扫描二维码下载第11章习题，按照教师安排按时完成。

习题

第12章

综合布线系统工程管理

本章分别从现场管理制度与要求、技术管理、施工现场人员管理、材料管理、安全管理、质量控制管理、成本控制管理、施工进度控制等方面介绍综合布线系统工程管理。

知识目标：熟悉综合布线系统工程管理制度与主要内容，包括技术管理、人员管理、材料管理、安全管理、质量管理、成本管理、进度管理等。

技能目标：熟悉安全管理制度的编写方法，掌握项目质量管理办法的编制内容与要求。

素养目标：培养严谨认真、精益求精的敬业精神，提升全面质量管理能力和时间管理能力；通过工程管理，推动“绿色发展”，推进“碳达峰碳中和”。

扫描二维码观看《综合布线工程技术工程管理》。

扫码看视频

12.1 现场管理制度与要求

施工现场指施工活动所涉及的施工场地以及项目各部门和施工人员可能涉及的一切活动范围。现场管理工作应着重考虑对施工现场工作环境、居住环境、自然环境、现场物资以及所有参与项目施工人员的行为进行管理，应按照事前、事中、事后的时间段，按照制定计划、实施计划、过程检查、发现问题后对问题进行分析、制定预防和纠正措施的程序进行现场管理。施工现场管理的基本要求主要包括以下方面：

1）对现场工作环境进行管理，项目经理部应按照施工组织设计的要求管理作业现场工作环境，落实各项工作负责人；在施工过程中，应严格执行检查计划，对于检查中所发现的问题进行分析，制定纠正及预防措施，并予以实施；对工程中的责任事故应按奖惩方案予以奖惩；施工现场的安全和环境保护工作应按照企业的相关保护条例和施工组织设计的相关要求进行；当施工现场发生紧急事件时，应按照企业的事故应急预案进行处理。

2）对现场居住环境的管理，项目经理部应根据施工组织设计的要求，对施工驻地的材料放置和伙房卫生进行重点管理，落实驻点管理负责人和工地伙房管理办法、员工宿舍管理办法、驻点防火防盗措施、驻点环境卫生管理办法，教育员工清楚发生火灾时的逃生通道，在外进餐时应注意饮食卫生，以保证施工材料和施工人员的安全。

3）对现场周围环境的管理，要求项目经理部实施施工组织设计中的相关计划，在考虑施工现场周围环境的地形特点、施工的季节、现场的交通流量、施工现场附近的居民密度、施工现场的高压线和其他管线情况、与公路及铁路的交越情况、与河流的交越情况等前提下进行施工作业，对重要环境因素应重点对待。项目经理部应对施工过程中相关计划的执行情况进行检查，发现问题应及时分析，制定相应的纠正和预防措施，并予以实施。

4）对于现场物资的管理，由于线路工程点多线长，物资管理人员应按照施工组织设计中的分屯计划组织接收工程物资。对于线路和其他专业的通信工程，物资管理人员还应按照施工组织设计的要求进行进货检验，并填写相应的检验记录。在工地驻点的物资存放方面，施工现场物资管理人员应根据施工工序的前后次序放置施工材料，并进行恰当标识，现场物资应整齐码放，注意防火、防盗、防潮。物资管理人员还应做好现场物资的进货、领用的账目记录，并负责向业主移交剩余物资，办理相应手续。对于上述工作的完成情况，项目经理部应在施工过程中进行检查，发现问题时应按相关要求进行处理。

12.2 技术管理

1. 审核施工图

在工程开工前，使参与施工的工程管理及技术人员充分地了解和掌握施工图的设计意图、工程特点和技术要求；通过审核，发现施工图设计中存在的问题和错误，在施工图设计会审会议上提出，为施工项目实施提供一份准确、齐全的施工图。审查施工图设计的程序通常分为自审、会审两个阶段。

（1）施工图的自审

施工单位收到施工项目的有关技术文件后，应尽快地组织有关工程技术人员熟悉施工图，写出自审记录，应包括对设计图样的疑问和对设计图样的有关建议等。

施工图设计审核的内容：施工图设计是否完整、齐全，以及施工图和设计资料是否符合国家有关工程建设的法律法规和强制性标准；施工图设计是否有误，各组成部分之间有无矛盾；工程项目的施工工艺流程和技术要求是否合理；对施工图设计中的工程复杂、施工难度大和技术要求高的施工部分或应用新技术、新材料、新工艺部分，现有施工技术水平和管理水平能否满足工期和质量要求；明确施工项目所需主要材料、设备的数量、规格、供货情况；施工图中穿越铁路、公路、桥梁、河流等技术方案的可行性；工程预算是否合理。找出施工图上标注不明确的问题并记录。

（2）施工图设计会审

一般由业主主持，由设计单位、施工单位和监理单位参加，四方共同进行施工图设计的会审。由设计单位的工程主设计人向与会者说明拟建工程的设计依据、意图和功能要求，并对特殊结构、新材料、新工艺和新技术提出设计要求。施工单位根据自审记录以及对设计意图的了解，提出对施工图设计的疑问和建议；在统一认识的基础上，对所探讨的问题逐一地做好记录，形成“施工图设计会审纪要”，由业主正式行文，作为与设计文件同时使用的技术文件和指导施工的依据，以及业主与施工单位进行工程结算的依据。

审定后的施工图设计与施工图设计会审纪要，都是指导施工的法定性文件；在施工中既要满足规范、规程，又要满足施工图设计和会审纪要的要求。

施工图会审记录是施工文件的组成部分，与施工图具有同等效力，所以会审记录的管理办样和发放范围同于施工图管理、发放，应认真实施。

扫描二维码观看《工程蓝图的折叠方法》。

扫码看视频

2. 技术交底

为确保所承担的工程项目满足合同规定的质量要求，保证项目的顺利实施，应使所有参与施工的人员熟悉并了解项目的概况、设计要求、技术要求、工艺要求。技术交底是确保工程项目质量的关键环节，是质量要求、技术标准得以全面认真执行的保证。

技术交底的依据：技术交底应在合同交底的基础上进行，主要依据有施工合同、施工图设计、工程摸底报告、设计会审纪要、施工规范、各项技术指标、管理体系要求、作业指导书、业主或监理工程师的其他书面要求等。

技术交底的内容：工程概况、施工方案、质量策划、安全措施、“三新”技术、关键工序、特殊工序（如果有）和质量控制点、施工工艺（遇有特殊工艺要求时要统一标准）、法律、法规、对成品和半成品的保护，制定保护措施、质量通病预防及注意事项。

技术交底的要求：施工前项目负责人对分项、分部负责人进行技术交底，施工中对业主或监理提出的有关施工方案、技术措施及设计变更的要求在执行前进行技术交底，技术交底要做到逐级交底，随接受交底人员岗位的不同其交底的内容也有所不同。

12.3 施工现场人员管理

对施工现场人员的管理包括：

1）制定施工人员档案。

2）佩戴有效工作证件。

3）所有进入场地的员工均给予一份安全守则。

4）加强离职或被解雇人员的管理。

5）项目经理要制定施工人员分配表。

6）项目经理每天向施工人员发出工作责任表。

7）制定定期会议制度。

8）每天巡查施工场地。

9）按工程进度制定施工人员每天的上班时间。

10）对现场施工人员的行为进行管理，要求项目经理部组织制定施工人员行为规范和奖惩制度，教育员工遵守当地的法律法规、风俗习惯、施工现场的规章制度，保证施工现场的秩序。同时项目经理部应明确由施工现场负责人对此进行检查监督，对于违规者应及时予以处罚。

12.4 材料管理

材料的管理包括：

1）做好材料采购前的基础工作。工程开工前，项目经理、施工员必须反复认真地对工程设计图进行熟悉和分析，根据工程测定材料实际数量提出材料申请计划，申请计划应做到准确无误。

2）各分项工程都要控制好材料的使用。

3）在材料领取、入库出库、投料、用料、补料、退料和废料回收等环节上尤其要引起重视，严格管理。

4）对于材料操作消耗特别大的工序，由项目经理直接负责。具体施工过程中可以按照不同的施工工序，将整个施工过程划分为几个阶段，在工序开始前由施工员分配大型材料使用数量，工序施工过程中如果发现材料数量不够，则由施工员报请项目经理领料，并说明材料使用数量不够的原因。每一阶段工程完工后，由施工员清点、汇报材料使用和剩余情况，分析材料消耗或超耗原因并与奖惩挂钩。

5）对部分材料实行包干使用，制定节约有奖、超耗则罚的制度。

6）及时发现和解决材料使用不节约、出入库不计量，生产中超额用料和废品率高等问题。

7）实行特殊材料以旧换新，领取新料由材料使用人或负责人提交领料原因。材料报废须及时提交报废原因。以便有据可循，作为以后奖惩的依据。

12.5 安全管理

12.5.1 安全控制措施

施工阶段安全控制要点主要包括施工现场防火；施工现场用电安全；低温雨季施工防潮；机具仪表的保管、使用；机房内施工时通信设备、网络等电信设施的安全；施工过程中水、电、煤气、通信电（光）缆管线等市政或电信设施的安全；施工过程中的文物保护；井下作业时的防毒、防坠落、防原有缆线损坏；公路上作业的安全防护；高处作业时人员和仪表的安全等。控制措施内容如下：

（1）施工现场防火措施

施工现场实行逐级防火责任制，施工单位应明确一名施工现场负责人为防火负责人，全面负责施工现场的消防安全管理工作，根据工程规模配备消防员和义务消防员。

临时使用的仓库应符合防火要求。在机房施工作业使用电焊、气割、砂轮锯等工具时，必须有专人看管。施工材料的存放、保管应符合防火安全要求。易燃品必须专库储存，尽可能随用随进，专人保管、发放、回收。

熟悉施工现场的消防器材，机房施工现场严禁吸烟。电气设备、电动工具不准超负荷运行，线路接头要结实、接牢、防止设备线路过热或打火短路。现场材料堆放不宜过多，垛之间保持一定的防火间距。

（2）施工现场安全用电措施

临时用电和带电作业的安全控制措施应在《施工组织设计》中予以明确。

施工人员进入施工现场后，应组织实施安全教育，强调用电安全知识。

施工现场需要临时用电时，操作人员应检查临时供电设施、电动机械与手持电动工具是否完好，是否符合规定要求，安装漏电保护装置，注意防止过压、过流、过载及触电等情况发生；接通电源之前，应设警示标志；临时用电结束后，立即做好恢复工作。

操作人员遇到带电作业时，应做到：临近电力线施工作业时，应检查电力线是否带电；戴安全帽，穿绝缘鞋，戴绝缘手套，与电力线尤其是高压电力线保持安全距离；在交流配电盘（箱、屏）、列柜及其他带电设备上作业时，操作人员应有保护措施，所用工具应做绝缘处理；严格操作规程，保持集中精力；带电施工过程中设专人看管电源闸箱，保持良好联络，随时做好应急准备。

（3）低温雨季施工控制措施

低温季节施工时，施工人员应尽量避免高空作业，必须进行高空作业时，应穿戴防冻、防滑的保温服装和鞋帽；吊装机具在低温下工作时，应考虑其安全系数；光缆的接续机具和测试仪表工作时应采取保温措施，满足其对温度的要求；车辆应加装防冻液、防滑链，注意防冻、防滑。

雨季施工时，雷雨天气禁止从事高空作业，空旷环境中施工人员避雨时应远离树木，注意防雷。雨天施工时，施工人员应注意道路状况，防止滑倒摔伤。雨天及湿度过高的天气施工时，作业人员在与电力设施接触前，应检查其是否受潮漏电。山区施工时，工地驻点应选择在地质稳定的高处，避免受洪水、塌方、泥石流的侵袭。施工现场的仪表及接续机具在不使用时应及时放到专用箱中保管；在雨天使用时，应采用帐篷、雨具等防雨工具，避免其受潮。下雨前，施工现场的材料应及时遮盖；对于易受潮变质的材料应采取防水、防潮措施单独存置。雨天行车，车辆应减速慢行，注意防滑。暂时不用的电缆应及时缩封端头，需要充气时应及时充气，以防止电缆受潮、进水。

（4）在用通信设备、网络安全的防护措施

机房内施工电源割接时，应注意所使用工具的绝缘防护，检查新装设备，在确保新设备电源系统无短路、接地等故障时，方可进行电源割接工作，以防止发生设备损坏、人员伤亡事故。

在机房内施工需要用电锤、切割机时，应使用防尘罩降低灰尘排放量，对施工现场的新旧设备应采取防尘措施，保持施工现场清洁；禁止动与施工无关的设备，需要用到机房原有设备时，应当征得机房技术负责人的同意，以机房值班人员为主进行工作，保证通信设备网络的安全。需要拔插机盘时，应佩戴防静电手环。

（5）防毒、防坠落、防原有缆线损坏的措施，地下设施的保护，地下作业时的安全措施

施工过程中挖出有害物质时，应及时向有关部门报告。有害物质发生泄漏造成施工人员急性中毒受到伤害时，现场负责人应指挥组织抢救，立即向医院求救，并保护好现场，以利于事故的分析和处理。

在人（手）孔（室外井）内工作时，地面上应设专人看守，井口处白天设置井围、红旗，夜间设红灯。施工人员打开人孔后，首先应进行有害气体测试和通风，下人孔前必须确认人孔内没有害气体。在人孔内抽水时，抽水机的排气管不得靠近人孔口，应放在人孔的下风方向。

下人孔时必须使用梯子，不得踩蹬光（电）缆或电缆托板。人孔内工作时，如感觉头晕呼吸困难，必须离开人孔，采取通风措施。点燃的喷灯不能对着光（电）缆和井壁放置。在焊接光（电）缆时，谨防烧坏其他光（电）缆。凿掏人孔壁、石块硬地及水泥地时，必须戴护目眼镜。在人孔内不许吸烟。

开挖土石方，要充分了解施工现场的地形、地貌、地下管线、周围建筑物等情况，确定保护地下管线及其他物品的方案。开挖城市路面时，应当符合施工摸底情况，摸清埋于地下的各类管道和线路，如供水、供电、供气管道和原有的通信线路等。可能对各类管道和线路

产生危害的，开挖前使用仪器探明危险点，开挖中距危险点较近时，禁止用大型机械工具开挖，暴露后要采取必要的保护和加固措施，防止对各类管道和线路造成损害。

施工过程中挖出文物时，由施工单位做好现场保护，并及时向文物管理部门报告，等候处理。

（6）公路上作业的安全防护措施

严格按照批准的施工方案进行施工，服从交警人员的管理和指挥，主动接受询问、交验证件，协助做好交通安全工作。保护一切公路设施，协调处理好施工与交通安全的关系。

每个施工地点都要设置安全员，负责按公路管理部门的有关规定摆放安全标志，观察过往车辆并监督各项安全措施执行情况，发现问题及时处理。特别是开工前安全标志尚未全部摆放到位和收工撤离收取安全标志时，更要特别注意。在夜间、雾天或其他能见度较差的气候条件下停止施工。所有进入施工地段的人员一律穿戴符合规定的安全标志服，施工车辆设有明显标志（红旗等）。

施工车辆按规定路线和地点行驶、停放，只准顺行严禁逆行。施工人员不得以任何方式拦阻车辆。

施工人员在高速公路施工时，穿越公路和上下车应由安检人员统一组织指挥，统一行动。各施工地点的占用场地应符合高速公路管理部门的规定。

每个施工点在当日收工时，必须认真清理施工现场，保证路面及公路其他部位的清洁，不留任何机具、材料、安全标志和一切可能影响车辆通行安全、影响路容路貌的废弃物，保证过往车辆安全。

（7）高空、高处作业时的安全措施

高空、高处作业是一项危险性较大的作业项目，容易造成人员、物体坠落。控制措施内容如下：

高空作业人员必须经过专门的安全培训，取得资格证书后方可上岗作业。安全员必须严格按照操作规程进行现场检查。作业人员应接受书面的危险岗位操作规程，并明白违章操作的危害。

作业人员应佩戴安全帽、安全带、穿工作服、工作鞋，并认真检查各种劳动保险用具是否安全可靠。

高空作业应划定安全禁区，安置好警示牌。操作时必须统一指挥、统一工作口令。需要上下塔时，人与人之间应保持一定距离，行进速度宜慢不宜快。高空作业用的各种工、器具要加保险绳、钩、袋，防止失手散落伤人。作业过程中禁止无关人员进入安全禁区。在杆子、铁塔上传递物件严禁抛掷，相互传送物品时要用口令呼应。当地气温高于人体体温、遇有6级以上大风、能见度低时严禁高空作业。

高处作业须确保踩踏物牢靠，作业人员健康状况良好，做好自身安全保护。预防坠物伤害他人。

12.5.2 安全管理原则

1）建立安全生产岗位责任制。

2）质安员须每半月在工地现场举行一次安全会议。

3）进入施工现场必须严格遵守安全生产纪律，严格执行安全生产规程。

4）项目施工方案要分别编制安全技术措施。

5）严格安全用电制度。

6）电动工具必须有保护装置和良好的接地保护地线。

7）注意安全防火。

8）登高作业时，一定要系好安全带，并有人进行监护。

9）建立安全事故报告制度。

12.6 质量控制管理

质量控制主要表现为施工组织和施工现场的质量控制，控制的内容包括工艺质量控制和产品质量控制。

影响质量控制的因素主要有人、材料、机械、方法和环境五个方面。因此，对这五个方面因素进行严格控制，是保证工程质量的关键。

具体措施如下：

1）现场成立以项目经理为首，由各分组负责人参加的质量管理领导小组。

2）承包方在工程中应投入受过专业训练及经验丰富的人员来施工及督导。

3）施工时应严格按照施工图、操作规程及现阶段规范要求进行施工。

4）认真做好施工记录。

5）加强材料的质量控制。

6）认真做好技术资料保存和文档整理工作，对于各类设计图样资料仔细保存，对各道工序的工作认真做好记录和文字资料，完工后整理出整个系统的文档资料，为今后的应用和维护工作打下良好的基础。

12.7 成本控制管理

12.7.1 成本控制管理内容

1. 施工前计划

1）做好项目成本计划。

2）组织签订合理的工程合同与材料合同。

3）制订合理可行的施工方案。

2. 施工过程中的控制

（1）降低材料成本

1）实行三级收料及限额领料。

2）组织材料合理进出场。

（2）节约现场管理费

3．工程实施完成的总结分析

1）根据项目部制定的考核制度，体现奖优罚劣的原则。

2）竣工验收阶段要着重做好工程的扫尾工作。

12.7.2 工程的成本控制基本原则

1）加强现场管理，合理安排材料进场和堆放，减少二次搬运和损耗。

2）加强对材料的管理工作，做到不错发、领错材料，不丢弃遗失材料，施工班组要合理使用材料，做到材料精用。在敷设缆线时，既要留有适量的余量，还应力求节约，不予浪费。

3）材料管理人员要及时组织使用材料的发放，施工现场材料的收集工作。

4）加强技术交流，推广先进的施工方法，积极采用先进科学的施工方案，提高施工技术。

5）积极鼓励员工“合理化建议”活动的开展，提高施工班组人员的技术素质，尽可能地节约材料和人工，降低工程成本。

6）加强质量控制、加强技术指导和管理，做好现场施工工艺的衔接，杜绝返工，做到一次施工，一次验收合格。

7）合理组织工序穿插，缩短工期，减少人工、机械及有关费用的支出。

8）科学合理安排施工程序，搞好劳动力、机具、材料的综合平衡，向管理要效益。平时施工现场由1或2人巡视了解土建进度和现场情况，做到有计划性和预见性，预埋条件具备时，应采取见缝插针、集中人力预埋的办法，节省人力物力。

12.8 施工进度控制

施工进度控制关键就是编制施工进度计划，合理安排好前后作业的工序。综合布线工程具体的作业安排如下：

1）对于与土建工程同时进行的布线工程，首先检查竖井、水平线槽、信息插座底盒是否已安装到位，布线路由是否全线贯通，设备间、配线间是否符合要求。

2）敷设主干布线主要是敷设光缆或大对数电缆。

3）敷设水平布线主要是敷设双绞线电缆。

4）缆线敷设的同时，开始为各设备间设立跳线架，安装跳线面板光纤盒等。

5）水平布线工程完成后，开始为各设备间的光纤及UTP/STP安装跳线板，为端口及各设备间的跳线设备做端接。

综合布线系统工程施工组织进度见表12-1。

表12-1　综合布线系统工程施工组织进度

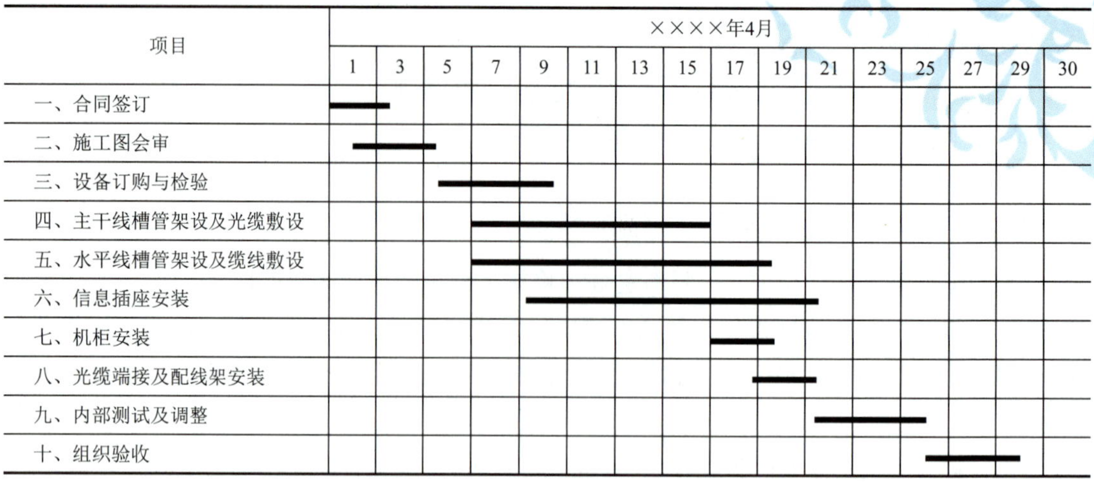

12.9　工程各类报表作用和报表要求

1. 施工进度日志

施工进度日志由现场工程师每日随工程进度填写施工中需要记录的事项，具体表格样式见表12-2。

表12-2　施工进度日志

组别：	人数：	负责人：	日期：	
工程进度计划：				
工程实际进度：				
工程情况记录：				
时间	方位、编号	处理情况	尚待处理情况	备注

2. 施工责任人员签到表

每日进场施工的人员必须签到，签到按先后顺序，每人须亲笔签名，签到的目的是明确施工的责任人。签到表由现场项目工程师负责落实，并保留存档。具体表格样式见表12-3。

表12-3　施工责任人员签到表

项目名称：		项目工程师：					
日期	姓名1	姓名2	姓名3	姓名4	姓名5	姓名6	姓名7

3. 施工事故报告单

施工过程中无论出现何种事故，都应由项目负责人将初步情况填报事故报告。具体格式见表12-4。

表12-4　施工事故报告单

填报单位：	项目工程师：
工程名称：	设计单位：
地点：	施工单位：
事故发生时间：	报出时间：
事故情况及主要原因：	

4. 工程开工报告

工程开工前，由项目工程师负责填写开工报告，待有关部门正式批准后方可开工，正式开工后该报告由施工管理员负责保存待查。具体报告格式见表12-5。

表12-5　工程开工报告

工程名称		工程地点	
用户单位		施工单位	
计划开工	年　月　日	计划竣工	年　月　日
工程主要内容：			
工程主要情况：			
主抄： 抄送： 报告日期：	施工单位意见： 签名： 日期：	建设单位意见： 签名： 日期：	

5. 施工报停表

在工程实施过程中可能会受到其他施工单位的影响，或者由于用户单位提供的施工场地和条件及其他原因造成施工无法进行。为了明确工期延误的责任，应该及时填写施工报停表，在有关部门批复后将该表存档。具体施工报停表样式见表12-6。

表12-6　施工报停表

工程名称		工程地点	
建设单位		施工单位	
停工日期	年　月　日	计划复工	年　月　日
工程停工主要原因：			
计划采取的措施和建议：			
停工造成的损失和影响：			
主抄： 抄送： 报告日期：	施工单位意见： 签名： 日期：	建设单位意见： 签名： 日期：	

6. 工程领料单

项目工程师根据现场施工进度情况安排材料发放工作，具体的领料情况必须有单据存档。具体格式见表12-7。

表12-7 工程领料单

工程名称			领料单位		
批料人			领料日期	年 月 日	
序号	材料名称	材料编号	单位	数量	备注

7. 工程设计变更单

工程设计经过用户认可后，施工单位无权单方面改变设计。工程施工过程中如确实需要对原设计进行修改，则必须由施工单位和用户主管部门协商解决，对局部改动必须填报“工程设计变更单”，经审批后方可施工。具体格式见表12-8。

表12-8 工程设计变更单

工程名称		原图名称	
设计单位		原图编号	
原设计规定的内容：		变更后的工作内容：	
变更原因说明：		批准单位及文号：	
原工程量		现工程量	
原材料数		现材料数	
补充图样编号		日　期	年 月 日

8. 工程协调会议纪要

工程协调会议纪要格式见表12-9。

表12-9 工程协调会议纪要

日期：			
工程名称		建设地点	
主持单位		施工单位	
参加协调单位			
工程主要协调内容：			
工程协调会议决定：			
仍需协调的遗留问题：			
参加会议代表签字：			

9. 隐蔽工程阶段性合格验收报告

隐蔽工程阶段性合格验收报告格式见表12-10。

表12-10 隐蔽工程阶段性合格验收报告

工程名称		工程地点	
建设单位		施工单位	
计划开工	年 月 日	实际开工	年 月 日
计划竣工	年 月 日	实际竣工	年 月 日
隐蔽工程完成情况：			
提前和推迟竣工的原因：			
工程中出现和遗留的问题：			
主抄： 抄送： 报告日期：	施工单位意见： 签名： 日期：		建设单位意见： 签名： 日期：

10. 工程验收申请

施工单位按照施工合同完成了施工任务后，会向用户单位申请工程验收，待用户主管部门答复后组织安排验收。具体申请表格式见表12-11。

表12-11 工程验收申请

工程名称		工程地点	
建设单位		施工单位	
计划开工	年 月 日	实际开工	年 月 日
计划竣工	年 月 日	实际竣工	年 月 日
工程完成主要内容：			
提前和推迟竣工的原因：			
工程中出现和遗留的问题：			
主抄： 抄送： 报告日期：	施工单位意见： 签名： 日期：		建设单位意见： 签名： 日期：

12.10 编写管理制度实训

12.10.1 实训项目1 编写项目安全管理制度

【典型工作任务】

在综合布线系统工程实施前，施工单位必须建立健全项目安全管理制度，掌握安全管理制度的内容、要求。

【岗位技能要求】

1）了解综合布线系统工程安装进度和工艺流程。
2）掌握项目安全管理制度的内容和要求。
3）掌握编写项目安全管理制度的方法。

【实训任务】

编写本校学生公寓综合布线工程项目安全管理制度。

【实训步骤】

1）了解和分析项目实施进度、工艺流程和设备情况。
2）根据项目施工要求，确定施工安全控制要点。
3）编写项目安全管理制度。

【实训报告】

通过编制项目安全管理制度总结安全控制措施的内容。

12.10.2 实训项目2 编写项目质量管理办法

【典型工作任务】

建立综合布线系统工程项目质量管理制度，编写项目质量管理办法。这一工作将影响工程实施质量监督标准，决定项目验收通过率，因此是非常重要的。

【岗位技能要求】

1）了解综合布线系统工程质量控制的内容。
2）掌握项目质量管理办法编写要求。

【实训任务】

编写本校学生公寓网络综合布线工程项目质量管理办法。

【实训步骤】

1）了解项目实施工艺流程。
2）分析项目的人员、材料、机械、施工方法和环境情况。

3）编写项目质量管理办法。

【实训报告】

通过编写项目质量管理办法，总结质量控制的具体实施措施。

12.11 工程经验

1. 工程经验一　重视设计阶段

设计阶段非常重要，因此必须提前对综合布线系统进行设计，与土建、消防、空调、照明等安装工程互相配合好，以免产生不必要的施工冲突。

2. 工程经验二　重视物理层敷设

在条件允许的情况下，弱电应敷设在弱电井，减少受电磁干扰的机会，楼层配线间和主机房应尽量安排得大一些，以备发展和维修所需。对于网络，物理层的敷设是至关重要的，因为它是基础。

12.12 全国职业院校技能大赛中职组“网络综合布线技术”竞赛分析

1. 竣工资料

根据竞赛任务，编写项目竣工总结报告，要求报告内容清楚和全面，主要包括：①项目概况；②项目任务；③分工安排；④施工过程；⑤现场管理等主要内容。要求报告有封面，项目名称正确，机位号正确，日期正确。

该部分评判要点为：

报告中项目概况完整、项目任务明确、分工安排合理、施工过程安全正确、现场管理。报告有封面，名称正确，机位号正确，日期正确。

参考答案：

××项目网络综合布线系统竣工总结报告

按照网络综合布线技术技能大赛规定，于××月××日进场开始比赛，到××结束。本次要求完成××项任务，主要包括工程设计部分、工程安装部分、故障测试分析。

主要分工及完成情况如下：

（1）工程设计部分

由1人完成本试题的设计内容。

1）设计依据：

① GB 50311《综合布线系统工程设计规范》。

② GB/T 50312《综合布线系统工程验收规范》。

③ 比赛试题要求。

2）完成了题目要求内容，包括网络信息点数量统计表、设计和绘制系统图、编制端口对应表、设计安装施工图、编制材料预算表，并按照题目要求保存在本地计算机桌面文件夹名称为“××机位号-设计文档”的文件夹中。

（2）工程安装部分

由××人负责该部分的实际操作，其中××人负责配线端接和故障测试分析，××人做布线施工。

主要完成内容有：

1）配线端接。

① 完成5根跳线的制作与测试，主要包括：

1根超5类非屏蔽电缆跳线，T568B—T568B线序，长度600mm。

1根超5类非屏蔽电缆跳线，T568A—T568B线序，长度550mm。

1根超5类屏蔽电缆跳线，T568B—T568B线序，长度550mm。

1根6类非屏蔽电缆跳线，T568B—T568B线序，长度500mm。

1根6类非屏蔽电缆跳线，T568A—T568B线序，长度450mm。

② 完成4组测试链路布线和端接。

③ 完成6组复杂永久链路布线和端接。

2）布线施工。

① 完成CD—BD建筑群子系统光缆链路布线安装和熔接，包括1趟ϕ20PVC管铺设、布线和4根4芯光纤的熔接。

② 完成BD—FD建筑物子系统布线安装与端接，包括1趟ϕ20PVC穿线管铺设和3根网线的布线、端接。

③ 完成FD1配线子系统布线安装，共计9趟ϕ20PVC穿线管的铺设、18根网线的布线，并完成10个信息插座的安装和端接。

④ 完成FD2配线子系统布线安装，使用39mm×18mm和20mm×10mm PVC线槽组合铺设、20根网线的布线，并完成10个信息插座的安装和端接。

⑤ 完成FD3配线子系统布线安装，使用60mm×22mm、39mm×18mm和20mm×10mm PVC线槽、ϕ20PVC穿线管组合铺设、19根网线的布线，并完成10个信息插座的安装和端接。

⑥ 完成了3个机柜内24口网络配线架和理线环的安装及布线端接。

（3）故障测试分析

完成12个链路的综合布线系统常见故障检测和分析，并填写了故障检测分析表。

（4）未完成工作统计

我参赛队完成全部比赛内容。

编制人：××机位号　　时间：××××年××月××日

2．施工管理

施工安全、分工合理、配合默契、合理用料、现场整洁。

该部分评判要点为：

现场注意施工安全、分工合理、相互配合默契、合理用料、整理器材并摆放整齐、清理现场、工具摆放到指定位置。

习　题

请扫描二维码下载第12章习题，按照教师安排按时完成。

习题

参考文献

[1] 王公儒．网络综合布线系统工程技术实训教程[M]．5版．北京：机械工业出版社，2024.

[2] 王公儒．综合布线实训指导书[M]．3版．北京：机械工业出版社，2024.

[3] 中华人民共和国住房和城乡建设部．综合布线系统工程设计规范：GB 50311—2016[S]．北京：中国计划出版社，2017.

[4] 中华人民共和国住房和城乡建设部．综合布线系统工程验收规范：GB/T 50312—2016[S]．北京：中国计划出版社，2017.

[5] 王公儒．建设完善的综合布线技术实训室培养技能型专业人才[J]．智能建筑与城市信息，2009（4）：88-90.

[6] 王公儒，孙社文．网络综合布线人才需求规格和培养模式[J]．计算机教育，2009（9）：44-49.